レアアースの最新技術動向と資源戦略
The Latest Technological Trend and Resource Strategy of Rare Earths
《普及版／Popular Edition》

監修 町田憲一

シーエムシー出版

はじめに

　レアアース（希土類）は，4f軌道電子によって特徴づけられるLaからLuまでの15元素（ランタノイド元素）に，ScとYの2元素を加えた17の元素群の総称であり（図1参照），これらの元素の特徴は共通した外殻電子配置，$(n-1)dns^2$（Sc：$n=4$，Y：$n=5$，La-Lu：$n=6$）に基づく酷似した化学的性質と，CeからLuまでの4f軌道電子が担う物理化学的な特質に集約され，身近な高機能素材や先端機器に広く活用されている。

　特に，ランタニド元素における4f電子配置の効果は大きく（図2参照），4f電子が特徴的に空間に分布した希土類とFeやCoなどの遷移金属とを組み合わせた合金や金属間化合物では，高い磁化と磁気異方性とを併せもつ強力な永久磁石を実現することが可能となる。また，4f軌道は5sまたは5p軌道よりも却って内殻側へより偏在しており，これに収容された4f電子は5sと5p軌道電子によって効果的に遮蔽されることになる。そのため，同じ4f軌道上に励起された電子の存在寿命，すなわち電子遷移確率は自ずと高まり，希土類イオンを添加（付活）した材料は高輝度蛍光体や固体レーザとして広く利用されている。

　他方，Ce^{4+}，Eu^{2+}，Tb^{4+}，Yb^{2+}などに見られる異常な価数（レアアースイオンの価数は通常は3+）は$4f^7$あるいは$4f^{14}$電子配置に起因し，2+/3+あるいは3+/4+の価数間でのRedox作用は，例えば後者の場合，CeO_2やこれとの複合酸化物に有用な化学研磨作用や良好な酸化触媒能を付与することになる。さらに，ランタニド元素における4f電子数は原子数と共に増加するた

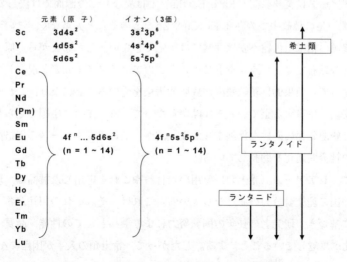

図1　レアアース（希土類）の電子配置と呼称

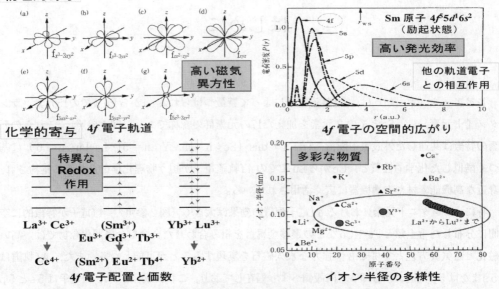

図2　レアアースにおける主要電子配置と材料機能との関係

め，外殻電子は増大した核電荷のためにより原子核側へ引き付けられることになる。しかし，軌道電子による遮蔽効果はs＞p＞d＞fの各軌道の順で低下するため，希土類原子やイオンの大きさは原子番号と共に減少することになる（ランタノイド収縮）。これはペロブスカイト（ABO_3）型構造でのA，B陽イオンのサイズチューニングを可能にし，誘電体や酸化物高温超伝導体などの有用な材料の実現に貢献していることは周知のとおりである。

ここで，レアアースは英語表記（Rare Earths）とは異なり，資源面では決してRare（稀）ではない。例えば，Ceの地殻中での存在量はCuやZnなどのそれと大差なく，この元素は地球上に広く分布し，資源の枯渇や供給不安は通常では想定できない。しかしながら，原子番号の大きい重希土を多く含む鉱石では，ウランやトリウムなどのアクチノイド元素と混在して産出する場合が多い。したがって，結果的に精錬残渣が放射能汚染を受けることになり，これが広範囲な鉱石から原材料を安価に生産する上での大きな障壁となっている。また，中国で見られる環境保全無視の違法生産と資源確保に向けた保護主義的な風潮が，最近のレアアースの価格高騰と供給不安を躍起し，その社会問題化を助長している。

以上のように，レアアース（希土類）を用いた材料やこれを応用した製品は，現在広く利用されると共に我が国の産業競争力の源となっている。これは，それぞれの用途が希土類の他の元素にはない特質に基づき，研究者の長年の開発努力により製品としての性能，品質，価格などの面で他の製品と比べ卓越していることによる。したがって，希土類の入手が困難になったとしても，その安易な代替や使用量の低減は，希土類資源を有し原材料としての入手が容易な国の製品との

競争力を大幅に低下させ，産業活動の維持のために掲げた本来の目的に大きく逆行することとなる。

　本書では，資源面での供給見通しを再検討すると共に，長期的な国際競争力の確保と更なる向上を念頭においた希土類関連材料や応用製品における脱・省希土類および回収技術を紹介する。

　2011年12月

大阪大学
町田憲一

普及版の刊行にあたって

　本書は2011年に『レアアースの最新技術動向と資源戦略』として刊行されました。普及版の刊行にあたり，内容は当時のままであり加筆・訂正などの手は加えておりませんので，ご了承ください。

2018年2月

シーエムシー出版　編集部

執筆者一覧（執筆順）

町田　憲一	大阪大学　大学院工学研究科　教授	
馬場　洋三	㈱石油天然ガス・金属鉱物資源機構　希少金属備蓄部　部長	
徳永　雅亮	明治大学　理工学部　兼任講師	
松浦　　裕	日立金属㈱　NEOMAXカンパニー　技師長	
日置　敬子	大同特殊鋼㈱　研究開発本部　電磁材料研究所　磁石材料研究室　副主任研究員	
服部　　篤	大同特殊鋼㈱　研究開発本部　電磁材料研究所　磁石材料研究室　室長	
福永　博俊	長崎大学　大学院工学研究科　電気・情報科学部門　教授	
皆地　良彦	TDK㈱　静岡工場　磁性製品ビジネスグループ　商品開発部　商品開発二課　統括係長	
谷　　泰弘	立命館大学　理工学部　機械工学科　教授	
佐藤　次雄	東北大学　多元物質科学研究所　教授	
殷　　　樹	東北大学　多元物質科学研究所　准教授	
戸田　健司	新潟大学　大学院自然科学研究科，超域学術院　准教授	
亀井　真之介	新潟大学　大学院自然科学研究科　産学官連携研究員	
石垣　　雅	新潟大学　研究推進機構超域学術院　助教	
上松　和義	新潟大学　工学部　技術専門職員	
佐藤　峰夫	新潟大学　大学院自然科学研究科，超域学術院　教授	
鷹木　　洋	㈱村田製作所　執行役員，材料事業統括部　統括部長	

境　　哲　男	㈱産業技術総合研究所　ユビキタスエネルギー研究部門 副部門長，電池システム研究グループ長；神戸大学併任教授	
花　木　保　成	日産自動車㈱　総合研究所　先端材料研究所　主任研究員	
中　村　　　崇	東北大学　多元物質科学研究所　教授	
小　山　和　也	㈱産業技術総合研究所　環境管理技術研究部門　主任研究員	
田　中　幹　也	㈱産業技術総合研究所　環境管理技術研究部門　主幹研究員	
伊　東　正　浩	大阪大学　大学院工学研究科　応用化学専攻　助教	
目　次　英　哉	㈱石油天然ガス・金属鉱物資源機構　金属資源技術部 企画調査課長	
赤　井　智　子	㈱産業技術総合研究所　ユビキタスエネルギー研究部門 高機能ガラスグループ　グループ長	
高　橋　嘉　夫	広島大学　大学院理学研究科　地球惑星システム学専攻　教授	
近　藤　和　博	㈱アイシン・コスモス研究所　研究開発部　主席研究員	
見　城　尚　志	日本電産㈱　モーター基礎研究所　名誉所長	
森　本　茂　雄	大阪府立大学　大学院工学研究科　電気・情報系専攻　教授	
藤　原　康　文	大阪大学　大学院工学研究科　マテリアル生産科学専攻　教授	
大　森　　　裕	大阪大学　大学院工学研究科　教授	
橋　本　紀　行	双日㈱　化学品・機能素材部門　化学品本部　資源化学品部 レアアース開発プロジェクト課　課長	
園　田　千　稔	㈱三徳　資材部　部長	

執筆者の所属表記は，2011年当時のものを使用しております。

目　次

第1章　レアアースとは

1　レアアースの位置づけ …… **町田憲一** …… 1
1.1　はじめに …… 1
1.2　希土類磁石 …… 1
1.3　希土類蛍光体 …… 7
1.4　その他 …… 10
1.5　今後の展望 …… 10
2　レアアース資源を取り巻く環境と課題への対策 …… **馬場洋三** …… 13
2.1　レアアース資源が抱える問題点の整理 …… 13
2.2　レアアース資源特有の問題 …… 13
2.3　大生産国中国の国内問題 …… 15
2.4　日本の素材産業及び製造業の問題 …… 17
2.5　レアアース原料の安定供給に向けた長期的な解決策 …… 18

第2章　脱・省レアアース（素材・材料）

1　永久磁石（Nd-Fe-B系，フェライト系）
1.1　希土類磁石の種類と特徴 …… **徳永雅亮** …… 20
1.1.1　はじめに …… 20
1.1.2　異方性焼結磁石 …… 20
1.1.3　異方性熱間加工磁石（Nd-Fe-B系） …… 23
1.1.4　ボンド磁石 …… 23
1.1.5　各種希土類磁石の特徴 …… 25
1.1.6　おわりに …… 27
1.2　NdFeB焼結磁石の最近の進歩 …… **松浦　裕** …… 29
1.2.1　はじめに …… 29
1.2.2　NdFeB焼結磁石の工程 …… 30
1.2.3　NdFeB焼結磁石特性改良の推移 …… 31
1.2.4　残留磁束密度(B_r)の改良 …… 32
1.2.5　保磁力(H_{cJ})の改良と課題 …… 34
1.2.6　まとめ …… 37
1.3　粒界相改質によるDy使用量低減技術 …… **松浦　裕** …… 39
1.3.1　はじめに …… 39
1.3.2　Dy粒界拡散技術 …… 40
1.3.3　Dy粒界拡散による保磁力傾斜磁石 …… 43
1.3.4　まとめ …… 45
1.4　熱間加工磁石におけるDyフリー化技術 …… **日置敬子，服部　篤** …… 47
1.4.1　はじめに …… 47
1.4.2　熱間加工磁石の特徴 …… 47
1.4.3　省ジスプロシウム型磁石製品 …… 53
1.4.4　応用製品 …… 54
1.5　コンポジット磁石における希土類使用量低減技術 …… **福永博俊** …… 56

1.5.1 はじめに ……………… 56	2.2.2 酸化セリウム砥粒による化学機械研磨機構 …………… 75
1.5.2 ナノコンポジット磁石の原理 … 56	
1.5.3 ナノコンポジット磁石の特徴 … 57	2.2.3 酸化セリウム微粉末の合成 … 77
1.5.4 ナノコンポジット磁石の作製法 …………… 59	2.2.4 酸化セリウムのリサイクル … 84
	2.2.5 まとめ ……………… 86
1.5.5 ナノコンポジット磁石の磁気特性 …………… 59	3 蛍光体，セラミックス ………… 88
	3.1 希土類フリー蛍光体の開発動向 ……
1.6 高性能フェライト焼結磁石の開発動向 …………… 皆地良彦 … 62	…… 戸田健司, 亀井真之介, 石垣 雅,
	………… 上松和義, 佐藤峰夫 … 88
1.6.1 はじめに …………… 62	3.1.1 はじめに ……………… 88
1.6.2 高性能フェライト磁石材料の開発動向 …………… 62	3.1.2 蛍光体中の発光イオンの特徴 …………… 89
1.6.3 高性能フェライト磁石材料の将来動向 …………… 65	3.1.3 各種実用蛍光体と希土類フリー化の開発動向 ………… 92
1.6.4 薄肉小型品成型技術の開発 … 66	3.1.4 おわりに ……………… 97
1.6.5 高性能フェライト磁石を使用したモータ設計 ………… 66	3.2 電子セラミックスにおける省希土類技術 ………… 鷹木 洋 … 99
1.6.6 おわりに …………… 67	3.2.1 電子セラミックスにおける希土類問題 …………… 99
2 研磨剤（CeO_2系） ……………… 69	
2.1 砥粒の滞留性を考慮したCeO_2使用量の低減 ………… 谷 泰弘 … 69	3.2.2 温度補償用セラミックコンデンサ …………… 99
2.1.1 はじめに …………… 69	3.2.3 高誘電率系セラミックコンデンサ …………… 100
2.1.2 酸化セリウムの特異性と開発戦略 …………… 69	3.2.4 高周波用セラミック誘電体部品 …………… 100
2.1.3 有機無機複合砥粒による使用量低減 …………… 70	3.2.5 圧電体セラミック部品 …… 101
	3.2.6 サーミスタ ……………… 101
2.1.4 多孔質エポキシ樹脂研磨パッドによる使用量低減 ……… 72	3.2.7 フェライト部品 ………… 102
2.1.5 おわりに …………… 74	3.2.8 まとめ ……………… 103
2.2 形態制御によるCeO_2粉末の機能化とリサイクル … 佐藤次雄, 殷 澍 … 75	4 二次電池，触媒 ………………… 105
	4.1 省希土類に資するニッケル・水素二次電池の開発動向 …… 境 哲男 … 105
2.2.1 はじめに …………… 75	

4.1.1	はじめに	105
4.1.2	ニッケル・水素電池の反応機構と負極材料の開発	107
4.1.3	合金の高容量化と高出力化	109
4.1.4	まとめ	112
4.2	自動車用排気浄化触媒と酸化セリウム ……花木保成	114
4.2.1	はじめに	114
4.2.2	自動車触媒	115
4.2.3	セリアと酸素ストレージ能	117
4.2.4	セリウム酸化物の作用機構	118
4.2.5	セリア系材料の今後	119

第3章　回収技術

1　市中廃棄物からのレアアース元素のリサイクルシステム ……中村　崇　121
1.1　はじめに　121
1.2　レアアース含有製品リサイクルの社会システム　121
1.3　小型廃電気・電気機器のリサイクル　122
1.4　まとめ　125
2　(工場内)磁石廃材の湿式リサイクル技術 ……小山和也, 田中幹也　127
2.1　はじめに　127
2.2　鉄の不溶化と選択浸出　127
2.3　溶媒抽出によるネオジムとジスプロシウムの分離　129
2.4　まとめ　131
3　希土類磁石廃材の乾式リサイクル技術 ……伊東正浩　132
3.1　はじめに　132
3.2　工程内スクラップの乾式リサイクル技術　133
3.3　使用済み機器からの乾式リサイクル技術　135
3.4　おわりに　137

4　廃二次電池のリサイクル技術 ……目次英哉　139
4.1　はじめに　139
4.2　技術開発の背景と従来技術の問題点　139
4.3　技術課題の試験検討結果　140
4.4　処理フローシートの決定　147
4.5　おわりに　149
5　廃蛍光体のリサイクル技術 ……赤井智子　150
5.1　はじめに　150
5.2　廃蛍光体　150
5.3　廃蛍光体からのレアアース抽出　151
5.4　蛍光体としての再利用　152
5.5　今後の展望について　154
6　バクテリアおよびDNA関連物質によるレアアースの分離回収 ……高橋嘉夫, 近藤和博　155
6.1　はじめに　155
6.2　バクテリア細胞壁へのREEの吸着　155
6.3　バクテリアへの吸着のREE相互の違い　157
6.4　EXAFS法によるREEの結合サイトの

　　　　特定 ………………………… 159
6.5　イオン交換法への適用とDNAの利用
　　　　…………………………………… 160
6.6　おわりに：分子レベルの知見の重要性
　　　　…………………………………… 162

第4章　応用技術

1　SRモータの原理と最新開発動向 …………
　　　　………………… **見城尚志** … 165
　1.1　まえがき ………………………… 165
　1.2　SRモータの理論―可能性と限界の根拠
　　　　…………………………………… 166
　1.3　ネオジム磁石モータにどの程度に挑
　　　　戦できるか ……………………… 169
　1.4　SRモータは定出力運転領域が広い
　　　　…………………………………… 171
　1.5　開発動向と課題 ………………… 172
2　フェライト磁石補助形同期リラクタンスモ
　　ータ ………………… **森本茂雄** … 174
　2.1　まえがき ………………………… 174
　2.2　開発目標とモータ仕様 ………… 174
　2.3　高トルク化構造の検討 ………… 175
　2.4　減磁特性と耐減磁設計 ………… 176
　2.5　試作機と試験結果 ……………… 177
　2.6　車両駆動用PMASynRM ………… 178
　2.7　まとめ …………………………… 179
3　蛍光体フリーLED直接照明技術の現状と
　　将来 ……………… **藤原康文** … 181
4　有機EL照明技術の現状と将来 …………
　　　　………………… **大森　裕** … 188
　4.1　はじめに ………………………… 188
　4.2　白色発光有機EL ………………… 188
　4.3　まとめ …………………………… 194

第5章　レアアースの需要・供給・市場動向

1　日本の需要・供給・市場動向 ……………
　　　　………………… **橋本紀行** … 196
2　世界の需要・供給・市場動向 ……………
　　　　………………… **橋本紀行** … 200
3　中国の概況 ………… **園田千稔** … 204
　3.1　レアアース鉱石 ………………… 204
　3.2　レアアース産業 ………………… 206
　3.3　中国政府の政策 ………………… 207
4　レアアース資源の開発の動き ……………
　　　　………………… **橋本紀行** … 209

第1章　レアアースとは

1　レアアースの位置づけ

町田憲一*

1.1　はじめに

　レアアース（希土類）は，様々な産業分野で使用され，応用製品の性能を高める点で重要な役割を果たしていることは周知のことである[1~3]。しかしながら，最近の供給制限や価格高騰等々により，応用製品への希土類の現行通りの使用は当然ながら不安視されざるを得ず，これを踏まえた代替化が各所で検討され，既に一部の製品では希土類を使用しない（レアアースフリー／脱希土類）の製品が上市されている[4,5]。本節では，永久磁石と蛍光体を例にとり，上記の状況での希土類の位置づけについて実情を整理したい。

1.2　希土類磁石

　図1は開発磁石におけるエネルギー積の年度毎の変遷を示したものであるが，Nd-Fe-B系磁石が開発された1980年代より音楽再生機器やコンピュータ周辺機器などの小型化が急速に進んだことは周知のことであり，このことは同磁石，すなわち高性能な永久磁石が産業界へいかに大きな影響を及ぼしてきたかを示す点で重要である[6,7]。

　このように，希土類磁石が産業界へ与えた影響は大きかった訳であるが，これがさらに顕著になったのは最近の石油価格の上昇によるエコカーブームの到来からである。これにより，Nd-Fe-B

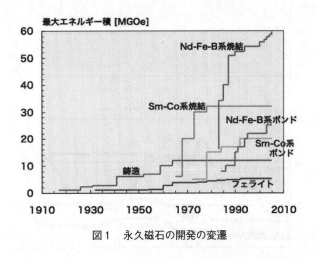

図1　永久磁石の開発の変遷

---

*　Ken-ichi Machida　大阪大学　大学院工学研究科　教授

系焼結磁石を中心に車向けへの需要が急激に伸びた反面，これを見越したかのように中国の輸出規制が始まり，希土類の中でも余剰気味のLaでさえ価格が急騰した（図2参照）。電気自動車（EV）やハイブリッド車（HEV）の走行性能はモータ，すなわち磁石で決まるとも言っても過言ではなく，この問題の早期の解決は日本経済の健全な発展に欠くことはできない。

　これを踏まえ，Nd-Fe-B系焼結磁石の保磁力（Hcj）の発現に不可欠であるDyに対する使用量の削減や希土類成分を全く使用しない脱希土類永久磁石の開発が，国主導のプロジェクトとして発足し研究開発が進められている[8,9]。ここで，前者に関しては，磁石の本質的な構成単位である磁区のサイズを小さくする，具体的には，原料となる磁石合金粉末をより細かく粉砕し，かつより低温で効果的に焼結する方法で，Dyを使用しなくても保磁力を効果的に高めることに成功している[10]。しかしながら，現状ではEVやHEVに使用する高保磁力磁石（Hcj＞2 MA/m）を実現するまでには至っておらず，この解決法として，DyやTbを追加的に少量添加する粒界改質技術（成型したNd-Fe-B系焼結磁石表面から相対的に融点の低い粒界相を経由して，DyやTbの各成分を磁石内部に拡散導入する）等が必要となる[11,12]。図3は大阪大学のグループが開発した粒界改質技術を用いて作製した磁石の性能とこの効果を権利として規定するための性能領域（実線より右上の部分）を示したものである。この技術は既に中国で権利化されていることから[13]，今後粒界改質した磁石の中国での製造および販売にとって，技術保護の観点から有効に機能するものと期待される。

　以上のように，Nd-Fe-B系磁石に代わるハード磁性材料の開発は，その成果により今後の日本の産業動向を大きく左右することは明確であり，環境・エネルギーを中心として新たな産業を構

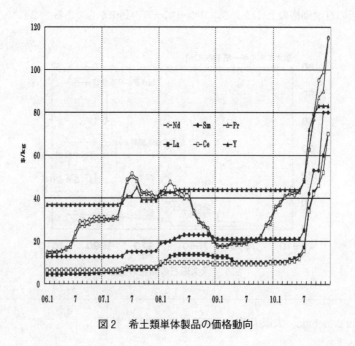

図2　希土類単体製品の価格動向

第1章　レアアースとは

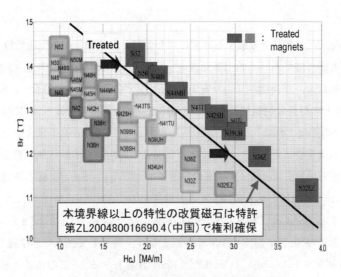

図3　改質磁石の磁気特性と特許権利範囲

築するためにも，柔軟な視点から広範領域において関連する研究への早急な着手が望まれる。これに対しては最近，NEDO主導でNd-Fe-B系磁石に代わる新規磁性材料の開発事業が開始されており[14]，これらの研究の今後の進展が注目される。なお，希土類磁石を使用しない，または使用量を減らす技術としては，既存の合金やフェライト磁石などを改良して使用するやり方と，永久磁石の主な応用機器であるモータに磁石自体を使用しない方式とがある[4,5]。こちらに関しては本書の他項でも紹介されており，詳細はそちらを参照されたい。

現在，高保磁力化作用をもつDy使用量の低減だけに止まらず，Nd-Fe-B系磁石の主要成分であるNdおよびPrをも使用せずに，当該磁石に性能面で比肩できるハード磁性材料（永久磁石）の開発が求められている。この実現には，全く新規な磁石材料の開発が望ましいが，Nd-Fe-B系磁石以降，Sm-Fe-N系またはNd-Fe-M-N（M＝Ti, Moなど）系磁石材料を除いて，磁化や保磁力などの性能面，原料コストや製造工程なども含めた量産面で，実用的見地から有望な高特性ハード磁性材料は，現在に至るまで見出されていないのが実情である[15]。

さらに，上記の窒化物材料に関しては，高温で不均化反応，すなわち，

$$Sm_2Fe_{17}N_x - (>600℃) \rightarrow 2SmN + 17Fe + 1/2(x-2)N_2 \tag{1}$$

が進行するため，最も高い性能を発揮する焼結磁石としての実用には至っていない。これに対処するために，著者の研究グループでは，数GPaの高圧下，中温域（＜550℃）での固形化を試みたが，十分な密度と機械的強度をもつ成形体は得られたものの，その磁気特性は，希土類系焼結磁石として通常意味のある性能と比べてかなり見劣りするものであった[16]。しかし，この材料は樹脂バインダーと共に低温（＜300℃）で成型する異方性ボンド磁石として，等方性Nd-Fe-B系磁石と性能面で差別化できることから[17,18]，同磁石として実用化され需要家の下へと供給されてい

る[19,20]。

ここで，$Sm_2Fe_{17}N_x$ が高温で分解する原因に関しては，元素間での電気陰性度（χ）の差によって説明することが可能であり，希土類元素（$\chi=1.01\sim1.20$）と窒素（$\chi=3.07$）とのχ値の差が大きく，加熱により平衡論的により安定なSmNなどの窒化物へと移行し，Sm-Fe-N系またはNd-Fe-M系などの材料は焼結磁石として利用できない（図4参照）。これに対し，希土類元素（RE）とBやCとの差はこれに比べて小さく，したがって，RE-Fe-B系合金や金属間化合物などのように高温での安定性に乏しく，焼結に必要な高温での均一な溶融状態の形成は困難となる。

他方，希土類磁石の歴史は，$SmCo_5$磁石の発明により開花し，Sm_2Co_{17}磁石を経て現在広範囲に使用されている$Nd_2Fe_{14}B$磁石へと発展したことは周知のことである[6,7,21]。ここで，これらの磁石の構造に着目すると，$SmCo_5$（$CaCu_5$型），Sm_2Co_{17}および$Sm_2Fe_{17}N_x$（共にTh_2Zn_{17}型），$Nd_2Fe_{14}B$（独自の構造），および$SmFe_{11}MN_x$（$ThMn_{12}$型）となり，共通して図5に示す通り，6個のCoやFe原子からなるダンベルユニット（Co6またはFe6）が存在する[7]。このユニットは永久磁石としての素質に大いに関連し，$CaCu_5$型およびTh_2M_{17}型構造ではCo6とSmとの組み合わせに加えて，Fe6, SmおよびNとの組み合わせにおいて良好なハード磁性が発現する。同様に$Nd_2Fe_{14}B$型でも，Fe6とNd，さらにはこれにBを加えた組み合わせで，高い磁化と保磁力をもつハード磁性材料を得るに至っている。

上記の金属間化合物の磁性と結晶構造を表1にまとめて示す。また，主要な希土類鉱石に含まれる希土類含有量（酸化物換算）を表2に示す。各表より，$Nd_2Fe_{14}B$および$Sm_2Fe_{17}N_x$化合物が

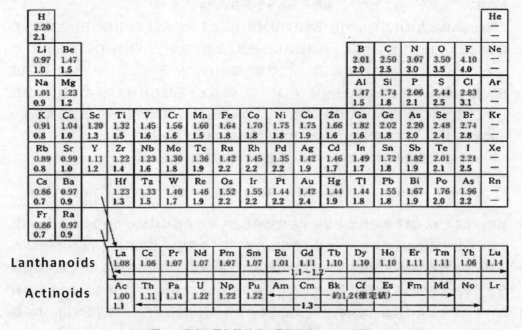

図4　元素と電気陰性度の周期律表による分類

第1章　レアアースとは

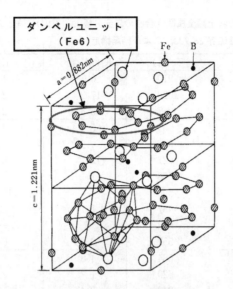

図5　$Nd_2Fe_{14}B$の結晶構造

磁化と保磁力の点でハード磁性材料として優れており，前者はDyやTbなどを添加することで，後者は微細な粉末へと粉砕することによって，それぞれ市販磁石として需要家が望む仕様（保磁力）に応えている。しかしながら，最近の永久磁石に対する旺盛な需要を考慮すると量的には$Nd_2Fe_{14}B$が圧倒的に多く，鉱石中の含有量が多いNdやPrに関しても，使用に当たっては高保磁力成分であるDyと同様に，これらの元素の代替化またはフリー化が上記のように切望されている。

しかしながら，Nd-Fe-B系焼結磁石は既存のハード磁性材料の中では性能に加えて安定性とコスト面も加味すると抜きん出ており，この磁石の使用は今後も続くと予測される。ここで，原鉱石は通常複数の希土類元素を同時に含むため，目的とする希土類元素以外の成分も精錬の際に副生し，需要環境によってはこれらの元素が余剰となる。LaやCeなどはその一例であり，生産状況が現行の中国一辺倒から改善されることで，これらの元素を低価格で入手することは将来十分に可能であると想定される。すなわち，中国以外からの資源の安定確保を目指して現在，米国，オーストラリア，インド，ベトナム，カザフスタン等々での生産が計画されており，2013年からは希土類原材料の入手も安定化すると期待されている。また，放射性物質が随伴するXenotime（MonaziteやBastnäsiteと比べ，資源量は1/4程度であるが中国以外にマレーシアからも産出）などの鉱石からの希土類の生産が，当該鉱石中で含有量の多いDyなどの確保のために再開される可能性も十分にあり，同磁石に多量に含まれるYなどを磁石成分として利用することも可能と見込まれる。

一方，磁石の性能は加工技術にも大いに依存することは周知のことである。希土類磁石の場合は特に原料合金が酸化され易く，その作製や組織制御に関しては大掛かりな装置とハンドリング技術が必要であるが，最近の装置や操作面での技術革新には著しいものがある。特に，熱間加工[22]やプレスレス成型[23]の各技術は，微小な磁石主相粒子からなる磁石の作製に効果があり，今後の

表1 一連の希土類金属間化合物の自発分極Js（室温），キュリー温度Tc，異方性磁界 $2K_1/J_s$，および結晶構造[7]

	Js(T)	Tc(K)	K_1(MJ/m^3)	$2K_1/J_s$	結晶構造
NdCo$_5$	1.23	910	0.7	1.1	CaCu$_5$
SmCo$_5$	1.07	1020	17.2	32.1	CaCu$_5$
YCo$_5$	1.06	987	6.5	12.3	CaCu$_5$
Pr$_2$Fe$_{14}$B	1.55	565	5	6.5	Nd$_2$Fe$_{14}$B
Nd$_2$Fe$_{14}$B	1.61	585	4.9	6.1	Nd$_2$Fe$_{14}$B
Sm$_2$Fe$_{14}$B	1.51	621	−12.1	−16.0	Nd$_2$Fe$_{14}$B
Y$_2$Fe$_{14}$B	1.44	566	1.1	1.5	Nd$_2$Fe$_{14}$B
Dy$_2$Fe$_{14}$B	0.72	598	4.5	12.5	Nd$_2$Fe$_{14}$B
Ce$_2$Fe$_{14}$B	1.16	437	1.7	3.0	Nd$_2$Fe$_{14}$B
La$_2$Fe$_{14}$B	1.38	543	—	—	Nd$_2$Fe$_{14}$B
Er$_2$Fe$_{14}$B	0.95	557	−0.03	−0.1	Nd$_2$Fe$_{14}$B
Sm(Fe$_{11}$Ti)	1.14	584	4.8	8.4	ThMn$_{12}$
Y(Fe$_{11}$Ti)	1.27	520	1.7	2.7	ThMn$_{12}$
Y(Co$_{11}$Ti)	0.93	940	−0.47	−1.0	ThMn$_{12}$
Nd$_2$Co$_{17}$	1.39	1150	−1.1	−1.6	Th$_2$Zn$_{17}$
Sm$_2$Co$_{17}$	1.22	1190	3.3	5.4	Th$_2$Zn$_{17}$
Dy$_2$Co$_{17}$	0.68	1152	−2.6	−7.6	Th$_2$Zn$_{17}$, Th$_2$Ni$_{17}$
Er$_2$Co$_{17}$	0.91	1186	0.72	1.6	Th$_2$Ni$_{17}$
Y$_2$Co$_{17}$	1.25	1167	−0.34	−0.5	Th$_2$Zn$_{17}$, Th$_2$Ni$_{17}$
Sm$_2$Fe$_{17}$	1	389	−0.8	−1.6	Th$_2$Zn$_{17}$
Y$_2$Fe$_{17}$	0.6	327	0.4	1.3	Th$_2$Ni$_{17}$
Sm$_2$Fe$_{17}$N$_x$	1.54	749	8.6	11.2	Th$_2$Zn$_{17}$
Y$_2$Fe$_{17}$N$_x$	1.46	694	−1.1	−1.5	Th$_2$Ni$_{17}$

表2 主要希土類原鉱石の希土類含有量 (%[a])[1]

	M[b]	B[c]	X[d]	I[e]
La$_2$O$_3$	21.5	33.2	1.24	1.82
CeO$_2$	45.8	49.1	3.13	0.37
Pr$_6$O$_{11}$	5.3	4.34	0.49	0.74
Nd$_2$O$_3$	18.6	12.0	1.59	3.00
Sm$_2$O$_3$	3.1	0.789	1.14	2.82
Eu$_2$O$_3$	0.8	0.118	0.01	0.12
Gd$_2$O$_3$	1.8	0.166	3.47	6.85
Tb$_2$O$_3$	0.29	0.0159	0.91	1.29
Dy$_2$O$_3$	0.64	0.0312	8.32	6.67
Ho$_2$O$_3$	0.12	0.0051	1.98	1.64
Er$_2$O$_3$	0.18	0.0035	6.43	4.85
Tm$_2$O$_3$	0.03	0.0009	1.12	0.70
Yb$_2$O$_3$	0.11	0.0006	6.77	2.46
Lu$_2$O$_3$	0.01	0.0001	0.99	0.36
Y$_2$O$_3$	2.5	0.0913	61.00	65.00

a) % Values as oxides　b) M：Monazite ore　c) B：Bastnäsite ore
d) X：Xenotime ore　e) I：Ion adsorbed ore

第1章　レアアースとは

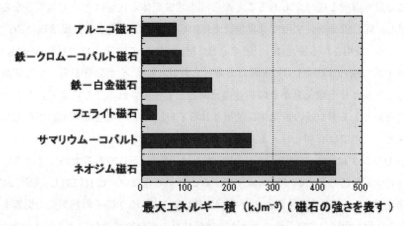

図6　各種永久磁石の模式による性能比較

発展が期待される。また，著者のグループでも開発に関与した金属蒸気を使用した磁石表面および内部組織（粒子界面）の粒界改質技術[24,25]，原料成分間の合金化や化合物化のし易さ（化学親和性）に着目した磁石組織形成および改質技術などの改良および新規技術開発により[14]，原材料の供給不安はあるものの，磁石性能はさらに向上するものと期待される。

　以上，希土類磁石について述べてきたが，現在のところ，性能面で見る限りNd-Fe-B系やSm-Co系に比肩できる材料は未だ見出されていないのが現状である。図6は，一連の永久磁石の性能，すなわちエネルギー積を模式的に対比したものである。図より，Nd-Fe-B系磁石を筆頭にして，次がやはり希土類磁石であるSm-Co系磁石であり，その次が非希土類系のFe-Pt系磁石となる。ここで，Fe-Pt系磁石は単純な合金であるにも関わらずキュリー温度，耐久性に加えて保磁力も高く，材料としては魅力的ではあるが，主要成分であるPtは希土類に比べるまでもなく，資源量および価格とも極めて希少で高価であることは言うまでもない。なお，この磁石に関連して最近隕石由来のFe-Ni系合金が特異なハード磁性を示すことから注目されている[26]。規則格子化した合金の異方性磁界は$Nd_2Fe_{14}B$の1/10程度ではあるが，結晶格子の正方晶化などにより，所望の保磁力を発揮する永久磁石になる可能性があり，今後の研究に期待したい[27]。

1.3　希土類蛍光体

　蛍光体は従来，CRT（TV），蛍光ランプ，PDP（プラズマディスプレイ），X線増感紙などに用いられてきたが，近年CRT型TVの製造が国内で終了するなど，蛍光体の大口の用途は蛍光ランプ用となっている[28]。表3は，蛍光およびLEDランプ用蛍光体の種類と希土類使用量をまとめたもので，赤，緑および青色の蛍光体を使用する高演色性蛍光ランプ（三波長型）では，付活剤として3価の希土類イオン（Eu^{3+}，Tb^{3+}）を用いるため，必然的に母結晶も希土類元素で構成することになり，Y_2O_3：Eu^{3+}赤色蛍光体ではおよそ40％の希土類が，また$LaPO_4$：Ce^{3+}，Tb^{3+}緑色

蛍光体では60％近い希土類がそれぞれ使用されている。特に，Tbは上述のNd-Fe-B系磁石の高保磁力化には最も有効な成分でもあることから，当該蛍光体の代替は極めて重要となる。

これに対し，同じ蛍光ランプ用でも青色蛍光体の場合は状況が異なり，賦活剤にEu^{2+}イオンが使用されるため，使用される蛍光体，$(Sr, Ca, Ba, Mg)_5(PO_4)_3Cl:Eu^{2+}$またはBaMgAl$_{10}O_{17}$：Eu^{2+}に占める希土類の割合は高々1.0％未満である。これは，Eu^{2+}イオンを安定して母結晶格子に導入するためにアルカリ土類元素がその被置換元素として使用されることによる。したがって，母結晶の主要成分として赤や緑の蛍光体に使用されるYやLaなどの希土類成分は不要となり，原料資源の確保という点では有利と言える。

他方，LEDランプは元々の光源が青色LEDまたは近紫外LEDであるため，より高いエネルギーを励起に要する3価の希土類イオンは使用することができない。これに対し，Ce^{3+}およびEu^{2+}イオンは発光が4f-5d電子遷移によるため，5d軌道が結晶場や格子の熱振動の影響を受け発光が帯状になる反面，励起および発光スペクトルは母結晶の成分組成や配位する陰イオンの種類（電気陰性度）により，ピークの位置が大幅に変化する[29]。表3に，現在ディスプレイや照明に使用されている白色LED光源用蛍光体を主なものを示す。現在，赤色用にはCaAlSiN$_3$：Eu^{2+}またはCa成分の一部をSrで置換した（Sr, Ca）AlSiN$_3$：Eu^{2+}の蛍光体が主として用いられ[30,31]，緑色用には例えば，β型サイアロン（β-SiAlON：Eu^{2+}）蛍光体が使用されている[32]。

ここで，LEDランプ用蛍光体においてEu^{2+}イオンを付活剤とした場合は，アルカリ土類元素を母結晶の主要な陽イオン成分とするため，蛍光ランプ用の青色蛍光体と同様に希土類の使用量は大幅に低下することになる（表3参照）。また，LEDランプは蛍光ランプと比べ，発光部の構造上蛍光体の使用量は元来少ない。以上の点から，今後LEDランプを用いたディスプレイや照明器

表3　蛍光およびLEDランプ用蛍光体の種類と希土類使用量

(a) 蛍光ランプ用

色調	蛍光体[29]	希土類含有量（wt％）
赤（R）	Y$_2$O$_3$：Eu^{3+}	39.4
緑（G）	LaPO$_4$：Ce^{3+}, Tb^{3+}	59.4
青（B）	$(Sr, Ca, Ba, Mg)_5(PO_4)_3Cl:Eu^{2+}$ BaMgAl$_{10}$O$_{17}$：Eu^{2+}	<1.0％

(b) LEDランプ用

色調	蛍光体[30〜32]	希土類含有量（wt％）
赤（R）	CaAlSiN$_3$：Eu^{2+} (Sr, Ca)AlSiN$_3$：Eu^{2+}	<1.5％
緑（G）	β-SiAlON：Eu^{2+}	<2.0％
青（B）	― （LEDが光源）	―

具が普及することで，EuやCeなどの希土類は依然として必要ではあるが，その使用量は着実に減少するものと期待される。また，LEDランプの優れた耐久性は，機器それ自身の使用期間を大幅に延伸されることになり，これは使用サイクルに伴う原材料ロスの低減，すなわち希土類の有効利用にも資することを意味する。

図7は，Ce^{3+}およびEu^{2+}イオンの基底状態と励起状態間の電子遷移を模式的に示したものであり，これらのイオンに配位する陰イオンとして窒化物イオン(N^{3-})を酸化物イオン(O^{2-})に対して置換する（窒化物）あるいは部分的に置換する（酸窒化物）ことで，例えば，Ce-O(Eu-O)結合に対してCe-N(Eu-N)結合は，Nの電気陰性度がOよりも小さいために共有結合性を帯びることになる。これは励起準位である5d軌道のエネルギーの位置が結合の安定化により低下することを意味し，その結果基底状態から励起に必要なエネルギーも必然的に低下する。

図8は，LEDランプ用に実用化されている$CaAlSiN_3：Eu^{2+}$赤色蛍光体の蛍光スペクトルを，同様に黄色蛍光体として用いられている$Y_3Al_5O_{12}：Ce^{3+}$($YAG：Ce^{3+}$)のそれと合わせて示したものである[33]。$YAG：Ce^{3+}$は酸化物であるにも関わらず460 nm付近に励起スペクトルのピークを示し，自ら発光する黄色とLED素子からの青色とにより効率よく白色光に変換することができる反面，フルカラー光源としては緑色と赤色領域に色成分がないため，ディスプレイ用や一般照明用の光源として必要な演色性の観点からは依然不十分である。また，酸化物であるため温度（格子振動／フォノン）消光の影響が大きく，材料面での大きな欠点となっている。

これに対し，$CaAlSiN_3：Eu^{2+}$は450〜460 nmの青色光で効率よく励起され，赤色領域に強い発光を示すと共に，Al-NおよびSi-N共有結合で強固に連結した四面体ユニットのために母結晶としてのフォノンの影響が小さく，高温での発光強度の低下の割合が小さい。これは，単位面積あたりの照度が蛍光ランプと比べて低いLEDランプでは，過度の電流で動作させるため自己発熱する課題に対し，高温でも安定して発光するため有利となる。そのため，この蛍光体は緑色のβ-

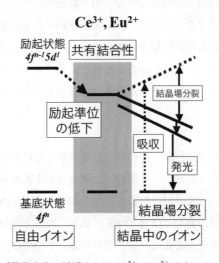

図7　LEDランプ用蛍光体に賦活されるCe^{3+}，Eu^{2+}イオンのエネルギー準位図

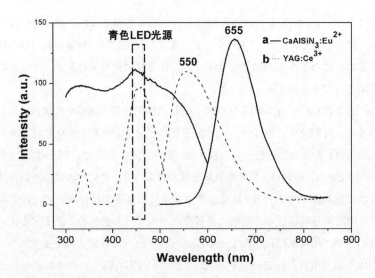

図8　LEDランプ用に実用化されているCaAlSiN$_3$：Eu^{2+}およびY$_3$Al$_5$O$_{12}$：Ce^{3+}（YAG：Ce^{3+}）の蛍光スペクトル

SiAlON：Eu^{2+}などと共に青色LEDと組み合わされ，高演色性白色ランプとしてディスプレイや一般照明として使用されている。

　他方，最近発展が著しい固体照明には，無機素材を中心とした通常のLEDのほかに有機素材を用いた有機EL（OEL）があり，この場合は発光層にIr系の有機錯体を用いる場合があるが，本書でも取り上げたように，希土類などのレアメタルの使用を回避することが可能であり注目される。

1.4　その他

　希土類，特に資源量が少なく高価で生産が特定国に偏る重希土類の使用が必要な希土類磁石と蛍光体について，希土類の特質とその省希土類技術を紹介してきた。しかし，希土類の用途としては，研磨剤，触媒，電池，セラミックス，ガラスや鉄鋼への添加剤など多岐にわたり，これらについても最近省希土類技術の開発の動きが活発であり，本書でもこの分野の第一人者にご執筆頂いた。また，電池や蛍光体についても新たな技術が開発されつつあり，これらの総合的な発展により，今後希土類はより有効に利用され，結果的に省希土類化が進展するものと期待される。

1.5　今後の展望

　希土類元素の用途は多岐に及ぶため，その使用量を低減する技術または使用自体を取り止める代替技術も様々である。これらのうち，使用量の低減技術をその中身で分類すると，①従来の材料，デバイスの性能向上，②代替材料や機器の新たな開発や既存品の改良，③製造プロセスの改良，および④リサイクル技術の開発と改良となる。他方，脱希土類化となる代替技術には，従来の開発指針や発想の大幅な変更が必要になると思われる。本節では，希土類磁石および蛍光体を中心に，脱希土類，省希土類の念頭においたレアアースの位置づけについて述べた。

第1章 レアアースとは

　現在,希土類の供給制限で最も影響を受け易いNd-Fe-B焼結磁石では,必要とされる高保磁力成分であるDy（またはTb）元素に対し,粒界改質法や粒子サイズの微細化法が有効であり,前者については既に実用化レベルにある。また,後者の技術については,理想的にはDyやTb元素の使用が不要となるため,今後の技術開発動向を注視する必要があるが,製造工程のさらなる改良と低コスト化が課題となるであろう。他方,蛍光体に関しては,LED用蛍光体の今後の開発と普及により,希土類使用量の低減は総量として十分図れるものと期待される。特に,蛍光ランプ用緑色蛍光体で付活剤として使用されているTbに関しては,蛍光ランプの使用を撤廃することでその使用を磁石などの用途へ振り向けることが期待できる。

　一方,希土類の使用量の大幅な削減には,代替材料や機器の新たな開発や既存品の改良,に関する技術開発が最も直接的であり,これらの技術については,本書でもモータを中心にご寄稿を頂いた。また,省希土類技術については,希土類の資源分布と原材料の生産,供給動向,および希土類の特質と関連材料に有用性,およびこれを踏まえてご紹介を頂いた。しかしながら,最近の希土類関連の問題は希土類それ自身にあるのではなく（希土類は資源量も多く,世界各地に分布する),現行での生産と供給との体制に問題があることに再度注目する必要がある。特に,現在進められている新規な希土類製造拠点の開設により,2013年には希土類原材料の生産が過剰になるとの予測[34]もあり,本書で紹介する多くの試みがその場凌ぎの対応で終わり,折角開発された技術がコストだけの理由で忘れさられないことを切に念じたい。

文　献

1) 足立吟也編著,「希土類の科学」,化学同人（1999）
2) 足立吟也監修,「希土類の機能と応用」,シーエムシー出版（2006）
3) 足立吟也監修,「希土類の材料技術ハンドブック―基礎技術・合成・デバイス製作・評価から資源まで―」,エヌ・ティー・エス（2008）
4) 第30回モータ技術シンポジウム資料,日本能率協会（2010）
5) 2010 BMシンポジウム「永久磁石およびモータ開発等に関する最新技術動向」資料,日本ボンド磁性材料協会（2010）
6) 本間基文,日口章,「磁性材料読本」,工業調査会（1998）
7) 佐川眞人,浜野正昭,平林眞編著,「永久磁石―材料科学と応用―」,アグネ技術センター（2007）
8) NEDO,「希少金属代替材料開発プロジェクト（希土類材料開発関連）」（プロジェクトコード：P08023）（http://www.nedo.go.jp/activities/EF_00123.html参照）
9) NEDO,「次世代自動車用高性能蓄電システム技術開発（周辺機器開発関連）」（プロジェクトコード：P07001）（http://www.nedo.go.jp/activities/AT5_00215.html参照）
10) 杉本諭,工業材料,**58**,51（2010）

11) 町田憲一，李徳善，金属，**78**, 760（2008）
12) D.-S. Li, S. Suzuki, T. Kawasaki, and K. Machida, *Jpn. J. Appl. Phys.*, **48**, 330021（2009）
13) 鈴木俊治，町田憲一，中国特許第ZL2004800166904号
14) NEDO,「希少金属代替材料開発プロジェクト／Nd-Fe-B系磁石を代替する新規永久磁石の実用化に向けた技術開発」，採択課題：①「窒化鉄ナノ粒子の大量合成技術およびバルク化技術の構築」（東北大学など），②「非平衡状態相の形成を利用したNd系磁石代替実用永久磁石の研究開発」（大阪大学など），研究期間：平成23年度－同27年度（5年間）
15) "Handbook of Magnetic Materials", ed. by K. H. J. Buschow, **6**, North-Holland（1991）
16) K. Machida, Y. Nakatani, G. Adachi, and A. Onodera, *Appl. Phys. Lett.*, **62**, 2874（1993）
17) H. Izumi, K. Machida, A. Shiomi, M. Iguchi, and G. Adachi, *Jpn. J. Appl. Phys.*, **35**, L894（1996）
18) K. Noguchi, K. Machida, K. Yamamoto, M. Nishimura, and G. Adachi, *Appl. Phys. Lett.*, **75**, 1601（1999）
19) 住友金属鉱山㈱ホームページ（磁性材料：http://www.smm.co.jp/business/material/product/magnet/）
20) 日亜化学工業㈱ホームページ（マグネット：http://www.nichia.co.jp/jp/product/magnet.html）
21) 俵好夫，大橋健，「希土類永久磁石」，森北出版（1999）
22) 大同特殊鋼㈱ホームページ（電磁材料研究所：http://www.nichia.co.jp/jp/product/magnet.html）
23) インターメタリックス㈱ホームページ（新磁石事業：http://www.intermetallics.co.jp/works_new.html）
24) T. Horikawa, M. Itoh, and K. Machida, *Jpn. J. Appl. Phys.*, **42**, L741（2003）
25) 日立金属㈱ホームページ（マグネット：http://www.hitachi-metals.co.jp）
26) M. Kotsugi, C. Mitsumata, H. Maruyama, T. Wakita, T. Taniuchi, K. Ono, M. Suzuki, N. Kawamura, N. Ishimatsu, M. Oshima, Y. Watanabe and M. Taniguchi, *Appl. Phys. Express*, **3**, 013001（2010）
27) 小嗣真人，三俣千春，SPring-8利用者情報，**15**, 10（2010）
28) 蛍光体同学会編，「蛍光体ハンドブック」，オーム（1992）
29) W. M. Yen and M. J. Weber, "Inorganic Phosphors-Composition, Preparation, and Optical Properties", CRC Press（2004）
30) K. Uheda, N. Hirosaki, Y. Yamamoto, A. Naito, T. Nakajima, and H. Yamamoto, *Electrochem. Solid-State Lett.*, **9**, H22（2006）
31) H. Watanabe, H. Wada, K. Seki, M. Itou, T. Nakajima, and N. Kijima, *J. Electrochem. Soc.*, **155**, F31（2008）
32) N. Hirosaki, R.-J. Xie, K. Kinomoto, T. Sekiguchi, Y. Yamamoto, T. Suehiro, and M. Mitomo, *Appl. Phys. Lett.*, **86**, 211905（2005）
33) X.-Q. Piao, T. Horikawa, H. Hanzawa, K. Machida, N, Kijima, and Y, Shimomura, *Chem. Mater.*, **19**, 4592（2007）
34) レアメタルニュース，No.2481, アルム出版（2011）

2 レアアース資源を取り巻く環境と課題への対策

馬場洋三*

2.1 レアアース資源が抱える問題点の整理

レアアース（17元素の総称，実際には原子番号21番スカンジウム（Sc）と自然界に存在しない原子番号61番プロメチウム（Pr）を除いた15元素，希土類とも呼ぶ）は，磁気特性，光学特性等各元素の持つ優れた特性により様々な製品に応用利用され，日本の優れた自動車や電気製品等の国際競争力の源泉となっている。しかしながら，昨年夏の輸出数量の大幅な削減，尖閣諸島の漁船衝突事件以降，これまでの中国から安価に輸入できる状況は一変し，レアアースの安定的な供給が大きな問題となっている。

レアアースの安定供給を考えるに際し，レアアース資源が持つ特有の問題，最大生産国の中国が抱える問題，日本製造業が抱える問題等をきちんと整理することにより，これからの低炭素化社会においてますます重要な資源として位置づけられるレアアースの安定供給を図るためにどのような対処法が必要かを考えていくべきである。

2.2 レアアース資源特有の問題

① 中国が世界の97％を生産しており，ほとんど全てを依存していること。
② 特に中国南部のイオン吸着鉱から中重希土類がほとんど生産されていること。
③ レアアース鉱床には，鉱床ごとに15元素の含有量に差異があること。
④ ほとんどのレアアース鉱床には，放射性元素のトリウムやウランが含まれること。
⑤ 鉱石には15元素が量の多寡はあるが同時に産出されることから15元素の需給を考える必要がある「バランス商品」であること。

レアアースを含む鉱床は世界に数多く賦存している（米国地質調査所（USGS）データベースでは約800鉱床）が，一般的には軽希土類（ランタン，セリウム，プラセオジウム及びネオジム）を多く含む鉱床が多い。1980年代半ばに中国・内モンゴル自治区のバイユン・オボ鉱床（鉄鉱石の副産物，軽希土類が主体）や，江西省の竜南鉱床や尋烏鉱床などが相次いで発見され生産を開始した。中でも中国南部のレアアース鉱床は，世界でも特異な鉱床でイオン吸着鉱と呼ばれ，中重希土類（サマリウムからルテチウム及びイットリウム）を多く含み，トリウムなどの放射性元素をあまり含まないことが特徴である（表1）。

中国は外貨を獲得するため低価格で輸出したことから，それまで世界の大半を供給してきた米国のマウンテン・パス（Mt. Pass）鉱山などの既存鉱山は競争力を失い減産，休山に追い込まれ，2008年では世界の97％を中国が生産するという独占状態となっている。

レアアース鉱石からは15元素が量の多寡はあるものの同時に産出されることから，必要とされる元素のみではなく15元素の全ての需給を考える必要がある「バランス商品」であることも，他

---

* Yozo Baba ㈱石油天然ガス・金属鉱物資源機構　希少金属備蓄部　部長

表1 世界の代表的なレアアース鉱床の元素構成比

元素記号	内モンゴル自治区 バイユン・オボ鉱	中国南部地域（イオン吸着鉱）		豪州 Mt. Weld鉱（開発中）	米国 Mt. Pass鉱（再開中）	カナダ Nechalacho（FS）
		竜南鉱	尋烏鉱			
La	25.0	1.8	31.3	25.1	33.2	0.3
Ce	49.5	0.2	3.4	48.5	49.1	4.4
Pr	5.0	0.9	8.7	5.3	4.3	1.7
Nd	15.5	3.8	28.1	16.7	12.0	15.6
軽希土類小計	95.0	6.7	71.5	95.6	98.6	22.0
Sm	1.5	2.8	5.3	2.2	0.8	10.4
Eu	0.2	0.02	0.6	0.6	0.1	1.6
Gd	0.5	5.7	4.5	0.9	0.2	14.3
Tb	0.1	1.2	0.5	0.1		1.8
Dy	0.1	8.4	1.2	0.2		9.8
Ho		1.8	0.1			1.2
Er		5.1	0.3			4.1
Tm		0.8	0.1			0.7
Yb		4.6	0.5			4.4
Lu		0.6	0.1			0.7
Y	0.2	62.3	15.4	0.4	0.1	29.0
Th	0.17	N.A	N.A	N.A	N.A	N.A

（出典：新金属協会，各社HP等）

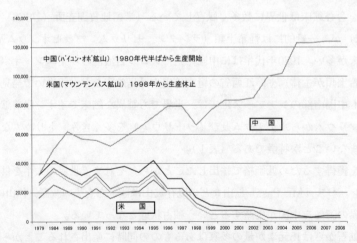

図1　世界のレアアース生産推移[4]
（出典：MCS（USGS））

第1章　レアアースとは

の資源と異なった特徴となっている（図1）。

2.3　大生産国中国の国内問題
① 経済発展に伴い輸出を抑制し内需を優先する方向に動いていること。
② 経済発展に伴い環境汚染等が顕在化し，これらの防止強化を目指した国家による生産管理が強化される方向に動いていること。
③ 付加価値を高めてハイテク産業に応用することを目指していること。

中国の希土類に関する政策については，国土資源部が鉱山開発・採掘量について，工業情報化部が希土類関連産業について，商務部が貿易政策（輸出枠）について所管しており，国家発展改革委員会と連携を取りながら，資源保護，環境・安全対策の強化及びレアアース産業の発展の観点から各種施策を進めている。

中国は，国内需要の増加（2002年24,900トン→2005年51,900トン→2009年73,000トン）や環境・安全対策の強化などから輸出枠（E/L）を年々減少させるとともに，輸出奨励策であった増値税（消費税に相当）の輸出者への還付率を2004年1月から削減し2005年5月には撤廃した（表2）。さらに，2006年11月からは輸出関税がかけられ，その後数度にわたり関税率がアップされ，磁石原料の金属ネオジム，金属ジスプロシウムやジスプロシウム鉄合金は25％に，蛍光体材料のユーロピウム酸化物やテルビウム酸化物も25％になっている（表3）。

工業情報化部は，2010年5月中旬に，希土類関連産業に関しての許可条件を，鉱山の生産規模，技術と設備，エネルギー消費状況，資源の総合利用状況，環境保護等の観点から提示している。
① 軽希土類鉱山については，生産能力が30万トンを下回らないこと。
② イオン型希土類鉱山については生産能力が3,000トンを下回らないこと。
③ 混合型希土鉱の製錬分離については生産能力が8,000トンを下回らないこと。
④ 炭酸セリウムの製錬分離は生産能力が5,000トンを下回らないこと。
⑤ イオン型希土類の製錬分離については生産能力が3,000トンを下回らないこと。
⑥ 希土類金属の製錬については生産能力が1,500トンを下回らないこと。

この他，少なくとも固定資産投資が資本の40％であることも規定されている。このまま実施されれば，全国で約2割のレアアース企業が条件を満たさないと言われており，特に江西省では半数，山東省ではごく少数の企業のみがこれら条件をクリアできるのみで，その他多くの企業は淘

表2　中国のレアアース輸出数量枠の削減推移

（単位：トン）

暦年	2007	2008	2009	2010			2011
				（第1回）	（第2回）	計	（第1回）
輸出数量枠	60,173 (-2％)	47,449 (-21％)	50,145 (+6％)	22,283 (+3％)	7,976 (-72％)	30,259 (-40％)	14,446 (-35％)

レアアースの最新技術動向と資源戦略

表3　輸出関税率の引き上げ状況

対象品目	2006年11月施行	2007年6月施行	2008年1月施行	2009年1月施行	2011年1月施行
金属ネオジム	—	0％→10％	10％→15％	—	15％→25％
金属ジスプロシウム	—	0％→10％	15％→25％	—	—
ミッシュメタル	—	0％→10％	15％→25％	—	—
ランタン酸化物等	0％→10％	—	10％→15％	—	—
セリウム酸化物等	0％→10％	—	10％→15％	—	—
ユーロピウム酸化物	0％→10％	—	10％→25％	—	—
テルビウム酸化物	0％→10％	—	10％→25％	—	—
フェロアロイ（REが重量10％以上，ジスプロシウム鉄等）				0％→20％	20％→25％

汰されることになると言われている。

国土資源部も，2010年5月中旬に「レアアースなど鉱産資源開発の秩序に関する特別整頓行動計画案」を採択した。レアアース，タングステン，錫，アンチモン，モリブデン，耐火粘土，蛍石等の鉱物資源は許可を得ないで探査・採掘されており，また，乱掘問題が一部の地域では依然として目立っている。マクロ・コントロール政策が効率的に実施されておらず，非合理的な産業構造も改善されていない。中国政府は，レアアース等の鉱物資源の保護，合理的な開発及び利用を重視し，レアアース等の鉱産資源に対して，以下のように探査・開発を整理，取り締まりの強化を図ろうとしている。

① 取り締まり強化：鉱産資源探査開発秩序を徹底的に整頓する。各省区国土資源関連行政主管部門が，当該管轄地域内のレアアース等鉱物資源の探査採掘行為に対し真剣に検査を行い，各種違法行為を厳正に取り締まる。新たな監督管理メカニズムを築く。
② 資源の比較的集中している地域の特別整理事業の展開。
③ 措置の強化：案件の公開，鉱業権の整理番号の使用中止，関係者の責任を追究または通報する方法によって，探査採掘行為を規範化させ，採掘総量を厳正に制限する。
④ 長期的有効なメカニズムの設立：計画，ポテンシャル評価，採掘総量制限を常に管理に取り入れ，レアアース等の鉱物資源の探査開発事業による持続的可能な発展を促進させる。

国土資源部はこの流れの一環として，2011年1月に「第一期レアアース国家計画鉱区と鉄鉱石国家計画鉱区の指定に関する公告」を公表した[2]。この措置は中国のレアアース資源等の保護と合理的利用の推進を強化するもので，鉱産資源法等の法律法規に基づき，資源をこれまでの省，市，自治区等毎の分け方から，鉱床生成地域による分け方に変更し，鉱区名とその範囲を示した。レアアースについては，イオン吸着鉱床として有名な龍南，尋烏，信豊等下記の贛州市周辺の11ケ所をレアアース国家計画鉱区に指定した（総面積は2,534 Km^2，7地区）。

① 龍南重稀土計画鉱区(1)
② 龍南重稀土計画鉱区(2)

第1章 レアアースとは

③ 尋烏軽稀土計画鉱区
④ 定南中稀土計画鉱区
⑤ 贛県（北）中稀土計画鉱区
⑥ 贛県（中）重稀土計画鉱区
⑦ 贛県（南）中稀土計画鉱区
⑧ 安遠中重稀土計画鉱区
⑨ 信豊（北）中稀土計画鉱区
⑩ 信豊（南）中重稀土計画鉱区
⑪ 全南中稀土計画鉱区

　2011年5月10日，国務院は「レアアース産業の持続的で健全な発展を促進」させるため意見を喚起し，レアアースの採掘や生産を手掛ける企業の再編を今後1～2年間で集中的に進めるとしている。既に，内モンゴル自治区のバイユン・オボ鉱山は包頭鋼鉄に，四川省は江西銅業にほぼ集約されている[3)]。今後，江西省，広東省，福建省等中重希土類を多く含むイオン吸着鉱鉱山は，五鉱集団，中国アルミ等のベスト3の企業グループを核に中小企業が集約され，生産や販売の管理が強化されることになろう。

　内需の増加，レアアース採掘総量規制の強化（2007年131,780トン→2009年119,500トン→2011年93,800トン（軽希土類が80,400トン，中重希土類が13,400トン）），レアアース関連企業の再編等を考えれば，中国からの中重希土類の輸入はより一層厳しい状況になると予想される。

2.4　日本の素材産業及び製造業の問題

① 最終製品は，自動車や電機等の大手企業が使用するが，常に，より安い価格で部品・部材を調達しようとしていること。
② 自動車会社はカンバン方式（ジャスト・イン・タイム方式）を部品・部材メーカーに求めていること（在庫を持たない）。
③ レアアース素材企業や部材企業は，売上高が数億円～数百億円程度の中小企業が多く，調達リスクや在庫リスクを全て取る体力がないこと。
④ 中国から中間原料を輸入し，この中間原料から部材・部品を製造する構造に変化してしまっていること。
⑤ 日本国内にはレアアース・サプライチェーンの最初の段階（鉱石からレアアース元素ごとに分離・抽出まで）の関連技術・ノウハウがほとんどなくなってきていること。

　レアアースを利用した最終製品（磁石，自動車触媒，蛍光体，光学ガラス等）は，自動車や電機などの大手企業が使用する。当然のことながら，より安い価格で部品・部材を調達し製造コストを常に下げる努力をして国際競争力を維持しようとしている。また，自動車会社はカンバン方式（ジャスト・イン・タイム方式）での部品・部材の供給を傘下企業や協力企業に求めており，自動車会社が自ら在庫を持つことはほとんどなく，傘下企業や協力企業に在庫を持たせる構造に

```
                売上高 数億円～数百億円        売上高 数兆円～20兆円
原料  →    素材産業・部材産業    ←    最終ユーザ
     値上げ圧力  調達リスク負担   値下げ圧力   カンバン方式
               在庫リスク負担               (在庫持たず)
```

図2　産業構造（力関係）からくる根本的な問題

なっている。この構造は中越地震でのリケン㈱のピストンリングの問題や本年の東日本大震災による生産中止に繋がっている。

　一方，レアアース素材企業や部材企業は，これまで長期にわたり中国から安価な中間原料を輸入することができたことから，ほぼ全面的に中国に中間原料を依存し部材・部品を製造する構造に変化してしまった。レアアース素材企業や部材企業は，売上高が数億円～数百億円程度の中小企業が多く，中国にほぼ全量を依存するリスクは十分に解っていても，調達リスクや在庫リスクを全て取る体力がなく，昨年夏以降のレアアースショックとなっている（図2）。

　また，日本国内にはレアアース・サプライチェーンの最初の段階（鉱石からレアアース元素ごとに分離・抽出まで）の関連技術・ノウハウがほとんどなくなってきていることは，今後のレアアースの安定供給（中国以外のレアアース鉱床開発による供給源多角化やレアアース利用製品等からのリサイクル）を考える際に，大きな問題となっていくと考える。

2.5　レアアース原料の安定供給に向けた長期的な解決策

　レアアース資源特有の問題，中国のレアアース政策及び日本国内製造業の問題を踏まえ，日本はこれからどのようにレアアース原料を安定的に確保していくべきであろうか。

　日本が取りえるレアアースの安定供給策は，大きく3つあるだろう。第一は，中国以外で中重希土類を多く含むレアアース鉱床を開発することにより，中国依存度を下げる。第二は，脱レアアース・省レアアース技術開発（レアアースに替わる材料開発，レアアースの使用原単位を下げる）の促進である。第三は，可能であれば製品からのリサイクルの促進である。これら3つの方策を上手く組み合わせて，長期的な解決を図っていくべきであろう。

① 中重希土類を多く含むレアアース鉱床の積極的な開発促進

　レアアース鉱床は中国以外にも数多く存在している。軽希土類のランタンやセリウム等の価格は約15倍，ネオジムの価格は約10倍に高騰しており，レアアース鉱床開発の経済性は価格上昇前に比較すれば大幅に改善されている。豪州のマウント・ウェルド（Mt. Weld）鉱床の開発，また，休山中であった米国のマウンテン・パス鉱山も再開に向け動き出していることから，軽希土類については中期的には中国に依存する必要はほとんどなくなるだろう。

　しかしながら，中重希土類については，上記2鉱山には少量しか含まれておらず，磁石添加材のジスプロシウム，蛍光体材料のユーロピウム，テルビウムやイットリウム等の中重希土類を多く含むレアアース鉱床の新規鉱山開発の促進が望まれる。中重希土類を多く含む未開発レアアー

ス鉱床は，カナダ，ベトナム，アフリカ等に数多く存在している。自動車及び電機等の最終ユーザは，今後とも中重希土類が原料として必要であるならば，資金力のない素材・部材会社にその安定供給を任せっぱなしにするのではなく，自らが応分のリスクを負担することにより新規レアアース鉱山開発へ積極的に関与していくことが重要である。

② 脱レアアース・省レアアース技術開発の促進

内閣府・文部科学省・経済産業省の府省連携プロジェクトとして，素材・部材の脱レアアース代替技術開発，省レアアース技術開発（磁石の省ジスプロシウム技術開発やレアアースを使用しない高性能磁石開発，研磨材の省セリウム技術開発等）は進められてきている。既に，磁石の省ジスプロシウムでは30％程度の使用量低減や研磨材用途では数十％の使用量削減が可能となったと言われている。今般の価格高騰により，これら以外でも全てのレアアースを利用した素材・部材は，脱レアアース代替材料開発（LEDにおける脱レアアース蛍光体材料開発や有機EL等），省レアアース技術開発がさらに加速されることが望まれる。

③ 製品からのリサイクルの促進

工程内のリサイクルはかなり進んでいる。しかし，光学レンズ，電機製品内の蛍光体，セラミック・コンデンサー等からのリサイクルは，製品単位当たりのレアアースの使用量が少なく経済性の点から進んでいないのが現状である。レアアースの含有量の多い製品，例えば，ネオジ磁石（ネオジム，ジスプロシウムを31％含有）等は，使用済み製品からのリサイクルを可能な限り進めるべきであろう。

文　　献

1) 土屋春明，JOGMEC，金属資源レポート，7月号，p57（2009）
2) 渡邊美和，カレント・トピックス，(61)（2010）
3) 土居正典，渡邊美和，ニュースフラッシュ，(13)（2011）
4) Mineral Commodity Summaries, U.S. Geological Survey

第2章 脱・省レアアース（素材・材料）

1 永久磁石（Nd-Fe-B系，フェライト系）

1.1 希土類磁石の種類と特徴

徳永雅亮[*]

1.1.1 はじめに

希土類磁石は希土類金属の分離・精製技術が確立され，希土類元素とCoの2元系金属間化合物の物性研究の成果によって世の中に出現した。YCo_5の結晶磁気異方性が大きいことが発見され，これを永久磁石化する努力が，$SmCo_5$系ボンド磁石実現の端緒となった。これを継起として$SmCo_5$系焼結磁石が開発され，Sm_2Co_{17}系を経てNd-Fe-B系焼結磁石に結実する。CoフリーとNdがSmよりも資源的に豊富という特徴が希土類磁石の応用範囲を飛躍的に広げた。希土類ボンド磁石としては$SmCo_5$系，Sm_2Co_{17}系，超急冷Nd-Fe-B系，HDDR [Hydrogenation Decomposition (Disproportionation) Desorption Recombination] 法によるNd-Fe-B系，$Sm_2Fe_{17}N_3$系，さらには交換スプリングNd-Fe-B系が開発されている。

本項では現状の希土類磁石の種類とその特徴について述べる。

1.1.2 異方性焼結磁石

(1) $SmCo_5$系

永久磁石材料の主相としての$SmCo_5$は希土類元素（R）とCoを中心とした遷移金属との2元系状態図やR-Co系金属間化合物の磁性研究によって見出されている[1]。永久磁石の主相の具備すべき基本的磁気特性は，①飽和磁気分極（J_s）が高い，②結晶磁気異方性（K_u）が大きい，③キュリー点（T_c）が常温以上という3点であり，これら磁気特性を有する多くの金属間化合物が見出された。その代表例がRCo_5であり，R=Smにおいて永久磁石化が図られた[2]。当初は粉砕によって得られる保磁力を生かしたボンド磁石が先行したが，高圧成形による高密度化[3]や焼結法[4]が検討された。焼結磁石の磁気特性，熱安定性および耐食性を含む化学的安定性が確認され，工業材料として登場した。得られるエネルギー積$(BH)_{max}$は175 kJ/m^3に達し，アルニコの2倍，フェライト焼結磁石の5倍を示し，軽薄短小の要求される応用に用いられた。結晶磁気異方性が大きく，結晶粒微細化によって高H_{cJ}化が容易である。現状では工業材料としての役割を終えてはいるが，希土類磁石の端緒として歴史的に果たした役割は大きい。中でもHDD（Hard Disk Drive）に用いられるVCM（Voice Coil Motor）応用は特筆されるべきであろう。

---

[*] Masaaki Tokunaga 明治大学 理工学部 兼任講師

第2章 脱・省レアアース（素材・材料）

(2) Sm_2Co_{17}系

1970年代後半には$SmCo_5$を超える高性能化を目指して，Sm-Co 2元系状態図で$SmCo_5$のCo側の金属間化合物であるSm_2Co_{17}の永久磁石化が検討されたが，永久磁石として必要な保磁力が得られなかった。ここで保磁力発現のためにCuが導入され，析出硬化型の$Sm(Co, Fe, Cu)_7$が開発された。組成としては$Sm(Co_{0.8}Fe_{0.06}Cu_{0.14})_{6.8}$であり，$(BH)_{max} \sim 200 kJ/m^3$，$H_{cJ} \sim 580 kA/m$の特性を示し，$SmCo_5$系焼結磁石の$(BH)_{max}$を上回った[5]。これを第1世代として，第2世代[6]や第3世代[7,8]のSm_2Co_{17}系焼結磁石が開発された。第1世代から第3世代のSm_2Co_{17}系焼結磁石の組成と磁気特性を表1に示す。

Sm_2Co_{17}焼結磁石は上述のように組成と熱処理の組合せによって多くの材質設計が可能である。最近では400〜500℃での使用を目的とした新しい組成系が開発されている[9]。$Sm(Co_{0.843}Fe_{0.04}Cu_{0.09}Zr_{0.027})_{7.26}$組成の磁気特性の温度変化を図1に示すように，保磁力の絶対値が500℃でピークをとる特異性がある。したがって，200〜500℃の温度範囲における保磁力の温度係数は正の値を示す。保磁力の温度変化からは2つの保磁力メカニズムが混在していることが推定でき，T＜150℃と150℃＜T＜500℃の2つの温度領域に対して異なる保磁力メカニズムを割り振って考察されている。

上述したように，Cu添加型Sm_2Co_{17}系永久磁石は多くの材質と同時に多くの保磁力メカニズム

表1　Sm_2Co_{17}系焼結磁石各世代の特性〔組成：$Sm(Co_{1-x-y}Fe_xCu_yM_\alpha)_z$〕

世代	Fe量 x	Cu量 y	添加物量* α	z	H_{cJ}(MA/m)	$(BH)_{max}$(kJ/m^3)	時効	文献
第1	0.06	0.14	0	6.8〜7.0	0.58	200	一段	5)
第2	0.2	0.10	0.01	7.0〜7.5	0.5〜0.60	240	多段	6)
第3	0.2	0.055	0.025	〜7.5	1.0〜1.4	210〜225	2回	7,8)

＊添加物はZr，Ti，Hf等

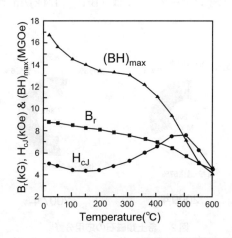

図1　$Sm(Co_{0.843}Fe_{0.04}Cu_{0.09}Zr_{0.027})_{7.26}$組成の磁気特性の温度変化[9]

も存在し，永久磁石材料としての興味は尽きないが，工業材料としての使用量は耐熱用途以外に見るべきものはない。保磁力のメカニズムがピンニングであるため，着磁には注意を要する。

(3) Nd-Fe-B系

Coフリーで，かつ資源的にSmよりも豊富なNdを用いた$Nd_2Fe_{14}B$を主相とする第3の希土類磁石であるNd-Fe-B系が1982年に開発された[10]。Nd-Fe-B系焼結磁石は希土類と遷移金属の組合せの中では飽和磁気分極の面で最強の組合せと言われ，1.61 Tの値を持つが，異方性磁界（H_A）6.1 MA/m は比較的低く，Dy，Tb等の重希土類元素での置換によって，用途毎に必要とされる保磁力まで向上させる必要がある[11]。Fe含有金属間化合物であることおよびNdリッチ相という保磁力発現に必要な耐食性の悪い相を有するために，表面コーティングによる耐食性向上が必要である。

Nd-Fe-B系焼結磁石は戦略物質であるCoを含まないために，従来，Sm-Co系焼結磁石の採用を躊躇していた応用分野にその応用が拡大していった。希土類焼結磁石のNo.1応用は長い間VCMであったが，図2に示すように2007年には回転機（モータ，発電機等）がNo.1応用の地位を奪った[12]。背景には地球温暖化対策としての省エネや新エネルギー分野への希土類磁石の適用が増加したことがある。特に，HEV（Hybrid Electric Vehicle）に用いられるモータや発電機の生産量が増加している。最近ではNd-Fe-B系焼結磁石に用いられる希土類元素を資源的に評価すると，Ndの調達に問題はないが，回転機応用において保磁力向上のために必要なDyはNdとの量的バランスが保てないとの結果が得られている。この問題を回避するためには「省Dy化」，すなわち，より少ないDy使用量において高保磁力を実現するかが重要な課題となる。本課題は「元素戦略」のテーマとして取り上げられ，2007年より「希土類磁石向けDy使用量低減技術開発」[13]として推進されており，2011年現在，多くの成果が得られている。

1982年に開発されたNd-Fe-B系焼結磁石に関連する技術開発は低酸素化[14]，表面コーティングの改良，ラジアルリング磁石の開発[15]，ストリップキャスト法の開発[16]等数多くの実績を積んできた。その結果，チャンピオンデータとしては$(BH)_{max}$ 474 kJ/m^3 が得られ[17]（図3），高性能

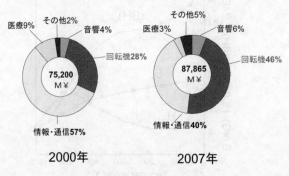

図2　希土類磁石の応用分野[12]
2000年と2007年の比較

第2章 脱・省レアアース（素材・材料）

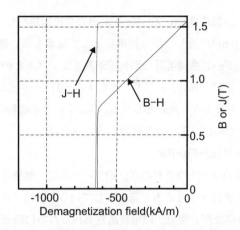

図3　Nd-Fe-B系焼結磁石の最高特性474 kJ/m³を示す減磁曲線[17]

工業材料としては400 kJ/m³を超える材料が供給されている。

1.1.3　異方性熱間加工磁石（Nd-Fe-B系）

　Nd-Fe-B系超急冷フレークを出発原料として異方性バルク状永久磁石を作製する方法には熱間加工による圧密化を行い，続いて熱間でのダイアップセット加工[18]および後方押出加工[19]の2つがある。これら熱間加工を可能とするのは微細結晶粒とNdリッチ相の存在である。熱間後方押出加工によるラジアル異方性を有するリング形状磁石は小口径や長尺形状が可能であり，この点が焼結法によるラジアル異方性リング磁石に対するストロングポイントとなっている。
　ラジアル異方性リング磁石はSPM（Surface Permanent Magnet）タイプのモータでその存在価値を発揮し，EPS（Electric Power Steering）応用[20]に多用される。低回転数領域で高トルクが得られ，アーク・セグメントでは複数の磁石をロータ表面に貼り付ける必要があるが，ラジアル異方性リング磁石では一つの磁石を接着すればよく，組立工数が低減される。

1.1.4　ボンド磁石

(1)　等方性超急冷Nd-Fe-B系

　Nd-Fe-B系超急冷磁粉[21]はジェット・キャスターと呼ばれる超急冷装置[22]を用いた超急冷プロセスによって作製される。フレーク厚みは数10 μm程度であるが，熱処理後の結晶粒径はサブμmである。$(BH)_{max}$は80 kJ/m³程度ではあるが，等方性のために着磁の自由度が高く，スピンドルモータへの適用[23]で，工業材料としての地位を不動のものとした。等方性のために成形時における磁場印加や成形後の脱磁が不要であり，成形工程における配向関連の技術的問題から開放されたことも本材発展の理由の一つと考えられる。本磁粉はほぼ独占的にMQI（MagneQuench International）で生産されており，用途に適した多くの材質[24]が開発されている。

(2)　等方性超急冷Sm-Fe-N系

　現状における最も高い飽和磁化を有する等方性磁粉であり，等方性ボンド磁石として最も高い磁気特性を示す[25,26]。具体的な組成は$(Sm_{0.7}Zr_{0.3})(Fe_{0.8}Co_{0.2})B_{0.1}N_\alpha$であり，Zrが希土類サイト

に入っている点が興味深い。製法はSm-Zr-Fe-Co-B合金を超急冷し，熱処理の後，窒化する。得られる$(BH)_{max}$は$213 kJ/m^3$に達し，等方性磁粉としては最も高い特性を示す。Nd-Fe-B系超急冷材に比較して，Sm-Fe-B系は溶湯の蒸気圧が高く，ノズルとの反応性も高いが，量産プロセスが構築されている。逆に，Nd-Fe-B系に存在するNdリッチ相がないために，Sm-Fe-N系磁粉の耐食性はNd-Fe-B系よりも良好とされる。Sm-Fe-N系磁粉はキュリー点が873 K以上とNd-Fe-B系よりも高いために，B_rの温度係数$α(B_r)$も小さい[25]。

(3) 等方性交換スプリングNd-Fe-B系

交換スプリング磁石の開発は希土類磁石の高性能化のために，軟磁性相の高飽和磁気分極を生かし，硬磁性相で保磁力を維持する考え方を基本としている[27]。粒子間の交換相互作用を獲得するためには数10 nmの結晶粒径が必要で，微細結晶粒を得るために超急冷を用いる結果等方性の磁粉となる。先駆的な実験[28]やシミュレーション[29]によって，高性能化のための開発が行われたが，最初に現実の工業材料になったのは$Nd_2Fe_{14}B$を硬磁性相としFe_3Bを軟磁性相とした材料であった[30]。本材料は添加物として，Ti，C，Nb等を含み，液相から包晶反応によらず$Nd_2Fe_{14}B$の生成が可能で，ストリップキャストを用いた急冷による製造も可能となっている。代表的な組成は$Nd_9Fe_{73}B_{12.6}C_{1.4}Ti_4$（at%）で低Nd量であり，超急冷タイプの等方性ボンド磁石と比較すると耐食性に優れる。

(4) 異方性Nd-Fe-B系（HDDR法による）

本異方性Nd-Fe-B系磁粉はHDDR法[31]によって作製される。HDDR法は水素吸蔵による再結晶現象を利用した磁粉作製法を指す。再結晶によって結晶粒径はサブ$μm$にまで微細化され，さらに，微細化された結晶粒は原料である数10 $μm$の粒子の結晶方向に配向している。これによって異方性ボンド磁石用の磁粉として使用できることになる。当初，再結晶後の異方性化はCo, Ga, Zr等の添加物が必要とされたが[31]，HDDRプロセスの詳細な検討から添加物フリーで異方性化が図られた[32]。結晶粒径から見ると永久磁石として理想的な大きさを有するが，粒界の性質が粒子間相互作用を分断するのに不十分なために得られる保磁力は結晶粒径の大きな焼結磁石とほぼ同等レベルに留まっている。

保磁力を向上させるためにDyの粒界拡散[33]が利用されたが，最近ではNd-Cu-Alの粒界拡散[34]によりDyフリー化が図られている。

(5) 異方性Sm-Fe-N系

$Sm_2Fe_{17}N_3$はSm_2Fe_{17}をガス窒化することによって作製される。高価なSmメタルを使用せず，Sm_2O_3を希土類原料として還元・拡散を行い，Sm_2Fe_{17}が作製されるが，手法的には2種類が存在する。第1の方法はシンプルに数10 $μm$のFe粉にSm_2O_3を混合し，CaないしはCaH$_2$を用いて還元・拡散してSm_2Fe_{17}を作製後，窒化する。窒化はNH_3を使用する方が活性な窒素を利用でき，窒化反応が加速される。ボンド磁石用の磁粉とするためには3 $μm$程度までの粉砕を行い，保磁力を発現する[35]。第2の方法はSm_2O_3とFe_2O_3の混合酸化物をまず水素還元によってSm_2O_3とFeの混合物に変える。本混合物は概略3 $μm$のFe粒子の表面に微細なSm_2O_3が付着した形態を示し，

第2章　脱・省レアアース（素材・材料）

本混合物にCaないしはCaH$_2$を混合して還元・拡散を行う。窒化は還元・拡散された混合物に対して行い，窒化後水洗する。得られるSm$_2$Fe$_{17}$N$_3$粉末は粒度3μm程度の球形を示すために，保磁力発現のための粉砕は不要であり，射出成形の際の流動性に優れる[36]。

保磁力発現のための粒径が3μmレベルのため耐酸化性を維持するためにも，基本的に表面処理を施された磁粉を用いて，射出成形によるボンド磁石が工業材料として利用されている。

(6) 異方性Sm$_2$Co$_{17}$系

鋳造インゴットを熱処理することによって焼結磁石と同様の析出硬化により保磁力を発現させる[37]。保磁力の磁粉粒径依存性が小さいために比較的大きな数10μmの磁粉が利用でき，圧縮成形による高密度化が可能である。焼結磁石と同様耐熱用途に応用される。

1.1.5　各種希土類磁石の特徴

工業材料としての希土類磁石は異方性バルクおよび等方性および異方性ボンド磁石として多くの材質が存在し，必要とされる多種多様な用途に応用されている。表2に現状の希土類磁石に用いられている金属間化合物の磁気特性を比較して示す。また，表3に各材質のB$_r$およびH$_{cJ}$の温

表2　希土類磁石に用いられる金属間化合物の磁気特性

金属間化合物	飽和磁気分極 J_s(T)	結晶磁気異方性 K_u(MJ/m^3)	異方性磁界 H_A(MA/m)	キュリー温度 T_c(K)	結晶構造	文献
SmCo$_5$	1.07	17.2	32.1	1020	CaCu$_5$	38)
Sm$_2$Co$_{17}$	1.22	3.3	5.4	1190	Th$_2$Zn$_{17}$	38)
Nd$_2$Fe$_{14}$B	1.61	4.9	6.1	585	Nd$_2$Fe$_{14}$B	38)
Sm$_2$Fe$_{17}$N$_3$	1.54	8.6	11.2	749	Th$_2$Zn$_{17}$	39)
(Sm$_{0.7}$Zr$_{0.3}$)(Fe$_{0.8}$Co$_{0.2}$)B$_{0.1}$N$_x$	1.63	------	6.6	>873	TbCu$_7$	26)

表3　希土類磁石のB$_r$とH$_{cJ}$の温度係数

材質	α(B$_r$)(%/℃)	α(H$_{cJ}$)(%/℃)	文献
SmCo$_5$系焼結	−0.04	−0.30	40)
Sm$_2$Co$_{17}$系焼結	−0.03	−0.15	40)
Nd-Fe-B系焼結	−0.10〜−0.11	−0.45〜−0.60	40)
Nd-Fe-B系熱間加工（後方押出リング）	−0.089	−0.50	19)
Nd-Fe-B系ボンド（超急冷等方性）	−0.09〜−0.15	−0.35〜−0.50	40)
SmFeN系ボンド（超急冷等方性）*	−0.034	−0.40	25)
Nd-Fe-B系ナノコンポジット（等方性）*	−0.05	−0.34〜−0.39	41)
Nd-Fe-B系HDDRボンド（異方性）*	−0.13	−0.45〜−0.50	41)
Sm-Fe-N系ボンド（異方性）	−0.07	−0.52	41)
Sm-Fe-N系ボンド（粉砕なし，異方性）*	−0.068〜−0.071	−0.38〜−0.493	42)
Sm$_2$Co$_{17}$系ボンド	−0.035	───	40)

＊磁石粉の温度係数

表4　希土類磁石の概略磁気特性[41]

材　質	B_r(T)	H_{cJ}(kA/m)	$(BH)_{max}$(kJ/m³)	備　考
Sm_2Co_{17}系焼結	1.02〜1.14	1200〜2000	160〜232	
Nd-Fe-B系焼結	1.20〜1.51	2626〜875	204〜437	B_rとH_{cJ}はトレードオフ
Nd-Fe-B系熱間加工(後方押出リング)	1.14〜1.36	1430〜900	240〜360	B_rとH_{cJ}はトレードオフ
Nd-Fe-B系ボンド(超急冷等方性)	0.63〜0.677	736〜813	68〜76	圧縮成形
SmFeN系ボンド(超急冷等方性)	0.75〜0.83	550〜800	98〜112	圧縮成形
Nd-Fe-B系ナノコンポジット(等方性)	0.65〜0.84	355〜980	63〜80	圧縮成形
Nd-Fe-B系HDDRボンド(異方性)	0.95〜0.98	1114〜1432	155〜175	圧縮成形
Sm-Fe-N系ボンド(異方性)	0.60〜0.81	660〜820	68〜115	射出成形
Sm-Fe-N系ボンド(粉砕無し,異方性)	0.67〜0.73	750〜1017	85〜100	射出成形
Sm_2Co_{17}系ボンド(異方性)	0.68〜0.80	720〜950	88〜120	圧縮成形

表5　希土類磁石材質と特徴のまとめ

材　質	(等)又は(異)	製造方法	特　徴	主たる応用
$SmCo_5$系焼結	(異)	焼結	淘汰された過去の磁石であるが,第1の希土類磁石として物性研究の成果により登場した。異方性磁界が大きい。同様にボンド磁石もほぼ淘汰されている。	―
Sm_2Co_{17}系焼結	(異)	焼結	高耐熱性が特徴であり,Cu量,Fe量,添加物量および熱処理パターンの組合せで多種多様な材質が得られている。	耐熱応用
Nd-Fe-B系焼結	(異)	焼結	No.1永久磁石,最近は回転機応用が増加し,省Dy技術が進展している。	回転機,VCM,MRI
Nd-Fe-B系熱間加工(後方押出)	(異)	超急冷+後方押出熱間加工	ラジアル異方性リング形状(小口径,長尺),焼結磁石では配向できない寸法領域で存在を堅持している。	回転機(SPM)
Nd-Fe-B系ボンド	(等)	超急冷	超急冷による等方性ボンド磁石のNo.1,HDD用スピンドルモータ用途,小型回転機に多用されている。	スピンドルモータ,小型回転機
Sm-Fe-N系ボンド	(等)	超急冷+窒化	高性能等方性ボンド,最大の飽和磁気分極を有する金属間化合物を超急冷することにより製造される。	小型回転機
Nd-Fe-B系交換スプリングボンド	(等)	ストリップキャスト	新タイプの等方性ボンドで,低希土類組成と耐食性良好が超急冷Nd-Fe-B系に対して有利である。	小型回転機
Nd-Fe-B系HDDRボンド	(異)	HDDR	異方性ボンド,サブμmの結晶粒径と粒界改質によりDyフリー化が実現されている。	小型回転機
Sm-Fe-N系ボンド	(異)	還元・拡散+窒化	低価格のSm_2O_3を還元使用した異方性ボンド,磁粉作製プロセスは2種類(住友金属鉱山タイプ,日亜化学タイプ)あり,射出成形によりボンド磁石化される。	小型回転機
Sm_2Co_{17}系ボンド	(異)	鋳造+熱処理	高耐熱用途に用いられるが,使用量は少ない。	小型回転機

度係数を示す。表4にこれら希土類磁石の概略磁気特性を示す。表5に工業材料としての特徴と主たる応用をまとめて示す。

応用に当たっては，希土類磁石各材質の磁気特性，磁気特性の温度変化（B_rおよびH_{cJ}の温度係数を含む），経時変化（永久劣化を含む），着磁性，機械的性質，電気抵抗，熱膨張，機械強度等を評価し，最適な材質を選択する必要がある。表に示した通り，希土類磁石には多くの材質が存在するが，焼結およびボンド磁石において，それぞれ異方性Nd-Fe-B系焼結磁石と等方性超急冷Nd-Fe-B系ボンド磁石の生産量が最も多い。資源的に豊富なNdとFeの組合せがコスト面でも優位であることを示している。

1.1.6 おわりに

希土類磁石は高性能永久磁石としてなくてはならない工業材料に成長した。これらの材質から応用に適した機能とコストを有する材料を選択し，システムを設計し，磁石を搭載していくことになる。今後も省Dyを含む原料に絡んだ資源問題，希土類原料価格の変動，希土類磁石のリサイクル，省エネや新エネルギー用回転機への応用等希土類磁石の周辺状況の変化の波を被ることは避けられないが，希土類磁石がより健全な工業材料として，発展することが期待される。

文　献

1) G. Hoffer and K. J. Strnat, *IEEE Trans. Magn.*, MAG-2, 487 (1966)
2) K. J. Strnat, *Cobalt*, **36**, 133 (1967)
3) K. H. J. Buschow, W. Luiten, P. A. Naastepad and F. F. Westendorp, *Philips Tech. Rev.*, **29**, 336 (1968)
4) M. G. Benz and D. L. Martin, *Appl. Phys. Lett.*, **17**, 176 (1970)
5) H. Senno and H. Tawara, *Japan. J. Appl. Phys.*, **14**, 1619 (1975)
6) T. Ojima, S. Tomizawa, T. Yoneyama and T. Hori, *IEEE Trans. Magn.*, MAG-13, 1317 (1977)
7) T. Shimoda, K. Kasai and K. Teraishi, Proc. 4th International Workshop on Rare Earth-Cobalt Permanent Magnets and their Applications（Hakone, Japan), p. 335 (1979)
8) 俵好夫，大橋健共著，希土類永久磁石，森北出版㈱, p.87 (1999)
9) S. Liu, J. Yang, G. Doyle, G. Potts and G. E. Kuhl, *J. Appl. Phys.*, **87**, 6728 (2000)
10) M. Sagawa, S. Fujimura, N. Togawa, H. Yamamoto and Y. Matsuura, *J. Appl. Phys.*, **55**, 2083 (1984)
11) M. Sagawa, S. Fujimura, H. Yamamoto, Y. Matsuura and K. Hiraga, *IEEE Trans. Magn.*, MAG-20, 1584 (1984)
12) N. Ishigaki and H. Yamamoto, *Magnetics Jpn.*, **3**, 525 (2008)
13) 杉本諭，元素戦略／希少金属代替材料開発〈第5回合同シンポジウム〉講演要旨集, p.4 (2011)

14) 内田公穂, 高橋昌弘, 谷口文丈, 三家本司, 佐々木研介, 日立金属技報, **13**, 59 (1997)
15) 清水元治, 平井伸之, 日立金属技報, **6**, 33 (1990)
16) 岡田力, 三宅裕一, 山本和彦, 芝本孝紀, 粉体粉末冶金, **55**, 517 (2008)
17) 播本大祐, 松浦裕, 日立金属技報, **23**, 69 (2007)
18) R. W. Lee, E. G. Brewer and N. A. Schaffel, *IEEE Trans. Magn.*, MAG-21, 1958 (1985)
19) 入山恭彦, 吉川紀夫, 山田日吉, 葛西靖正, V. Panchanathan, 電気製鋼, **69**(4), 219 (1998)
20) 蓮見崇生, 電気製鋼, **76**(3), 171 (2005)
21) J. J. Croat, J. F. Herbst, R. W. Lee and F. E. Pinkerton, *J. Appl. Phys.*, **55**, 2078 (1984)
22) Y. Luo, *J. Mater. Sci. Technol.*, **16**, 212 (2000)
23) 福田方勝, 特殊鋼, **42**(8), 42 (1993)
24) http://www.mqitechnology.com/isotropic.jsp (MQIカタログ)
25) 中川勝利, 川島史行, 新井智久, 東芝レビュー, **56**(2), 56 (2001)
26) S. Sakurada, K. Nakagawa, F. Kawashima, T. Suwa, T. Arai and M. Sahashi, Proc. of the 16th International Workshop on Rare-Earth Magnets and their Applications (Sendai, Japan), p.719 (2000)
27) E. F. Kneller and R. Hawing, *IEEE Trans. Magn.*, **27**, 3588 (1991)
28) R. Coehoon, D. B. de Mooji and C. de Waard, *J. Magn. Magn. Mater.*, **80**, 101 (1989)
29) R. Skomski and J. M. D. Coey, *Phys. Rev.*, **48**, 15812 (1993)
30) S. Hirosawa, H. Kanekiyo, T. Miyoshi, K. Murakami, Y. Shigemoto and T. Nishiuchi, *IEEE Trans. Magn.*, **40**, 2883 (2004)
31) T. Takeshita, R. Nakayama, Proc. 12th International. Workshop on Rare Earth Magnets and their Applications, (Camberra, Australia), p. 670 (1992)
32) C. Mishima, N. Hamada, H. Mitarai and Y. Honkura, Proc. 16th International. Workshop on Rare Earth Magnets and their Applications (Sendai, Japan), **2**, p.873 (2000)
33) C. Mishima, N. Hamada, H. Mitarai and Y. Honkura, *IEEE Trans. Magn.*, **34**, 2467 (2001)
34) C. Mishima, K. Noguchi, M. Yamazaki, H. Mitarai and Y. Honkura, Proc. 21st Workshop on Rare Earth Magnets and their Applications, (Bled, Slovenia), p.253 (2010)
35) K. Ohmori and T. Ishikawa, Proc. 19th International. Workshop on Rare Earth Magnets and their Applications, (Beijing, China), p.222 (2006)
36) M. Kume, M. Hayashi, M. Yamamoto, K. Kawamura and K. Ihara, *IEEE Trans. Magn.*, **41**, 3895 (2005)
37) T. Shimoda, I. Okonogi, K. Kasai and K. Teraishi, *IEEE Trans. Magn.*, MAG-6, 991 (1980)
38) R. Skomski and J. M. Coey, "Permanent Magnetism" (Institute of Physics Publishing Ltd., Bristol and Philadelphia), p.136 (1999)
39) J. M. D. Coey and H. Sun, *J. Magn. Magn. Mater.*, **87**, L251 (1990)
40) 電気学会技術報告, **729**, p. 42 (1999)
41) 佐川眞人, 浜野正昭, 平林真編, 「永久磁石―材料科学と応用」アグネ技術センターp.269 (2007)
42) http://www.nichia.co.jp/jp/product/magnet_compound_b.html

1.2 NdFeB焼結磁石の最近の進歩

松浦　裕*

1.2.1 はじめに

　地球環境の保全の観点から自動車から排出される二酸化炭素等の温暖化ガスの削減が強く求められており，これら排出ガスを低減するため自動車の高効率化を実現するハイブリッド自動車（HEV）や電気自動車（EV）に注目が集まっている。これらHEVやEVでは駆動用にモータが使われている。またこれまで油圧駆動を行っていたパワーステアリングやエアコン用コンプレッサーモータ等の自動車部品も電動化しており，これらモータの高効率化や小型軽量化が重要な課題となってきている。永久磁石材料はハイブリッド自動車（HEV），電気自動車に使われる駆動モータや電動パワーステアリング（EPS）モータ等のモータ，アクチュエータの小型化，高トルク化および高効率化に貢献する材料として注目を浴びている。

　図1に永久磁石の磁石特性の一つである最大エネルギー積の推移を示す。永久磁石は1917年に本田光太郎によって発明された焼入れ硬化磁石鋼（KS磁石）から発展したアルニコ磁石，1932年に加藤，武井により発明された酸化物磁石（OP磁石）から始まり，1952年にフィリップス社により開発されたフェライト磁石および1966年から始まるSmCo磁石，NdFeB磁石に代表される希土類磁石に大別される。

　SmCo磁石は1966年にStrnatらによってRCo$_5$化合物が高性能磁石になる可能性が指摘され，その後SmCo$_5$系磁石からSm$_2$Co$_{17}$系磁石へと発展した。NaFeB焼結磁石はSmCo$_5$系磁石，Sm$_2$Co$_{17}$系磁石の欠点である資源量の問題を解決するためにNd，Feを用いたNd$_2$Fe$_{14}$B新化合物により，1982年に現日立金属㈱（旧住友特殊金属㈱）の佐川らにより発明された[1]。

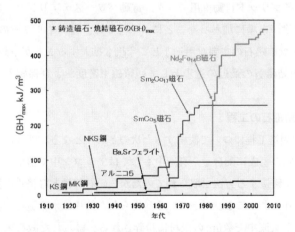

図1　各種永久磁石の最大エネルギー積の推移

＊　Yutaka Matsuura　日立金属㈱　NEOMAXカンパニー　技師長

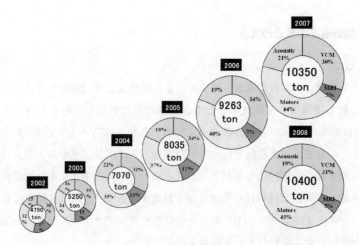

図2　日本国内におけるNdFeB焼結磁石の生産量推移

　NdFeB焼結磁石は，その優れた磁石特性とSmCo磁石に比べて資源的に豊富であることから，SmCo磁石の用途が電子機器の軽薄短小化の限定されたものであるという制約を解き放ち，これまでなかったハイブリッド自動車に代表されるような大型の新規用途に大量に使われるようになった。

　図2は2002年から2008年までの日本国内でのNdFeB焼結磁石の生産量と用途別市場占有率を示している。NdFeB焼結磁石の生産は2002年の4750トンから2008年には10000トンを超す水準までに成長している。2003年まではハードディスクドライブ（HDD）に使われるボイスコイルモータ（VCM）が主な用途であったが，2003年以降は回転機（Motor）が主要な用途となり，今日に至っている。これはハイブリッド自動車用モータ，電動パワーステアリング，家電用コンプレッサーモータ等の新規用途が市場に加わったことによっている。省エネルギーの要求の高まりから，回転機用途はNdFeB焼結磁石の主要な用途として今後も拡大することが予想されている。

　本項ではNdFeB焼結磁石の最近の進歩として残留磁束密度および保磁力の改善について述べる。

1.2.2　NdFeB焼結磁石の工程

　NdFeB焼結磁石の製造工程について説明すると次のとおりとなる。図3に示すとおり，NdFeB焼結磁石は原料を所定の組成に配合し，真空中もしくはアルゴン中で溶解し鋳造される。鋳造に際しては以前は鋳型に鋳造する方法が取られていたが，磁石特性と経済性の観点からストリップキャスト法が用いられるようになってきている。得られた鋳片は水素脆化を利用した粗粉に粉砕され，その後ジェット気流中で数μmの微粉に粉砕される。得られた微粉末はその多くが単結晶に近くまで粉砕されている。この粉砕された微粉末はプレス金型の中に入れ，磁界を掛け粉末の結晶方向を磁化容易軸方向に揃えた後，所定の形状に成形される。その後，成形体は焼成され，保磁力を上げるため熱処理を行った後，所定の形状に加工される。NdFeB焼結磁石は原料として

第2章 脱・省レアアース（素材・材料）

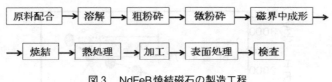

図3　NdFeB焼結磁石の製造工程

活性な希土類元素と鉄を主成分としており，そのままでは錆び易く何らかの表面処理が必要である。表面処理は用途によって使い分けられており，例えばコンピュータに使われるハードディスクドライブ用ボイスコイルモータ（VCM）では表面の清浄度と硬さの観点からNiめっきが使われており，モータ用途では経済性および接着強度に優れたAlコーティングが使われている。表面処理された磁石は磁石特性や外観等の検査が行われ磁石は完成する。

ついでに説明しておくと，この工程で得られた磁石は完成状態では着磁はされておらず熱消磁状態になっており磁石同士が吸引・反発することはない。熱消磁状態の磁石に磁力を与えるには着磁が必要となる。着磁は磁石を所定の磁気回路に組み込んだ後，所定のコイルを用い磁界を印加して行われることが多い。

1.2.3　NdFeB焼結磁石特性改良の推移

NdFeB焼結磁石が1982年開発されて以来，磁石特性の改良は続いており，今なお新技術の提案がなされている。図4は磁石特性の一つである最大エネルギー積（$(BH)_{max}$）と固有保磁力（H_{cJ}）（以下文中では固有保磁力を保磁力と記す）の推移を示している。NdFeB焼結磁石は開発から当時最も優れていたSm_2Co_{17}系磁石の磁石特性を遥かに超える最大エネルギー積を持っていたが，その後の改良により実験室レベルでは474 kJ/m^3（59.5 MGOe）が得られている。この値は，この磁石の主相化合物である$Nd_2Fe_{14}B$金属間化合物の室温の飽和磁化1.6 Tから予想された理論値

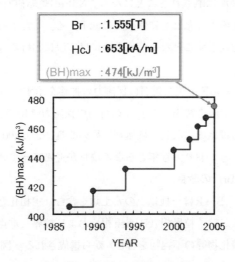

図4　NdFeB焼結磁石の最大エネルギー積（$(BH)_{max}$）の変遷

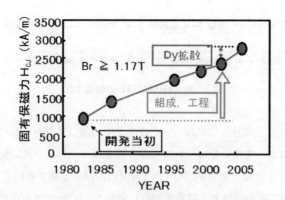

図5　Br≧1.17TのNdFeB焼結磁石の保磁力の推移

である509 kJ/m^3（64 MGOe）の93％に達する[2]。

これを他の磁石と比較すると，例えば最も多量に使われているフェライト磁石の約12倍，SmCo磁石の約1.9倍にもなり，いかに高い磁石特性であるか理解できる。最大エネルギー積は残留磁束密度（Br）と密接に関係した特性であり，この特性の改良の歴史は，すなわち残留磁束密度改良の歴史であったと言える。

永久磁石は磁石から発生する磁束を用いて空間（Gap）に磁界を発生させる。この磁界中に電流を流すことにより回転力や推力を生み出す。推力の大きさはいかに多くの磁界を空間に出すことができるか，すなわち残留磁束密度の大きさで決定される。しかし，磁石が磁束を空間に出すことにより，磁石自身を減磁しようとする自己減磁界が発生する。またモータやアクチュエータでは磁石に加わる磁界は自己減磁界だけでなく，コイルから発生する減磁界が加わるので，これらの磁界に打ち勝つだけの保磁力が必要になる。さらに電子機器を連続して使用する場合，コイル等の発熱により磁石は高温に晒されることになる。NdFeB焼結磁石の保磁力（H_{cJ}）は負の温度係数を持っており，温度の上昇とともに保磁力は低下する。したがって，これらのことを考慮し使用される環境で減磁を起こすことなく使うためには室温における保磁力を十分に高くする必要がある。

図5はBr≧1.17Tを持つNdFeB焼結磁石の保磁力の推移を示す。NdFeB焼結磁石は1985年に商業生産を始めているが，生産当初Br≧1.17Tの材料の保磁力は1000 kA/m（12.5 kOe）に過ぎなかった。その後，保磁力は組成の改良，熱処理技術の改良により2000年初頭には生産開始当初に比べ2倍以上に改良してきており，近年さらなる改良が進んできている。

1.2.4　残留磁束密度（Br）の改良

NdFeB焼結磁石は$R_2Fe_{14}B$（Rは一種以上の希土類を含む）主相化合物結晶粒と結晶粒を薄く取り巻く希土類を多く含む二粒子粒界相（R-rich相）および粒界三重点（R-rich相，ほう素を多く含むB-rich相，希土類酸化物等の不純物を含む）から構成される。図6にNdFeB焼結磁石に含まれる各相の構成模式図を示す。

第2章　脱・省レアアース（素材・材料）

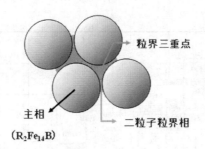

図6　NdFeB焼結磁石内の各構成相の模式図

　NdFeB焼結磁石の残留磁束密度は主相化合物の飽和磁化によって決定される。R-rich相や粒界三重点に存在するB-rich相や不純物は非磁性と考えられており、残留磁束密度を上げるためには、これら非磁性相を極力少なくする必要がある。ただし、粒界に存在するR-rich相はNdFeB焼結磁石の保磁力の発現機構に密接に関与していることが推測されており、この相の消失とともに保磁力が失われることが分かっている。

　この磁石の残留磁束密度は

$$Br \propto J_s \cdot f \cdot A \cdot \rho/\rho_0 \tag{1}$$

で表される。

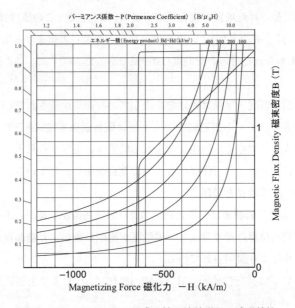

図7　$Nd_{12.37} Fe_{bal.} B_{5.76}$組成を持つ焼結磁石の減磁特性
残留磁束密度（Br）1.555 T、保磁力（H_{cJ}）653 kA/m、エネルギー積（$(BH)_{max}$）474 kJ/m^3、磁石酸素量0.06%、配向度0.996

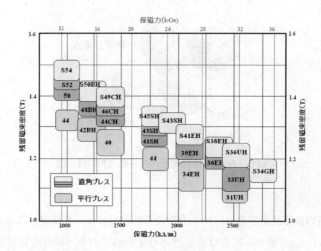

図8　商業生産されているNdFeB焼結磁石各種材質の磁石特性分布

ここでJ_sは$R_2Fe_{14}B$の飽和磁化, fは主相化合物$R_2Fe_{14}B$の比率, Aは主相結晶粒がどれだけ同じ方向を揃えているかを示す配向度, ρは焼結後に得られる磁石密度, ρ_0は磁石の真密度である。

配向度は粉末が含む主相化合物単結晶の割合, 磁界強度や粉末の流動性およびプレス金型の潤滑性により影響される。配向度はBr/Bsで表すことができNdFeB焼結磁石のような一軸異方性の磁石では配向がランダムとなっている磁石で0.5, 全ての主相結晶粒が完全に同一方向に配向している磁石で1となり, 配向度に比例して残留磁束密度は増加する。

これまで実験室的に得られた最高の残留磁束密度は1.555Tで, この値は$Nd_2Fe_{14}B$化合物の飽和磁化である1.6Tの97.2%に達する[2]。この時, 得られた磁石の組成から求められた主相比率は0.982磁化測定から求められた磁石の配向度は0.996であった。図7に, この磁石の減磁曲線を示す。

図8は縦軸を残留磁束密度, 横軸は保磁力を表しており商業生産されている磁石の特性分布を示している。商業生産されている磁石においても既に残留磁束密度は1.5Tを超えるようになってきており, 磁石組成だけでなく工程中に含まれる酸素等の工程中から入ってくる非磁性不純物元素の削減や配向度について, 磁石作成の各工程で改良が進められている。

1.2.5　保磁力（H_{cJ}）の改良と課題

NdFeB焼結磁石の磁化反転機構は初磁化曲線および減磁曲線から$R_2Fe_{14}B$結晶粒中に磁壁を止める機構を持たず, 結晶粒界近傍で発生した逆磁区が磁壁移動により結晶粒全体に広がるニュークリエーションモデルにより説明されている。

磁石の保磁力については異方性磁界（H_A）, 飽和磁化（J_s）および主相結晶粒に加わる局所的な反磁界係数（N_{eff}）を用い,

$$Hc = \alpha H_A - N_{eff} J_s / \mu_0 \tag{2}$$

第2章 脱・省レアアース（素材・材料）

で表される。ここでαは異方性磁界の係数である。

NdFeB焼結磁石の保磁力は温度の上昇とともに減少するため，高温で使うためには室温における保磁力を高温で減磁が起きないよう十分大きくするか，保磁力の温度係数を小さくして高温での保磁力を確保する必要がある。しかし，これまでのところNdFeB焼結磁石の保磁力の温度係数を小さくすることには成功しておらず，室温における保磁力を大きくすることにより高温での保磁力を確保する方法が用いられている。

式(2)からNdFeB焼結磁石の保磁力を大きくするためには磁石の異方性磁界を大きくすれば良いことが分かる。今となっては当たり前のことではあるが開発当時の1982年は，この異方性磁界を上げる方法が分からず手探り状態であったが，ディスプロシウム（Dy）やテルビウム（Tb）といった重希土類をNdの替りに添加することでNdFeB焼結磁石の異方性磁界が改善し，高温でも使える保磁力が得られるようになった。図9はNdFeB焼結磁石にDyを添加した場合の異方性磁界と保磁力の関係を示している。異方性磁界および保磁力がDy添加とともに大きくなることが分かる。この図は保磁力とともに残留磁束密度の変化も示している。DyやTbの磁気モーメントはNdの磁気モーメントより大きいが，Ndの磁気モーメントがFeの磁気モーメントと平行に結合するのに対してDyやTbはFeの磁気モーメントと反平行に結合するため，$Dy_2Fe_{14}B$や$Tb_2Fe_{14}B$は$Nd_2Fe_{14}B$に比べ飽和磁化は小さくなる。このことからNdFeB焼結磁石のNdを，これら元素で置換すると残留磁束密度は減少する。

NdFeB焼結磁石は微量な添加元素によっても，保磁力が大きく改善される。この微量元素が偶然にもNdFeB焼結磁石に含まれていたことが，この磁石開発の大きなブレークスルーとなった。図10にNdFeB純三元系焼結磁石にCu，Ag，Auを添加した場合の保磁力を示す[3]。NdFeB純三元系焼結磁石では400 kA/m（5 kOe）に満たない保磁力であったものが微量な添加元素により800 kA/m（10 kOe）以上になっていることが分かる。

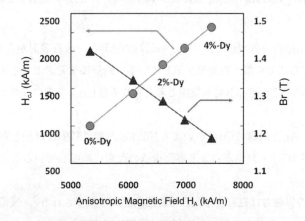

図9 NdFeB焼結磁石のNdをDyで置き換えた時の異方性磁界（H_A），保磁力（H_{cJ}）および残留磁束密度（Br）の変化

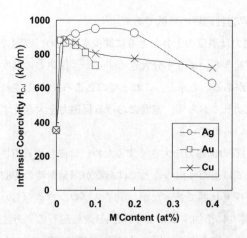

図10　$Nd_{14.6}B_{6.1}M_xFe_{bal.}$焼結磁石における保磁力とMの含有量xの関係

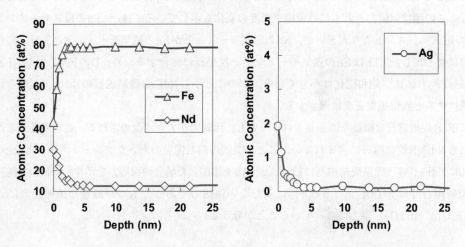

図11　$Nd_{14.6}B_{6.1}M_xFe_{bal.}$焼結磁石の破断面から深さ方向への成分変化

　図11はNdFeB焼結磁石を真空中で割り，この磁石の粒界相を含む破面から$Nd_2Fe_{14}B$結晶粒の深さ方向へ削りながら成分を調べた結果を示している。微量添加元素であるAgはNdの多い粒界相に多く含まれており，$Nd_2Fe_{14}B$結晶粒内と考えられる数nmより深い領域では殆ど存在していないことが分かる。

　最近の研究から，Agと同様にCuについても$Nd_2Fe_{14}B$結晶粒内には殆ど存在しておらず，結晶粒界面に存在しており[4]，熱処理により界面構造の改質に関与していることが明らかになってきている[5,6]。

　NdFeB焼結磁石の保磁力は磁石主相化合物の配向度にも影響される[7]。残留磁束密度は配向度に比例して増加するが，保磁力の配向度依存性は残留磁束密度と異なった挙動を示す。図12は保磁力の異なるNdFeB焼結磁石について保磁力変化率（各配向度を持つ磁石の保磁力／無配向磁石

第2章 脱・省レアアース（素材・材料）

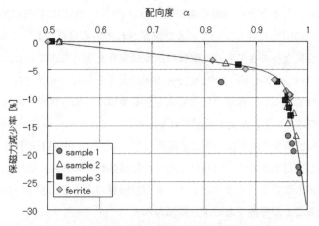

図12 NdFeB焼結磁石の配向度と保磁力減少率の関係
各サンプルの保磁力はSample 1：1000〜1200 kA/m, Sample 2：
1800〜2000 kA/m, Sample 3：2600〜2800 kA/m

の保磁力×100-100）の配向度依存性を示している。NdFeB焼結磁石の保磁力は高い配向度領域で急激に変化することが分かる。磁壁移動を考慮した一軸性結晶多結晶体の磁化反転モデルから[8]，各結晶が完全に配向した磁石の保磁力はランダム配向した磁石の$1/\sqrt{2}$（約70％）と予想される。高配向度領域の保磁力減少割合の傾斜を外挿すると，NdFeB磁石の保磁力はランダム配向磁石の－30％の値に近づいていっているように見える。ただし，高配向領域で保磁力減少割合が急激なる原因については多結晶体に含まれる粒子の配向分布等を考慮して考察する必要があるが配向分布についてその詳細は分かっていない。この結果はNdFeB磁石の磁化反転は磁壁移動に因っていることを強く示唆している。

図にはフェライト磁石の保磁力の挙動についてもNdFeB磁石に重ねて示している。フェライト磁石の保磁力の配向度依存性については，これまで報告はなかった。これはフェライト磁石の保磁力が配向度に依存しないのではなく，フェライト磁石はNdFeB焼結磁石に比べ粉末粒径が小さく，低い飽和磁化と異方性磁界を持っていることから高い配向度を達成することは難しく，保磁力の変化の小さな領域に留まっており観測されなかったことが原因であり，NdFeB焼結磁石と同等程度の高配向度が達成されれば基本的には同様の振る舞いをするものと予想している。NdFeB焼結磁石の保磁力は高配向度領域で大きく減少することから，Dyを多く含む組成で配向度を上げる場合，大きく保磁力が損なわれることも予想されるので材料設計をする場合注意が必要である。

ここまで保磁力に影響を与える色々な要因について見てきたが，この磁石保磁力は主相化合物結晶の粒径によっても変化することが知られており，焼結体中の結晶粒径が小さくなると保磁力は増加する[9]。この方法により保磁力を上げる試みも行われている。

1.2.6 まとめ

これまで見てきたとおり，NdFeB焼結磁石の磁石特性は残留磁束密度と保磁力の改良という両

側面から改良が進められてきた。残留磁束密度については実験室的には既に$Nd_2Fe_{14}B$単結晶から得られる飽和磁化の97%に達している。また量産されている磁石においても1.5Tを超える磁石が生産されるようになってきており，改良の余地は少なくなってきているように思われる。

一方，保磁力については$Nd_2Fe_{14}B$や$Dy_2Fe_{14}B$単結晶から得られる異方性磁界に比べ遥かに低い保磁力しか得られていない。保磁力に影響を与える要因は，異方性磁界以外にも多くの要因が関係しており，そのメカニズムが全て解明されているわけではなく，微量添加元素，熱処理条件，結晶粒径，結晶配向度等多くの要因が複雑に関係している。NdFeB磁石の保磁力は主相化合物の異方性磁界に比例して増加するが，同時に主相化合物結晶粒界の構造に敏感に影響される。したがって結晶粒界構造の改質を行うことにより，異方性磁界の大きさに変化がなくてもより大きな保磁力を発現させることが可能であるように思われる。

このような考えに基づいて粒界改質によりNdFeB焼結磁石の保磁力改善の様々な取り組みが行われている。DyやTbを焼結後に粒界を通して拡散させ，粒界にこれら元素を濃化させるDy粒界拡散技術はその一つであるが，さらなる新しい技術により保磁力が改善できる余地は残っているものと思われる。

今後もモータ用途市場は拡大していくことが予想されており，これら用途では省資源，省エネルギーの観点からさらなる磁石特性の改良が求められている。NdFeB焼結磁石においても省資源の観点から，重希土類に頼らない特性改良が求められていることは言うまでもないことである。

文　献

1) 特許第1431617号
2) 播本大佑, 松浦裕, 日立金属技報, **23**, 69 (2007)
3) 小高智織, 森本英幸, 坂下信一郎, 日立金属技報, **25**, 38 (2009)
4) W. F. Li, T. Ohkubo, *J. Mater. Res.*, **24**, 413 (2009)
5) W. F. Li, T. Ohkubo, K. Hono, *Acta Mater.*, **57**, 1337 (2009)
6) 松浦昌志, 深田東吾, 後藤龍太, 手束展規, 杉本諭, 2010年電気学会全国大会, 第2分冊, 153 (2010)
7) D. Harimoto, Y. Matsuura and S. Hosokawa, *J. Jpn. Soc. Powder Powder Metallurgy*, **53**, 282 (2006)
8) 近角聰信, 強磁性体の物理（下）, p237 (1984)
9) W. F. Li, T. Ohkubo, K. Hono, M. Sagawa, *J. Magn. Magn. Mater.*, **321**, 1100 (2009)

1.3 粒界相改質によるDy使用量低減技術

松浦　裕*

1.3.1 はじめに

　NdFeB磁石は電気機器の小型化，高効率化の要求から多くの用途で使われるようになってきている。特にハイブリッド自動車（HEV）用駆動モータや電動パワーステアリング（EPS）用モータ等の自動車用モータやエアコン用コンプレッサーモータ等家電機器では，省エネルギーの要求から高い残留磁束密度を持つ材料が求められているが，加えてこれら用途では高温の環境とコイルからの大きな逆磁界が加わる環境下にあることから，高い保磁力を持つ材料が強く求められている。

　これまで，NdFeB焼結磁石の保磁力を上げるためには，異方性磁界を大きくする方法や熱処理や添加元素等により結晶微細組織を制御する方法が考えられてきたが，主に重希土類のDyやTbをNdの代わりに置き換えることで異方性磁界を大きくすることにより，保磁力を大きくするという手法が取られてきた。

　この磁石の初磁化曲線および減磁曲線から，磁石の主相化合物である$Nd_2Fe_{14}B$化合物結晶粒内では磁壁を止める構造は存在せず，僅かな磁界で磁壁は移動し，比較的低い磁界で磁気飽和することを示しており，保磁力は結晶粒界で逆磁区が発生した後，結晶粒全体に逆磁区が広がるニュークリエーションモデルで説明されてきた。

　また近年になって，この磁石の保磁力に影響を与えている微量添加元素の研究から，これら元素が$Nd_2Fe_{14}B$結晶粒界に存在していることが明らかとなってきている[1,2]）。

　これらの実験事実から，NdFeB焼結磁石の保磁力は粒界近傍で決定されることが強く示唆されており，粒界構造に関する研究とその改質による保磁力の改善技術が注目されるようになってきている。

　ところで日本におけるNdFeB焼結磁石市場ではHEV用駆動モータやEPSに代表される自動車用回転機や空調機用コンプレッサーモータに代表される家電用回転機が大幅に増加してきている。これらの用途ではコイルから来る大きな逆磁界が加わっても減磁を起こさず，モータの発熱による高温環境下においても使用できるようにするには室温での保磁力を大きくする必要があるが，そのためには今のところDyやTbのような重希土類に頼らざるを得ないのが現状である。これら回転機器用磁石では他の応用機器に比べ，比較的多くのDyが使われている。Dyを全く使わないMRI（Magnetic Resonance Imaging）やDy使用量の少ないコンピュータ用ボイスコイルモータ（VCM）の生産重量に占める市場占有率は年々低下しており，日本国内で生産されるNdFeB焼結磁石の平均Dy量は年々増加してきているものと推定される。

　NdFeB焼結磁石に使うことができる平均Dy量がどの辺りにあるかを見積もることは，Dy使用量の目安を与えるために重要であると考える。

---

　*　Yutaka Matsuura　日立金属㈱　NEOMAXカンパニー　技師長

レアアースの最新技術動向と資源戦略

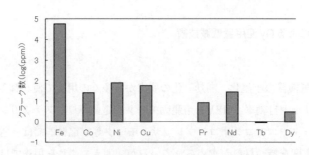

図1 地殻中に存在する元素の割合（クラーク数）
（出典：理化学辞典）

図1は地殻中に存在する元素の割合（クラーク数）を示している[3]。NdはCuより少ないもののCoより多く存在しており，比較的資源の多い元素であると言える。それに対しDyは3 ppmとNdの約10分の1であることが分かる。このNdの値とDyの値を足した31 ppmを，そのまま％に変えるとほぼNdFeB焼結磁石の希土類の重量組成であることから，クラーク数から見たこの磁石のDyのバランス量はおよそ3％近くにあることが分かる。日本市場で使われているNdFeB焼結磁石の平均Dy量は既にこのバランス量を超えているものと推定され，今後も自動車用モータや家電用モータの市場は拡大することが予想されていることから，省Dy化技術は喫緊の課題となってきている。

Dyを多く含む鉱石は生産量が限られているだけでなく，その生産は中国南部のイオン吸着鉱に頼っているのが現状である。このような状況からNdFeB焼結磁石の耐熱性や磁石特性を下げることなく，Dy使用量を削減するための技術が求められている。この問題を解決する一つの方法としてDyやTbを用いた粒界拡散技術が提唱されている[4,5]。

1.3.2 Dy粒界拡散技術

従来の方法ではDyは磁石原料作成の最初の工程である合金溶成時に他の金属と一緒に溶解される。この方法ではDyは主相結晶中に均一に存在することになり保磁力を高めるために使われる粒界近傍のDyは平均化され，主相結晶粒内と同じ組成となる。NdFeB焼結磁石では主相中に存在するDyは保磁力を高めるためには使われておらず，Dyの磁気モーメントが鉄の磁気モーメントと逆向きに結合することから，Dy置換量が多くなるにつれて残留磁束密度は下がることになる。粒界拡散技術はDyやTbを磁石表面に付けた後熱処理により，これら元素を粒界から拡散させ保磁力に必要な粒界近傍のDy濃度を高めることにより，残留磁束密度の低下を引き起こすことなく高い磁石特性を実現する方法である。

DyやTbの粒界拡散の手法としてはDyメタルを蒸着後，熱処理により結晶粒界から磁石内部に拡散する方法やDyやTbフッ化物を塗布し，その後熱処理によりこれら重金属を粒界拡散する方法，あるいはDy，Tbの水素化物を用いる方法など幾つかの方法が提案されている[4~6]。Dyメタルを蒸着，拡散する方法は磁石を加熱した状態でDy蒸着を行うことができる。この方法を用いれ

第2章　脱・省レアアース（素材・材料）

ば，蒸着工程と磁石内へのDy拡散が同時に進行することになり，重希土類フッ化物や水素化物を塗布後に拡散する方法と比べ，一つの工程で済むという利点がある。ここではDyメタルの蒸着拡散による保磁力増加について述べる。

図2にDy，AlおよびNdの蒸気圧曲線を示す[7]。Dyは比較的蒸気圧が高く，800℃以上の温度でDy金属表面より昇華が起こる。この温度ではNdFeB焼結磁石の粒界は既に溶けており，Dy蒸気中に磁石を置くことによりDyは結晶粒界を介して磁石内部へ拡散する。

図3はDy粒界拡散により作成された磁石の走査電子顕微鏡写真を示す。ここで白く見えている部分はDy濃度が高いことを示しており，粒界でDy濃度が高くなっていることが分かる。

また図4は，この方法で得られた磁石の磁石特性と各温度に1時間加熱した後，室温に下げ加熱前後で磁束の変化を測定し結果を示しており，磁石の減磁割合を示している。図4の左図から分かるようにDy粒界拡散法により得られた磁石特性は残留磁束密度の低下を生じることなく保磁

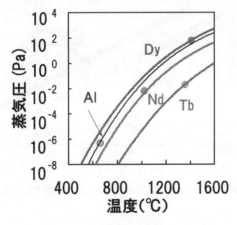

図2　各種金属（Al, Nd, Tb, Dy）の蒸気圧曲線（文献7）より抜粋）
　　　図中の○は各種金属の融点を示している。

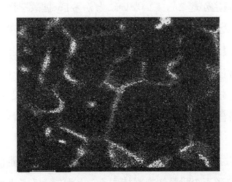

図3　Dy拡散材の走査電子顕微鏡像（EPMA）
　　白く見えている部分はDyが多いことを示している。DyはNd$_2$Fe$_{14}$B
　　結晶粒（暗く見えている部分）を薄く取り囲んでいることが分かる。

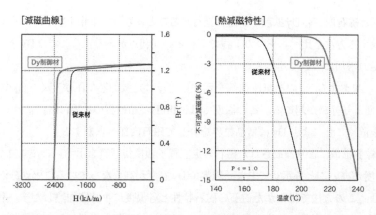

図4 Dy拡散材の減磁カーブ（左）と耐熱性（右）耐熱性はパーミアンス（Pc）1.0の磁石
単体を各温度1時間加熱し，前後での磁束変化を測定．

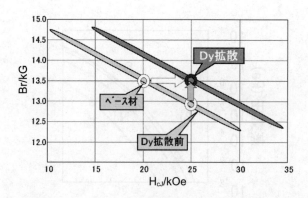

図5 現行量産磁石（ベース材）の磁石特性にDy粒界拡散を行った磁石の磁石特性

力は増加していることが分かる．この保磁力の増加が実使用時の耐熱性の向上に結びつくかについて調べたのが右図である．図から分かるように，Dy拡散前では160℃以上で減磁が見られたが，拡散後では200℃近くまで減磁が起こっていないことからDy拡散を行った磁石では耐熱性も向上していることが分かる．したがって，Dy拡散技術を用いれば残留磁束密度の減少を引き起こすことなく，保磁力を上げることができ，磁石の耐熱性も向上できることが明らかとなった．

図5は現行の量産材の磁石特性とDy粒界拡散を行った磁石特性を示している．Dy粒界拡散を行った磁石は残留磁束密度を変化させることなく保磁力を上げることができることから，同じ保磁力を持つ材料を比べた場合，Dy拡散を行った磁石はDy拡散を行わない磁石より高い残留磁束密度を持つことになる．

したがって，Dy粒界拡散技術は，省Dy技術であると同時に高性能化の技術であり，この技術を用いれば，少ないDy量で磁石の耐熱性を維持することができることから，電子機器のさらなる小型軽量化が可能となる．

1.3.3 Dy粒界拡散による保磁力傾斜磁石

Dy粒界拡散技術は磁石表面から結晶粒界を伝わって磁石内に拡散していき，粒界近傍にDyが濃化することにより保磁力が増加する。このことからDy濃度は磁石表面より磁石内部に向かうにしたがい低くなることが推定される。したがって，磁石の保磁力もDy濃度にしたがって変化すると予想される。

図6は6mm厚磁石の片方の磁化容易面よりDyを導入した後，磁石を1mm厚に切断し保磁力の変化を見たものである。図から分かるように，切断した磁石の残留磁束密度はほぼ同じ値を示しており大きな変化は見られない。一方，保磁力は磁石表面から徐々に変化しており，保磁力が磁石上部から下部に連続的に変化する保磁力傾斜磁石を作ることができる。磁石の一番下部である磁石においても保磁力はDy拡散前の磁石に比べ高くなっており，表面から5mm以上の部分においてもDyが到達しているものと推定される。

モータは磁石の磁界とコイルから発生する磁界によりステータと磁石の吸引，反発を行い回転する。コイルから磁石に加わる磁界は磁石を増磁する側に働く場合（増磁界）吸引力になるし，減磁側に働く場合（減磁界）反発となる。磁石の減磁が問題となるのは減磁側に磁界が働く場合で，この減磁側に働く磁界が磁石の保磁力より大きくなると減磁が起こる。またこの磁界は磁石の部位によっても，その大きさは大きく異なる。

図7はモータの1/4モデルで電磁界解析をした結果を示している。無負荷回転時のパーミアンス係数の分布は左右対称に分布している。モータが回転すると磁石はコイルから磁界を受け，磁石の片側はコイルからの増磁界を受け，もう一方は減磁界を受ける。コイルからの磁界と磁石の自己減磁界を加えた磁石のパーミアンス係数は減磁界を受ける磁石の一部分で極端に低くなり，この部分の磁界が磁石の保磁力を超えると減磁が起こる。Dy拡散を行っていない従来の磁石では保磁力は磁石全ての部分で同じであることから，パーミアンス係数が低く減磁界が大きい部分で減磁が発生する。図の例では保磁力が1671 kA/mの材料を用いた場合，159℃でモータトルクが2

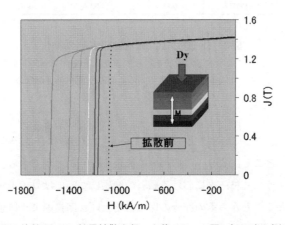

図6　厚さ6mmの磁石の片端よりDy粒界拡散を行った後，1mm厚に切り出し測定した磁石の磁石特性

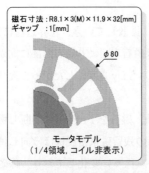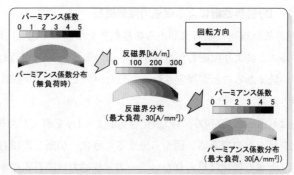

図7 モータの1/4モデルの電磁界解析結果

無付加時はパーミアンス係数は左右対称となっているが、最大負荷時は右端上部に大きな反磁界が加わっている。その結果右端上部はパーミアンス係数が低くなり、この部分より減磁が起こる。全周よりDy粒界拡散を行うことにより減磁を防ぐことができる。

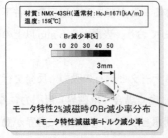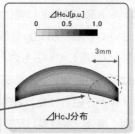

図8 Dy拡散方式による磁石耐熱性の変化

上段の図はDy拡散による保磁力増加を示しており、下段はモータトルク2%減少時のBr減少率（減磁）の分布状態を示している。磁石側面や外RからのDy拡散では耐熱性を大きく変えることはできず、全周からのDy拡散が必要であることが分かる。

％低下しており減磁が起こっていることを示している。この磁石にDy粒界拡散を用いて磁石外周部の保磁力を大きくすることにより、この部分の減磁を防ぐことができる。

これまで見てきたように、モータにおける磁石の減磁についてはコイルからの減磁界が磁石の一部に特に大きく加わることからその部分の保磁力を上げれば良いように思われる。このような考えに基づきDy粒界拡散において、Dyを磁石のどの方向から入れると最も耐熱性を上げること

第2章 脱・省レアアース（素材・材料）

ができるかについても色々な方法が提案されている[8~10]。

図8は磁石の弦端面からDy粒界拡散させた場合，磁石の弦端面＋外R面からDy粒界拡散させた場合および磁石全面から粒界拡散させた時の保磁力増加量分布と，モータトルクが2％落ちた時の残留磁束密度減少率分布と温度を示したものである。図から分かるとおり，Dy粒界拡散しない磁石と同程度の耐熱性を持たせるためには，磁石弦端や磁石上面からのDy拡散では耐熱性を向上させるには不十分であり，磁石全面からが最も有効であることが分かる。

1.3.4 まとめ

これまで見てきたように，NdFeB焼結磁石の保磁力については，その発生メカニズムについて詳細な解析が行われており，得られた知見を利用した高保磁力化の検討がされている。Dy粒界拡散技術もその一つである。

Dy粒界拡散技術を用いることにより，残留磁束密度を落とすことなく保磁力を増加させることが可能となってきており，その結果として磁石の耐熱性も向上できることが明らかとなった。この方法をDy拡散を行っていない少ないDy量を含む磁石に適用すると，より多くのDyを含む磁石と同じ保磁力であるにもかかわらず，さらに高い残留磁束密度を実現できる。この方法をさらに進めて最も効果的な部位にDyを濃化させた保磁力傾斜磁石を用いることにより，さらに少ないDy量で高い磁石特性を実現することができる。DyはNdに比べ資源が限られており，省Dy化の技術はこれまで以上に重要な技術課題となってきている。ここで述べたDy拡散技術によりNdFeB焼結磁石の省Dy化を実現するとともに磁石の高性能化による電子機器のさらなる小型化，高効率化が実現されていくものと思われる。

NdFeB磁石の保磁力発生のメカニズムについては未だ分かっていないことが多く残されているように思われる。今後，さらに保磁力発生のメカニズムを解明し，ここから得られた知見に基づいた新しい技術を開発することにより磁石特性の改良が進むものと期待される。

文　献

1) 小高智織，森本英幸，坂下信一郎，日立金属技報，**25**, 38（2009）
2) W. F. Li, T. Ohkubo, *J. Mater. Res.*, **24**, 413（2009）
3) 理化学辞典　第4版，1441（1987）
4) H. Nakamura, K. Hirota, M. Shimao, T. Minowa, M. Honshima, *IEEE Trans. Magn.*, **41**, 3844（2005）
5) 特許第4241900号
6) 第18回磁気応用技術シンポジウム，A1-2-1（2010）
7) R. E. Honing, RCA Review, **23**, 567（1962）
8) 廣田晃一，中村元，美濃輪武久，粉体粉末冶金協会講演概要集　平成22年春季大会，91

(2010)
9) 棗田充俊, Dy蒸着拡散を使用したモータの設計手法および設計事例, 第29次モータ技術フォーラム (2010)
10) 棗田充俊, 小高智織, Dy蒸着拡散磁石を使用したモータの解析手法, 電気学会研究資料, SA-11-021, RM-11-021 (2011)

1.4 熱間加工磁石におけるDyフリー化技術

日置敬子[*1], 服部 篤[*2]

1.4.1 はじめに

　熱間加工磁石は，2011年現在，㈱ダイドー電子のみで工業生産されている。焼結磁石と同じく金属磁石に分類されるが，製法の違いにより両者の磁気特性と特徴は若干異なっている。熱間加工磁石の独自の製法は，結晶組織のナノレベルでの微細化を可能にし，省ジスプロシウムと磁気特性向上を両立させた。そのため，熱間加工磁石は，環境・資源問題をクリアすることができる有効な磁石材料と考えられる。

1.4.2 熱間加工磁石の特徴

(1) 製造工程

　熱間加工磁石の製造方法を図1で説明する。まず，磁石組成であるが，成形性と保磁力発現に必要な粒界相を確保するために$Nd_2Fe_{14}B$の化学量論比よりも希土類が高めの組成が選択される。狙い組成の合金から，超急冷法[1,2]により得られた薄帯を〜150 μm程度に粉砕し，原料粉として使用する（超急冷法は，溶解した原料を回転ロール上に噴射し，急冷することにより30 nm前後の微細な結晶組織を持つ薄帯を得る手法）。この時点では，1つの粉末に微細な主相（$Nd_2Fe_{14}B$結晶粒）がランダムな方向を向いて存在している。この原料粉を室温で冷間プレス，800℃前後で熱間プレスすることによりほぼ真密度の等方性磁石（以後，MQ2と呼ぶことにする）を得ることができる。この工程まで，主相は磁気的に配向しておらず，超急冷後の薄帯組織と比較すると結

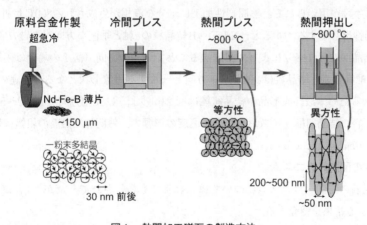

図1　熱間加工磁石の製造方法

---

*1　Keiko Hioki　大同特殊鋼㈱　研究開発本部　電磁材料研究所　磁石材料研究室　副主任研究員

*2　Atsushi Hattori　大同特殊鋼㈱　研究開発本部　電磁材料研究所　磁石材料研究室　室長

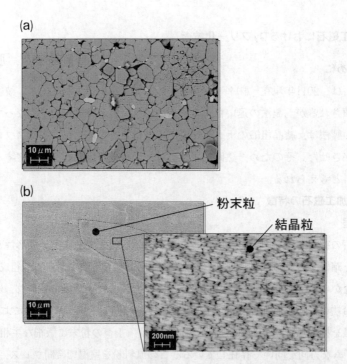

図2 c軸に平行な面を観察した一般的な(a)焼結磁石と(b)熱間加工磁石の結晶組織

晶粒は若干成長している。続いて、磁石としての異方性発現のため、熱間塑性加工による結晶粒の配向という手段が用いられる。熱間塑性加工に十分な液相が生成される800℃付近までMQ2を加熱し、熱間押出しをする。すると、$Nd_2Fe_{14}B$結晶粒のc軸と垂直な方向への異方成長が起こり、それに伴い結晶が粒界すべりによって回転することで応力の方向（図1の場合は円周方向）と同方向にc軸は配向して、結晶粒はc軸が厚み方向と一致する円盤形状となる。一連の加工は800℃程度で行われるため、最終成形品の結晶組織は図2(b)のように長軸方向でも200〜500 nm程度である。初期原料の結晶組織サイズおよび成形温度の影響で、熱間加工磁石の組織は焼結磁石よりも1オーダー微細組織となる。

(2) **結晶粒の配向メカニズム**

熱間加工磁石の配向メカニズムについてはこれまでも報告されてきたが[3〜7]、ここでは最近のTEM観察による結果を紹介する[8,9]。

図3(a)〜(d)は、圧縮率を変えて作製した試料（R = 0, 20, 40, 60%。830℃で加工した直後に、組織凍結のため水冷）、図3(e)〜(h)は、圧縮率R = 0で熱処理しただけの超急冷薄帯のTEMによる観察結果である。図3(a)〜(d)については、画面縦方向は応力方向と一致する。また、圧縮率Rは式(1)で定義する。ここで、試料の元高さはMQ2の高さを、加工後高さは熱間加工後の高さを示す。

第 2 章 脱・省レアアース（素材・材料）

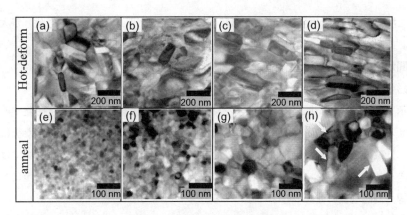

図 3　熱間加工磁石のTEM像
(a)圧縮率 0 %　(b)20%　(c)40%　(d)60%（画面y軸方向は応力方向に一致）と超急冷薄帯のTEM像　(e)超急冷まま　(f)750℃×1 min熱処理　(g)3 min　(h)10 min

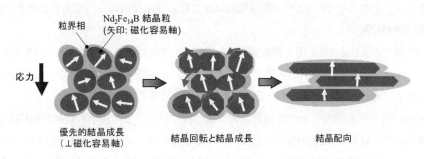

図 4　$Nd_2Fe_{14}B$結晶粒の配向メカニズム（c軸に平行な面）

$$R = （試料の元高さ - 加工後高さ）／元高さ×100（\%） \tag{1}$$

図 3(e)～(h)に示したように応力を与えずに熱処理だけ施した場合，$Nd_2Fe_{14}B$結晶粒が異方成長することが確認されたが（図 3(h)中の矢印），図 3(a)～(d)のように応力を与えた場合に比べて異方成長は起こりにくく，アスペクト比（円盤状結晶粒の直径／厚み）も小さい。異方成長に一軸圧縮応力状態は必ずしも必要でなく，$Nd_2Fe_{14}B$結晶固有の性質として常にc軸と垂直な方向に異方成長することが言える[10]。一方，応力を加えた場合，圧縮率が大きくなるのに従って（図 3(b)→(d)）円盤状結晶粒のc軸は応力方向と同方向に配向していく。応力によって異方成長が促進されていると考えられる。

以上の結果から推測される$Nd_2Fe_{14}B$結晶粒の配向メカニズムを図 4 に示す。配向の主な要因は，c軸と垂直な方向へ異方成長した$RE_2Fe_{14}B$結晶が粒界すべりによって回転することと考えられる。アスペクト比が大きい結晶粒ほど，応力方向に対するc面結晶粒の面積が広くなり，c軸が応力方向に揃うような結晶粒の回転が起こり易くなる。そのため，適切な速度でひずみが十分に

与えられた場合の到達配向度は，$Nd_2Fe_{14}B$結晶粒のアスペクト比（直径／厚さ比）が大きいほど高くなる。

(3) 熱間加工磁石の磁気特性

① 初磁化曲線

図5に示すように，熱間加工磁石に磁場を印加していくと低磁場である程度磁化するが，完全に磁化させるにはさらなる磁場の印加が必要となる。また，所定の磁場を印加した後に逆磁場をかけると，低磁場を印加した場合は焼結磁石と同じく急激な傾きを持つが，高磁場では減磁曲線と同じ傾きを持つ曲線となっている（便宜的に，初磁化曲線の変曲点，図中J_0を境にして，低磁場側の曲線，高磁場側の曲線と呼ぶことにする）。

これらの挙動から，初磁化の高磁場側の曲線は，磁化が急増する磁場（図5では1000 kA/m近傍）と保磁力がほぼ同程度であるため単磁区結晶粒の磁化過程を示していると言える。図2の組織写真からも，熱間加工磁石の結晶粒径は$Nd_2Fe_{14}B$磁石の単磁区粒子臨界径（0.28 μm）に近いサイズであるため，熱間加工磁石の組織は，単磁区構造と多磁区構造の混合組織であると推測される。そして，そのことが，MQ3の初磁化曲線が2段になる要因の一つであると考えている。

② 磁区観察結果

熱間加工磁石のAFM（原子間力顕微鏡）とMFM（磁気力顕微鏡）による組織と磁区の観察結果を図6に示す[11]。試料は熱消磁状態であり，すべてc面（配向方向に垂直な面）の観察を行った。紙面前方に向かう磁束は明るく，後方へ向かう磁束は暗く表されている。

図6(a)(b)の結晶粒を粗大化させた組織の例では，特に粗大化した粒子の輪郭をMFM像に重ねると（図6(b)の点線部），複数の極性を持っていることがわかる。一方，図6(c)(d)のように通常組織の場合，結晶粒の輪郭をMFM像に重ねると（図6(d)の実線部），1粒子がSかNの極性を持っ

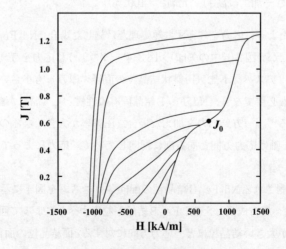

図5 熱間加工磁石の磁化曲線

第 2 章　脱・省レアアース（素材・材料）

図 6　熱間加工磁石粗大化組織の(a)AFMと(b)MFM像および通常組織の(c)AFMと(d)MFM像

ている。これらの結果より，微細組織ほど単磁区結晶粒の比率が高くなっていると言える。

以上より，熱間加工磁石からは単磁区結晶粒と多磁区結晶粒の両方が観察され，初磁化曲線から得た見解と一致した。特に微細組織ほど単磁区結晶粒率が高い結果が得られたことについては，後述するプロセス条件と磁気特性の関係とも一致する。

　③　成形温度と磁気特性・結晶組織の関係

　図 7 に成形温度を変えて作製した熱間加工磁石の保磁力 H_{cj} を示す[12]。原料組成はそれぞれ，Sample A（Nd＝12.8 at.%），Sample B（Nd＝13.4 at.%），Sample C（Nd＝13.9 at.%）と Sample D（Nd＝11.0, Dy＝2.0 at.%）である。希土類元素は Fe 置換とし，希土類，Fe 以外の元素はほぼ同組成である。

　図 7 では保磁力は組成に関わらず成形温度が高いほど低下している。高温での成形になるほど結晶粒の粗大化が進行するためと考えられる。そこで，Sample C について，成形温度と磁化曲線，成形温度と結晶粒サイズの関係をそれぞれ図 8 と図 9 に示す。

　図 8 では，成形温度が高くなるのに従って，初磁化曲線の低磁場側の曲線が大きくなっている。これは結晶粒粗大化によって単磁区結晶粒の比率が低くなっていることを意味している。図 9 では成形温度が高温になるほど結晶粒径が大きくなる傾向が観察され，初磁化曲線の挙動および保磁力の変化傾向と一致している。

　次に，組織の微細化の耐熱性への有効性を示すため，保磁力（RT, 180℃）の単磁区結晶粒率依存性を図 10 に示した。単磁区結晶粒率は式(2)から求めた。なお，残留磁束密度 B_r については，組織微細化の影響は見られなかったため，特にここでは示さない。

$$単磁区結晶粒率 = 1 - J_0/J_s \tag{2}$$

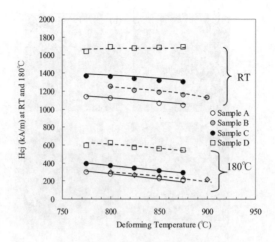

図7　保磁力の成形温度依存性

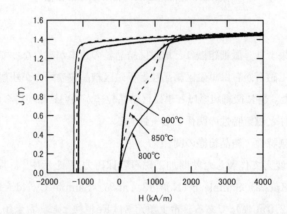

図8　成形温度800, 850, 900℃試料の磁化曲線（Sample C）

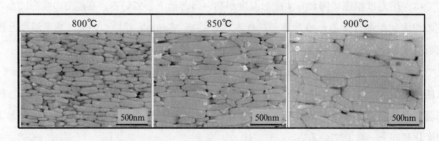

図9　成形温度800, 850, 900℃試料のab面の結晶組織（Sample C）

J_0は初磁化曲線の変曲点のy値とする

図10より，単磁区粒率が増加するのに従って保磁力が高くなることが言える．また，組成面か

第2章 脱・省レアアース（素材・材料）

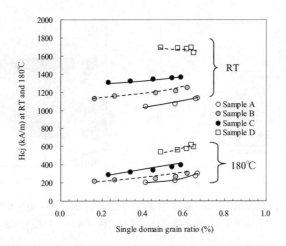

図10 単磁区結晶粒率と保磁力（室温と180℃）の関係

ら見ると希土類量が高いほど，そして，Dy比率が高いほど保磁力が向上している。そこで，既出の保磁力値について，保磁力向上の要因（単磁区結晶粒率，TRE，Dy/TRE比率）は独立していると仮定して，重回帰分析による要因の分解を行った。

$$iHc(RT) = 3.12 \cdot TRE + 0.39 \cdot Dy/TRE + 2.46 \cdot SDGR - 27.71 \text{(kOe)} \tag{3}$$

$$iHc(180°C) = 1.45 \cdot TRE + 0.29 \cdot Dy/TRE + 2.84 \cdot SDGR - 17.15 \text{(kOe)} \tag{4}$$

それぞれTREは総希土類量（at.%），DyはTRE中のDy率，SDGR（Single Domain Grain Ratio）は初磁化曲線から求めた単磁区結晶粒率を示す。得られた式の重相関係数はどちらも$R^2 = 0.99$である。TREとDy/TREの係数は，室温から180℃に変化するのに伴い，それぞれ5割と7割程度に減少しているのに対し，SDGRの係数は若干増加している。すなわち，組織を微細化することによって得られた保磁力は高温化でも減少していない。したがって，高耐熱性磁石を開発するためには，結晶組織の微細化が最も有効であり，組織微細化を得意とする熱間加工磁石は，そのような磁石の開発に有利と言える。

1.4.3 省ジスプロシウム型磁石製品

図11(a)に㈱ダイドー電子のリング磁石の製品一覧を示す[13]。量産品は大きくDyフリー磁石と，少量のDyが添加されている高耐熱磁石に分けられる。量産品で最高特性を示しているのは35SHRで，同等特性の焼結磁石と比較してDy使用量は約50%である。しかし，先に紹介した熱間加工プロセスの最適化により結晶組織のさらなる微細化を行った結果，さらに高磁力（35SHRの10%増）かつDy使用量を低減（35SHRの60%減）した43SHRの開発に成功した。図11(b)に，現行量産磁石，新開発磁石，そして焼結磁石のDy量と耐熱温度の関係を示す。Dyフリー磁石でも35HR，39RはDy添加の焼結磁石と同程度の耐熱性を有している。組織の微細化を行った新開発磁石の耐

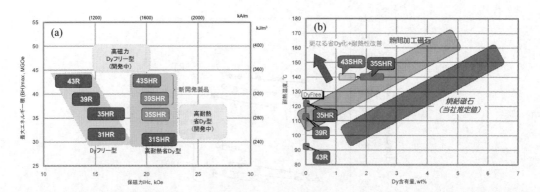

図11 (a)㈱ダイドー電子熱間加工リング磁石（NEO-QUENCH DR）の一覧，(b)耐熱性とDy量の関係
(a)図中の記号はグレード名を示す。(b)耐熱温度は，磁石試料（Pc = 2）の不可逆減磁率3％となる温度と定義した。

熱温度は，現行磁石（高耐熱磁石）の耐熱性ラインよりも高耐熱性側にシフトしており，省ジスプロシウムでさらなる高耐熱性を実現している。

1.4.4 応用製品

熱間加工リング磁石は，製造方法に起因した次の特徴を持つ。①背の高いリング磁石が製造可能，②円周方向の磁気特性が均一，③小径の磁石でも高い磁気特性，が得られる。特に②については，熱間塑性加工により機械的に$Nd_2Fe_{14}B$結晶粒を配向させているため，焼結磁石で行われている磁界配向よりも高い配向度が得られることに起因している。

リング高さ方向の磁気特性が均一であることと微細組織であることは，滑らかな着磁波形を得るのに有利である。そのため，特に滑らかな回転（低コギング，低トルクリップル）が要求されるFA用サーボモータや電動パワーステアリング用モータには，熱間加工磁石が適している[14~16]。

熱間加工磁石の磁気特性以外の特徴としては，金型成形のためニアネットシェイプで成形できること，そして，磁石形状の自由度の高さが挙げられる（板，かわら，多角形筒など）。この特徴を活かすため，磁石材料単体ではなく，磁石をモータに組み込んだときにトータルの性能が向上するような磁石設計（磁気特性・形状）を意識して開発を進めていきたい。

文　　献

1) J. J. Croat, J. F. Herbst, R. W. Lee and F. E. Pinkerton, *J. Appl. Phys.*, **55**(6), 2078 (1984)
2) J. J. Croat, J. F. Herbst, R. W. Lee and F. E. Pinkerton, *Appl. Phys. Lett.*, **44**, 148 (1984)
3) R. W. Lee, *Appl. Phys. Lett.*, **46**(8), 790 (1985)
4) Raja K. Mishra, *J. Appl. Phys.*, **62**(3), 967 (1987)

第2章　脱・省レアアース（素材・材料）

5) Raja K. Mishra, *J. Mater. Eng.*, **11**(1), 87 (1989)
6) R. K. Mishra, T.-Y. Chu and L. K. Rabenberg, *J. Magn. Magn. Mater.*, **84**, 88 (1990)
7) 日置敬子, 高野剛次, 山本隆弘, 電気製鋼, **79**, 119 (2008)
8) 塩井亮介, 橋野早人, 宮脇寛, 日本金属学会講演概要, **147**, 336 (2010)
9) 塩井亮介, 宮脇寛, 森田敏之, 電気製鋼, **82** to be published (2012)
10) P. Tenaud, A. Chamberod and F. Vanoni, *Soli State Commum.*, **63**(4), 303 (1987)
11) 山岡武博, 辻川葉奈, 廣瀬龍介, 伊藤亮, 川村博, 左近拓男, 日本磁気学会誌, **35**, 60-66 (2011)
12) 森田敏之, 電気製鋼, **82** to be published (2012)
13) 服部篤, 電気製鋼, **82** to be published (2012)
14) 入山恭彦, 山田人巳, 薮見崇生, 吉川紀夫, 山田日吉, 日本応用磁気学会第147回研究会資料, 7 (2006)
15) 薮見崇生, 電気製鋼, **76**, 171 (2005)
16) 薮見崇生, 磁気学会, **31**, 23 (2007)

1.5 コンポジット磁石における希土類使用量低減技術

福永博俊[*]

1.5.1 はじめに

ナノメートルスケールの希土類合金結晶と3d遷移金属系合金結晶の磁化を交換相互作用により結合させた，ナノコンポジット磁石が広く知られている。この磁石では3d遷移金属を利用して，磁石の飽和磁化を向上させるとともに，希土類資源の使用量を低減することができる。

1.5.2 ナノコンポジット磁石の原理

ナノコンポジット磁石は，硬磁性結晶と軟磁性結晶をナノメートルスケールで複合化した磁石である。一般に，軟磁性相の存在は磁石特性を損なうが，ナノコンポジット磁石では，結晶粒界を介した交換相互作用により軟磁性相内の磁化の反転を抑制する。すなわち，

① 磁石内に多量の軟磁性相が存在し，
② 軟磁気特性を有する結晶粒と硬磁気特性を有する結晶粒の磁化が交換相互作用で互いに結び付き，
③ 軟磁性結晶粒の磁化が反転するのを，硬磁性結晶粒の磁化が妨げ，
④ あたかも，軟磁性相が存在しないかのような特性を示す，

ユニークな磁石である。

図1はナノコンポジット磁石をモデル化して示したものである[1]。(a)の結晶粒間交換相互作用

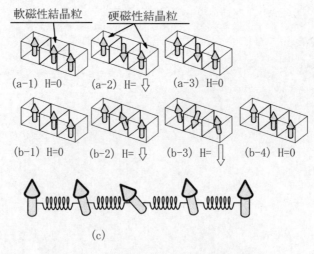

図1 ナノコンポジット磁石の磁化過程モデル[1]
(a)結晶粒間の交換相互作用が弱い場合。(b)結晶間の交換相互作用が強い場合。(c)磁化分布のモデル。

---

[*] Hirotoshi Fukunaga 長崎大学 大学院工学研究科 電気・情報科学部門 教授

第2章　脱・省レアアース（素材・材料）

の弱い場合には，磁化と反対向きの磁界が加わると，保磁力の小さい軟磁性結晶粒の磁化は容易に反転し（a-2），磁界を0に戻しても反転した結晶粒の磁化は元の方向には戻らない（a-3）。これに対して，(b)の粒間の交換相互作用が強く働く場合には，交換相互作用により各結晶粒の磁化が同じ方向を向こうとするため，軟磁性結晶粒の磁化は硬磁性結晶粒の磁化によって支えられる。その結果，微小な磁界では軟磁性結晶粒の磁化も反転しない（b-2）。さらに磁界を増すと，軟磁性結晶粒の磁化は反転するが（b-3），硬磁性結晶粒の磁化に支えられているので，磁界を0に戻すと元の方向に戻る（b-4）。この様子は，(c)図に示すように，あたかも各結晶粒の磁化がスプリングで繋がれているかのようである。このため，ナノコンポジット磁石は「交換スプリング磁石」とも呼ばれる。モデルからも想像できるように，さらに逆方向の磁界を大きくして硬磁性結晶粒の磁化を反転させると，磁界を0に戻しても磁化は元の方向には戻らなくなる。この磁化過程から予測できるように，ナノコンポジット磁石は，リコイル透磁率が大きく，不可逆帯磁率が小さい特徴を持っている。

　以上のような特性が発現するためには無論ある条件が必要である。軟磁性結晶粒の磁化の反転は，隣接する硬磁性結晶粒からの交換相互作用により妨げられている。妨げている力は，結晶界面を通して受けるので，その大きさは結晶粒の表面積Sが増加する程大きくなる。一方，反転させようとする力は，$H \cdot I_S \cdot V$（H：印加磁界，I_S：飽和磁化，V：結晶粒の体積）であるので，結晶粒の体積に比例する。したがって，上記(b)のような磁化過程が起こるためにはS/Vが大きな値となることが必要である。S/Vは結晶粒のサイズに反比例するので，結晶粒径の小さな材料で優れた磁気特性のナノコンポジット磁石が得られる可能性がある。

　では結晶粒が小さければ小さい程良いかと言うと，結晶粒が極端に小さくなると不都合も生じる。すなわち，交換相互作用の効果が極端に強くなると，磁化が一方向に揃った小領域が形成される。この小領域内では磁気異方性が平均化されてしまい（無配向磁石では等価的に磁気異方性が小さくなる），保磁力が減少する[2]。したがって，結晶粒径の減少は，保磁力に対して2つの効果を持つことになる。

　図2は等しい飽和磁化を有する硬磁性結晶と軟磁性結晶から構成される等方性ナノコンポジット磁石について，計算機シミュレーションで残留磁化と保磁力を計算した例である。図中，残留磁化と保磁力は，それぞれ飽和磁化と硬磁性相の異方性磁界で規格化して示されている。軟磁性相を含まない場合には保磁力は結晶粒径の減少とともに単調に減少するが，軟磁性相を含むナノコンポジット磁石では保磁力が最大となる結晶粒径が存在する。計算機シミュレーションや実験から，Nd-Fe-B磁石の場合には，結晶粒径がおおよそ5〜50 nmのオーダーとなることが必要であると考えられている[3〜5]。

1.5.3　ナノコンポジット磁石の特徴

ナノコンポジット磁石の磁石材料の特徴を整理すると，
① 希土類使用量の削減可能
② 高残留磁化

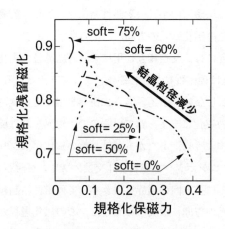

図2 等方性ナノコンポジット磁石における保磁力と残留磁化の関係

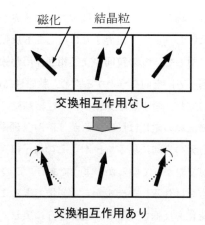

図3 結晶粒間の交換相互作用によるRemanence Enhancementのモデル

③ 高エネルギー積
④ 中保磁力
⑤ 高可逆帯磁率・低不可逆帯磁率

などが挙げられる。

②は，ナノコンポジット磁石の最も特徴的な特性である。一般に軟磁性合金は，硬磁性合金に比べて高い飽和磁化を有することが多い。このため，ナノコンポジット磁石は高残留磁化を有する。さらに，"Remanence Enhancement"と呼ばれる現象のために残留磁化が増加する。この現象を，図3を用いて説明する。硬磁性結晶の磁化容易軸方向が等方的に分布した無配向のナノコンポジット磁石では，結晶粒界の両側の磁気モーメント間の正の交換相互作用により，異なる結晶粒内の磁化の向きが同じ方向に揃ってくる。この効果はS/Vが大きくなると顕著になる。相互作用のない無配向結晶粒から構成される磁石の残留磁化は飽和磁化の半分となるが，上述の現象が顕著になると残留磁化は飽和磁化の半分より大きくなる。この現象は最初にNd-Fe-B系急冷粉末で注目され[6〜9]，"Remanence Enhancement"と呼ばれるようになった。ナノコンポジット磁石では，軟磁性結晶粒の磁気異方性が小さいので顕著なRemanence Enhancementが生じる。

軟磁性相の量も保磁力に影響する。軟磁性相の量の増加は残留磁化の増加に有効である。しかしながら，多量すぎると保磁力が極端に低下し，磁石として使用できなくなる。

一般に，希土類磁石は高保磁力であるので，その最大エネルギー積は残留磁化に大きく依存する。このため，高残留磁化のナノコンポジット磁石では高い最大エネルギー積も期待できる。Nd-Fe-B/α-Fe系の等方性ナノコンポジット磁石に対する計算機シミュレーションでは，60%程度の軟磁性相を含む場合に300 kJ/m^{3}程度の最も大きな最大エネルギー積が得られると報告されている[5]。

第 2 章　脱・省レアアース（素材・材料）

　硬磁性結晶の磁化容易軸が一方向に揃った異方性ナノコンポジット磁石では，硬磁性相を小さくしても上述した異方性の平均化が起こらない。完全配向した$Sm_2Fe_{17}N_3$硬磁性相と$Fe_{65}Co_{35}$軟磁性相からなる積層型異方性ナノコンポジット磁石では$1000 kJ/m^3$程度の最大エネルギー積が期待できるとの計算結果が示されている[10]。$Nd_2Fe_{14}B$結晶とα-Fe結晶を分散させた異方性ナノコンポジット磁石では，$700 kJ/m^3$程度の最大エネルギー積が計算されている[11]。

　⑥の特徴は，1.5.1項で説明したナノコンポジット磁石の磁化過程に由来する特徴である。この特徴を利用することにより，熱減磁の小さい磁石を得ることができる[12]。

1.5.4　ナノコンポジット磁石の作製法

　ナノコンポジット磁石は硬・軟磁性結晶をナノメートルスケールで複合化した磁石であるので，優れた磁気特性を得るには磁石を構成する結晶相とそれらの結晶粒径を適切に制御する必要がある。このために，超急冷法やメカニカルアロイング法を用いて非晶質合金を作製し，非晶質からの結晶化の際に析出するナノメートルオーダーの組織を利用する方法や，超急冷法により急冷速度を制御して析出相と結晶粒径を制御する方法が用いられている。

　図4には，超急冷法によるナノコンポジット磁石フレークの作製装置を模式的に示している。この方法では，ロールの回転速度により溶融合金の冷却速度を制御することができる。冷却速度を十分に速くすれば非晶質フレークが得られるので，これを結晶化してナノコンポジット磁石フレークを得る。冷却速度を適度に選べば，直接ナノコンポジット磁石フレークを得ることもできる。現在のところ，この方法で作製されたフレークは等方性である。粉砕して磁石粉とし，ボンド磁石として利用される。

1.5.5　ナノコンポジット磁石の磁気特性

　合金系としてはNd-Fe-B系，Sm-Fe-N系およびSmCo系で多くの報告がある。表1には，ナノコンポジット磁石の特性例を示している。希土類金属の組成を少なくすると，等方性磁石であ

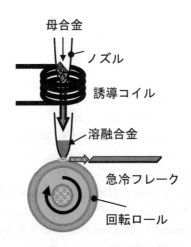

図4　超急冷フレーク作製装置（白黒印刷）

表1 ナノコンポジット磁石粉末の特性例

組成	残留磁束密度 B_r(T)	保磁力 H_{CM}(kA/m)	最大エネルギー積 $(BH)_{max}$ (kJ/m^3)	文献	備考
Nd$_3$Fe$_{78.5}$B$_{18.5}$	1.31	190	108	13)	等方性
Nd$_{11.8}$Fe$_{80.3}$Ga$_2$B$_{5.9}$	1.0	1056	175	14)	等方性
Nd$_9$Fe$_{73}$B$_{12.6}$C$_{1.4}$Ti$_4$	0.832	990	117	15)	等方性
Pr$_{12}$Fe$_{83}$B$_5$	1.3	400	135	16)	等方性
Sm-(Fe,Co)-N	0.99	724	142	17)	等方性
SmCo/α-Fe	1.26	576	250	18)	異方性積層膜

るにもかかわらず，1Tを超える残留磁化を得ることができる。また，表中のNd-Fe-Ga-B，Nd-Fe-B-C-Ti磁石に見られるように，添加物を選ぶことにより比較的高い保磁力を得ることが可能である。表中のPr-Fe-B磁石では，結晶化の方法を工夫して組織を制御し，高い最大エネルギー積を得ている。

表に示された合金の希土類含有量は，通常の希土類合金磁石より少なく，ナノコンポジット磁石を利用することにより希土類資源の使用量を抑制できる。一方で，等方性ナノコンポジット磁石の最大エネルギー積は150 kJ/m^{3}程度の値に留まっており，計算機解析で得られる予測値との間には開きがあるのが現状である。

薄膜プロセスを用いれば，異方性のナノコンポジット磁石を得ることができる。表1に示すSmCo$_5$/α-Fe積層型異方性ナノコンポジット磁石の最大エネルギー積はSmCo$_5$の理論限界値を超えており，ナノコンポジット磁石の可能性を実現した磁石の一つである。今後，異方性バルクナノコンポジット磁石の開発も進むと期待される。

文　　献

1) 福永, 日本応用磁気学会誌, **19**, 791 (1995)
2) G. Herzer, *IEEE Trans. Magn.*, **26**, 1397 (1990)
3) E. F. Kneller and R. Hawig, *IEEE Trans. Magn.*, **27**, 3588 (1991)
4) N. Kitajima, H. Inoue, Y. Kanai and H. Fukunaga, *Proc. Int. Symp. Phys. Magn. Magn. Mater.*, Seoul, p.652 (1995)
5) H. Fukunaga, J. Kuma and Y. Kanai, *IEEE Trans. Magn.*, **35**, 3235 (1999)
6) J. J. Croat, J. F. Herbst, R. W. Lee and F. E. Pinkerton, *Appl. Phys. Lett.*, **44**, 148 (1984)
7) A. M. Kadin, R. W. McCallum, G. B. Clemente and J. E. Keen, *Science and Technology of Rapidly Solidified Alloy*, **80**, 385 (1986)

8) F. Matsumoto, H. Sakamoto, M. Komiya and M. Fujikura, *J. Appl. Phys.*, **63**, 3507 (1988)
9) G. B. Clemente and J. K. Keem, *J. Appl. Phys.*, **64**, 5299 (1988)
10) R. Skomski and J. M. D. Coey, *Phys. Rev. B*, **48**, 15812 (1993)
11) H. Fukunaga and H. Nakamura, *IEEE Trans. Magn.*, **36**, 3285 (2000)
12) Y. Kanai, S. Hayashida, H. Fukunaga and F. Yamashita, *IEEE Trans. Magn.*, **35**, 3292 (1999)
13) S. Hirosawa, H. Kanekiyo and M. Uehara, *J. Appl. Phys.*, **73**, 6488 (1993)
14) H. A. Davies, *J. Magn. Magn. Mater.*, **157/158**, 11 (1996)
15) S. Hirosawa, H. Kanekiyo and Y. Miyoshi, *J. Mag. Magn. Mater.*, **281**, 58 (2004)
16) H. Fukunaga, K. Tokunaga and J. M. Song, *IEEE Trans. Magn.*, **38**, 22970 (2002)
17) T. Hidaka, Y. Yamamoto, H. Nakamura and H. Fukuno, *J. Appl. Phys.*, **83**, 6197 (1998)
18) J. Zhang, Y. K. Takahashi, R. Gopalan and K. Hono, *Appl. Phys. Lett.*, **86**, 122509 (2005)

1.6 高性能フェライト焼結磁石の開発動向

1.6.1 はじめに

皆地良彦*

フェライト焼結磁石の最大エネルギー積（$(BH)_{max}$）は，ネオジム系焼結磁石の1/10にすぎないが，ボンド磁石を含む各種磁石の中で飛び抜けて多量に使用されている。この最大の理由は，酸化鉄を主とする低価格な原料をシンプルな工程で製造することにより，高いコストパフォーマンスを実現していることにある。また他にも，①原料の供給不安が少ない，②「錆びない」ため表面処理が不要，③「経時変化が小さい」，といった点が評価されている。

フェライト焼結磁石は様々な分野で使用されるが，玩具用，スピーカ用などは海外の低価格製品に現在ほとんどが置き換わった。一方，高性能化のニーズが強い製品はモータ用途の磁石である。自動車電装用には数多くのモータが使用されているが，そこにはフェライト焼結磁石が多く使用されている。

1.6.2 高性能フェライト磁石材料の開発動向

現在量産されているフェライト磁石のほぼ100％は，マグネトプランバイト型（M型）結晶構造を持つ六方晶フェライトである。1963年発表されたSrM型フェライト（$=Sr^{2+}Fe^{3+}_{12}O^{2-}_{19}$）以降は基本物性の進歩がなく，もっぱら微細構造の改善で高特性化が図られてきたため，限界という観もあった。

しかし，1996年にM型フェライトに少量のLaとCoを添加した新組成材が開発された[1,2]。La^{3+}はイオン半径の近いSr^{2+}サイトに置換し，Co^{2+}はやはりイオン半径の近いFe^{3+}サイトに置換していると考えられており，La^{3+}とCo^{2+}がペアで置換することで電荷補償がなされている。図1にLaCoまたはPrCo置換SrM型フェライトの磁気特性を示す。置換により，残留磁束密度Brの向上のみならず，保磁力HcJの大幅な向上が見られている。工業的には，Prよりも原料価格の安いLaが使用される。La^{3+}とPr^{3+}以外のレアアースイオン置換組成では，イオン半径が小さい程飽和磁化が低下しており，Sr^{2+}サイトへの置換が十分にできないと考えられる（図2[1]）。

LaCo系フェライト磁石は図3に示すように小物用乾式異方性FB5Dシリーズ，高性能湿式異方性FB9シリーズとして量産されてきた。そして更に進化を遂げた湿式異方性FB12シリーズ（薄肉異方性はFB13B，14H）の製造・販売が始まっている。LaCo系組成の特許は日系メーカーが日本，中国，米国他ワールドワイドに多数保有しており，FB5Dシリーズ，FB9シリーズ，FB12シリーズ，FB13B，FB14Hも全て保護されている。

LaCo系の量産材は，湿式異方性で比較すると，FB6N：Br＝440 mT，HcJ＝263 kA/mに対して，FB12H：Br＝460 mT，HcJ＝430 kA/mまでHcJが向上しており，同時に図4に示すように，FB12はHcJの温度係数もFB6比で約1/3まで改善している（FB13B，14Hも同様）。そのため，

---

* Yoshihiko Minachi　TDK㈱　静岡工場　磁性製品ビジネスグループ　商品開発部
商品開発二課　統括係長

第2章　脱・省レアアース（素材・材料）

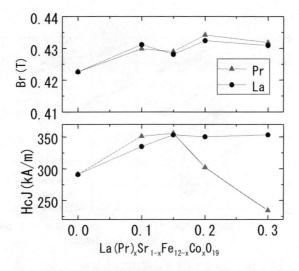

図1　LaCoまたはPrCo置換SrM型フェライトの磁気特性

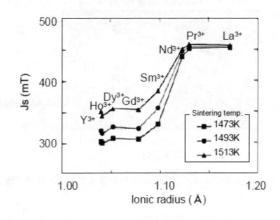

図2　$Sr_{0.8}R_{0.2}Fe_{11.8}Co_{0.2}$（R：レアアース）におけるRイオン半径と飽和磁化Jsの関係

低温での減磁耐力が求められる用途には特に有効であり，-40℃でのHcJではFB6Nの216kA/mに対してFB12Hは402kA/m（約1.9倍）となっている。従ってパーミアンスを小さくすること，すなわち磁石厚みを大幅に薄くすることが可能となった。

　FB9と比較したFB12の特長としては，第1にFB12ではCoのフェライト結晶粒子への置換が更に進んでおり，それによる組成ポテンシャル向上が挙げられる。図5はSTEM像で，左が結晶粒子，右がそれに対応したCo分布を示しており，白い部分にCoが多く存在している。従来技術ではCoが粒界部や異相部に偏析している。それに対して組成比，仮焼・焼成温度，焼結助剤を最適化したFB12は，Coが偏析なくフェライト結晶粒子に置換固溶して組成ポテンシャル向上に寄与している。表1に開発組成と基本特性を示す。単純なSrM型フェライトであるFB6に対し，

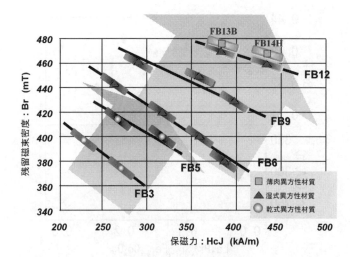

図3　フェライト焼結磁石の高性能化（TDK）

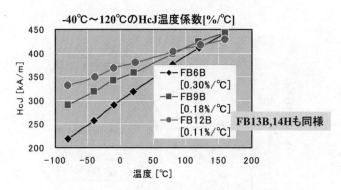

図4　LaCo系フェライト磁石における保磁力の温度係数の改善

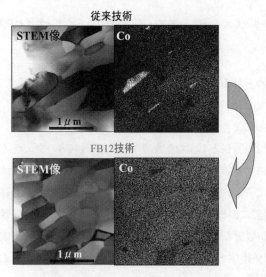

図5　FB12における結晶中のCo分布

第2章　脱・省レアアース（素材・材料）

表1　フェライト磁石の開発組成と基本特性

		Brのポテンシャル 飽和磁化Js mT	HcJのポテンシャル 異方性磁界 MA/m
↓LaCo置換	FB6（SrM型フェライト）	460	1.4
	FB9（LaCo置換M型）	470	1.6
	FB12～14（LaCo置換M型）	480	大幅に向上　1.9
	（SrFe$_2$W型フェライト）	510	1.2

TDKでの測定値

LaCo置換したFB9，更に置換量を増やしたFB12（FB13B，14Hも同様）の順にポテンシャルが向上している。

1.6.3　高性能フェライト磁石材料の将来動向

　また，レアアースを全く使用しない高性能磁石の要求もあるため，LaCo系組成以外のフェライト磁石の開発も将来に向けて進められている。表1に，同じ六方晶フェライトだがM型とは異なる結晶構造を持つW型フェライト（SrFe$_2$Wであれば$Sr^{2+}Fe^{2+}_2Fe^{3+}_{16}O^{2-}_{27}$）についても示してあるが，Brのポテンシャルが高く，本格的な工業化が期待されている。実用化への課題の一つはHcJのポテンシャルが低いことであるが，例えばSrサイトのBa，Ca置換[3]等により，結晶粒子を微細化できればHcJを高くできることが確認されている（図6）。SrFe$_2$Wのもう一つの課題はFeの価数の制御であるが，低温での熱処理による酸化反応とカーボン等による還元反応の組み合わせの検討が進んでいる[4,5]。また別のW型フェライトとして，価数制御の必要ないSrZnNiWの提案もなされている[6]。

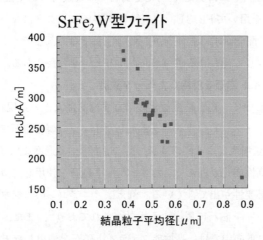

図6　SrFe$_2$W型フェライトにおける結晶粒子微細化によるHcJ向上

図7　新薄肉小型品（NS1工法）の例

1.6.4　薄肉小型品成型技術の開発

FB12の高い減磁耐力を活かした薄肉磁石として，厚み1〜2mmの要求が強まってきている。従来の湿式異方性成型技術では薄肉化に限界があり，厚めに成型（焼成後の厚み3mm以上）して，その焼成体を研削する必要があった。この場合研削代が多くなり，①生産効率の低下，②研削代をリサイクルするため余分なエネルギーが必要，③研削中の割れや製品強度低下の懸念，等の問題が出てくる。そのため，高特性かつ薄肉化の要求に応えられていなかった。

それに対して，湿式異方性成型以上の磁気特性が得られる新薄肉異方性成型工法（NS1工法）が開発され，量産が2011年から本格化する。密度が均一で，理想的に配向した成型体が得られることが特長となっている。図7はそのサンプル例で，厚み1.5mmのモータ用C型磁石と厚み2.0mmのモータ用C型スキュー磁石（開発中）である。NS1工法は厚み2.5mm以下の磁石製品に適用でき，1.0〜2.0mmの製品に好適である。更に研削代を減らすニアネット成型が可能であり，形状自由度も高まっている。それに加えて，NS1工法では成型時の磁場配向も向上することでBrが向上し，FB12の粉体を用いてFB13B，14H特性が得られるようになった。特にC型形状では通常ラジアル（径方向）配向が求められるが，NS1工法では端部までラジアル配向の乱れがないために，湿式成型と比較して得られる磁束が向上するという特長もある。

1.6.5　高性能フェライト磁石を使用したモータ設計

モータ設計の進化において，磁石高性能化の果たす役割は大きい。現在最も高特性な磁石は，HcJ改善のためにDy（ジスプロシウム）を添加したネオジム焼結磁石であるが，レアアースの中でも特にDyには使用量増大による価格高騰，更には中国への過度な依存による安定供給の不安がある。この点からも高性能化が進んできたフェライト磁石を使用してコストパフォーマンスの良いモータを設計する必要性が出てきている。例えば，エアコンのコンプレッサモータで，ネオジム磁石を高性能フェライト磁石に置換する検討がされており[7]，また，NEDOの脱レアアース磁石モータのプロジェクトの中では，高性能フェライト磁石を使用したモータの検討が大学[8,9]や企業で進められている。

高性能フェライト磁石を使用したモータ設計で最も多く検討されているのが，自動車電装用モ

第2章 脱・省レアアース（素材・材料）

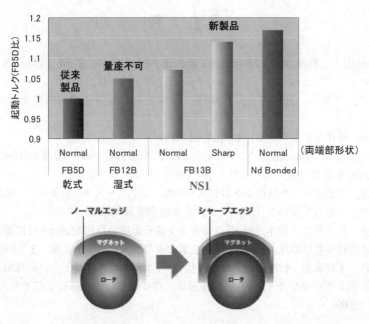

図8　マイクロモータ（φ14mm）でのFB13B（NS1工法）組込評価

ータである。自動車の燃費向上，CO_2排出量削減は必須であり，電装モータの小型・軽量化のニーズは強い。また磁石多極化によるモータ小型化も検討が進んでおり，FB12を特に薄肉小型化したFB13B，14Hが要求されている。ネオジムボンド磁石を使用する選択肢も考えられるが，ネオジム高騰によるコストアップの他，耐熱性，耐食性，着磁容易性の問題も考えられる。

また，乾式異方性フェライト磁石を薄肉異方性FB13Bで置き換える検討も進み，製品化例も出てきている。薄肉小型形状には湿式異方性では対応できなかったため，従来はやむを得ず乾式異方性フェライト磁石を使用していた場合があった。NS1工法の開発により，例えばブラシ付マイクロモータ（φ14mm）で乾式異方性FB5Dを薄肉異方性FB13Bに変更することが可能となり，更にNS1工法の形状自由度を活かして，弧が深いC形状マグネット（両端部シャープエッジ）にして製品化したことで，図8に示すように同形状FB5D比でトルク14％アップを実現できている。本モータでは，低コストなモータ設計を変更することなしに，磁石の置換での高特性化を狙った結果，フェライト磁石FB13Bを使用することで，高価なネオジムボンド磁石を使用したモータの特性に肉薄している。

1.6.6　おわりに

レアアースの安定調達にかかわる課題が浮上する中で，薄肉小型高性能フェライト磁石は時代の要請に適合していると考えられる。また，コスト対応力も非常に重要であり，材料使用量削減や加工・研削レスを追及することで，フェライト磁石の強みであるコストパフォーマンス（価格／性能）を更に高め，高性能モータに貢献するための挑戦は今後も続くであろう。

文　献

1) H. Taguchi, Y. Minachi, K. Masuzawa and H. Nishio, *Proc. ICF8*, p405-408（2000）
2) Y. Kubota, T. Takami and Y. Ogata, *Proc. ICF8*, p410-412（2000）
3) 皆地良彦，伊藤昇，長岡淳一，村瀬琢，粉体粉末冶金協会講演概要集秋季大会，p107（2006）
4) 豊田幸夫，粉体及び粉末冶金，**44**, p17-21（1997）
5) S. Kurasawa, K. Masuzawa, Y. Minachi and T. Murase, *Proc. ICF9*, p615-620（2004）
6) Y. Minachi and N. Ito, *Proc. ICF9*, p585-590（2004）
7) 佐藤光彦，第29回モータ技術シンポジウム予稿，レアアースフリーモータ　高性能化が著しいフェライト磁石を用いたIPMモータ，日本能率協会（2009）
8) 徳田貴士，真田雅之，森本茂雄，「フェライト磁石を用いたPMASynRMに適したロータ構造とその減磁率特性の検討」，電気学会産業応用部門大会講演論文集，**3**, p191-194（2009）
9) 三浦昴彦，茅野真治，竹本真紹，小笠原悟司，「次世代ハイブリッド自動車用フェライト磁石アキシャルギャップモータの提案」，電気・情報関係学会北海道支部連合大会講演論文，p59-64（2009）

2 研磨剤（CeO_2系）

2.1 砥粒の滞留性を考慮したCeO_2使用量の低減

谷　泰弘*

2.1.1 はじめに

レアアースの一つである酸化セリウムは，その優れた研磨特性ゆえにガラスの鏡面研磨用砥粒として多用されている。セリウムはその鉱石であるバストネサイトやモナザイトに50％程度の割合で含有されており，しかも粉砕・分級は必要なものの，そのままの状態でも研磨材として使用できるため，本来価格の高いものではない。それがレアアースに関する中国の輸出制限のために，高価なプラセオジムやネオジム等に輸出枠を占有された結果，その価格が従来の10倍以上に高騰している。本項では，砥粒の滞留性に着目した酸化セリウムの低減技術に関して紹介する。

2.1.2 酸化セリウムの特異性と開発戦略

酸化セリウムは，図1に示されるように現在遊離砥粒研磨に使用されている砥粒の中では，硬度が低く比重が大きいという特徴がある。このため，酸化セリウムはガラス以外の工作物の研磨にはほとんど使用できない。ガラスが研磨できるのは，酸化セリウムにガラス表面に軟質の珪酸ゲル層を生成する機能があるからだと言われている[1]。比重が大きいことは研磨パッド上での滞留性（動きにくさ）が高く研磨しにくいガラスの研磨に効果を発揮しているが，沈殿が早い・再分散性に劣るなどの問題にもつながっている。また，酸化セリウムはガラスとの親和性が高く，このことも高研磨能率の理由と考えられているが，工作物に付着し洗浄性に劣る結果となっている。

そこで，酸化セリウムの使用量低減とともに砥粒の比重を軽くすることと工作物の洗浄性を高めることを研究目的とした。そのため，有機粒子あるいは比重の軽い無機粒子を母粒子としてその表面に酸化セリウムを付着させた図2に示されるコアシェル構造の複合砥粒を開発することにした。この時シェル部の厚みを複合砥粒の半径の1/3とし，この複合砥粒が同濃度で酸化セリウ

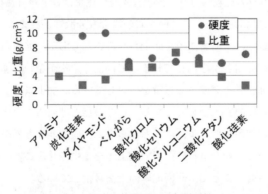

図1　研磨に使用される各種砥粒

＊　Yasuhiro Tani　立命館大学　理工学部　機械工学科　教授

レアアースの最新技術動向と資源戦略

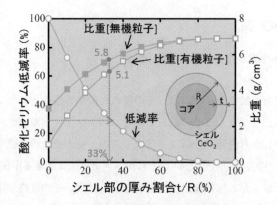

図2　複合砥粒開発による削減戦略

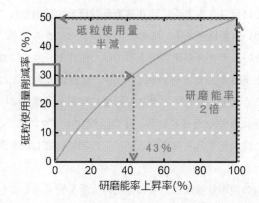

図3　研磨能率向上による削減戦略

ム砥粒と同程度の研磨特性を実現したとすると，酸化セリウムの使用量低減率は30%となる。この時比重約7の酸化セリウム砥粒に対して，複合砥粒の比重はコアが有機粒子の場合で5.1，コアをシリカ粒子とした時には5.8となって，いずれの場合も分散性が高まる。

　今一つの使用量削減戦略は，研磨能率を向上させることである。前述のように研磨能率を向上させても，それで仕上げ面粗さが悪化してしまっては全く意味がない。加工コストは増加させず短時間で同一の仕上げ面粗さを達成する方策を検討している。加工コストが増加する場合は，さらにそれに見合う研磨能率の向上が必要となる。目標の仕上げ面粗さを達成し研磨能率が倍になった時，酸化セリウムの使用量低減率は50%となるので，研磨能率上昇率と砥粒使用量削減率の関係は，図3のようになる。複合砥粒の採用で加工圧を集中させること，研磨パッドの最適化でスラリーを有効に作用させることで，研磨能率向上を目指している。

2.1.3　有機無機複合砥粒による使用量低減

　有機無機複合砥粒は，母粒子のポリマ微粒子と子粒子の砥粒を乾式混合することで製造することができる[2]。母粒子表面が摩擦熱で軟化し，これに子粒子が突き刺さることで複合砥粒が完成

第2章　脱・省レアアース（素材・材料）

する。このような物理的付着であるため，よほどの力が作用しない限り，子粒子が母粒子から脱落することはない。母粒子としては子粒子の5倍以上の大きさが好ましく，母粒子として10μm前後のポリマ微粒子を使用している。母粒子の材質や硬度を変化させて最適化を行った結果，母粒子にウレタン樹脂を用い，ウレタン樹脂の硬度の高いものを使用した際に，酸化セリウム砥粒を用いた従来研磨より20％程度高い研磨能率が達成できた。複合砥粒化による酸化セリウム砥粒の削減率は10％程度であることから，複合砥粒によるコストアップも考えると，さらなる研磨能率の向上が必要となる。

そこで，複合砥粒の滞留性（動きにくさ）を高めるために，母粒子の形状や比重を変化させることにした。表1の母粒子Aは比較の基本とした母粒子で，上記で20％の研磨能率向上を果たしたウレタン樹脂の母粒子である。これに対して，母粒子Bは母粒子Aに平均粒径0.5μmのシリカを30 wt％含有させて比重を高めた母粒子で，母粒子Cは表1に示される異形の粒子である。母粒

表1　母粒子の変更

	母粒子A	母粒子B	母粒子C
粒　径	10μm		
材　質	ウレタン樹脂	ウレタン樹脂	ウレタン/PMMA重合体
特　徴	真球状粒子（基本）	シリカ30％含有	異形粒子
母粒子の外観			
複合砥粒の外観			

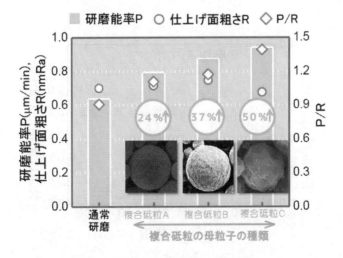

図4　種々の複合砥粒による研磨特性

子Aの比重は1.18であるのに対して，母粒子Bの比重は1.37となっている。これらの複合砥粒を用いてソーダガラスの研磨を行った結果，図4に示されるように従来研磨に対して高比重の複合砥粒Bで37%，異形の複合砥粒Cで50%の研磨能率向上を実現した。達成した仕上げ面粗さはほぼ同程度の値となっている。

2.1.4 多孔質エポキシ樹脂研磨パッドによる使用量低減

図5に，一般に使用されている酸化セリウム含有多孔質ウレタン樹脂研磨パッド（左）と開発した多孔質エポキシ樹脂研磨パッド（右）を示す。開発した研磨パッドはその樹脂材質は異なるものの，従来のウレタン樹脂研磨パッドとほとんど同等の製造工程および製造時間で製作され，そのため市販価格もほぼ同等になるものと期待されている。図6は，多孔質エポキシ樹脂研磨パッドの硬度と研磨特性の関係を調査した結果である[3]。一般に研磨パッドの硬度が高くなると工作物への当たりが悪くなり，研磨能率は減少する。しかし，エポキシ樹脂研磨パッドの場合硬度によらず高い研磨能率を維持している。仕上げ面粗さは研磨パッドの硬度が軟らかいほどよくな

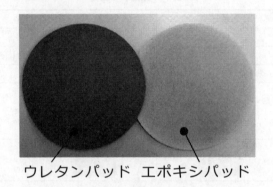

図5 研磨パッドの外観

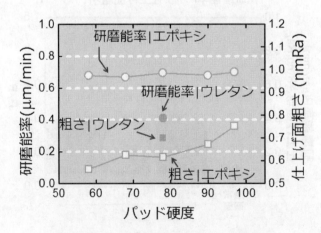

図6 エポキシ樹脂研磨パッドの硬度と研磨特性

第2章　脱・省レアアース（素材・材料）

る傾向を示しており，A硬度90以下ではウレタン樹脂研磨パッドに優れる結果となっている。

図7には，研磨後のガラス表面を位相シフト干渉顕微鏡により測定したデータを元に，PSD（Power spectral density）解析を行った結果を示す。測定を行った空間波長の数μmから0.1mm程度の全領域において，研磨パッドの密度に関わらずウレタン樹脂研磨パッドよりエポキシ樹脂研磨パッドで研磨したガラス表面の方がそのパワースペクトル密度が小さく，エポキシ樹脂研磨パッドより高い形状精度が得られている。エポキシ樹脂研磨パッドはウレタン樹脂研磨パッドと比較して剛性が高いため，数十μmの長空間波長領域において差が顕著に現れている。このことは，ウレタン樹脂研磨パッドで研磨した表面のうねりは3.8nmWaであったのに対して，エポキシ樹脂研磨パッドで研磨した表面のうねりが2nmWaであったことでも確認できる。

上述のように，酸化セリウムを用いたソーダガラスの研磨において，エポキシ樹脂研磨パッドを使用すれば，従来のウレタン樹脂研磨パッドを用いた場合の倍程度の高い研磨特性を示す。そこで，酸化セリウム以外の砥粒を使用した場合でもエポキシ樹脂研磨パッドを利用した際に，研磨能率が向上することが期待される。エポキシ樹脂研磨パッドと代替砥粒の組み合わせにより，ウレタン樹脂研磨パッドと酸化セリウムを用いた従来研磨と同等以上の研磨能率が達成できれば，酸化セリウムを完全に代替することが可能となる。そこで，各種酸化物砥粒とエポキシ樹脂研磨パッドを用いてガラスの研磨特性の評価を行い，酸化セリウムに代わる代替砥粒の検討を行った。使用した酸化物砥粒の粒径はおおむね1μm前後である。その結果，図8に示されるようにいずれの酸化物砥粒を用いた場合も研磨能率の向上が見られた。特に市販の酸化ジルコニウム砥粒を用いた場合にウレタン樹脂研磨パッドと比較してエポキシ樹脂研磨パッド使用時に約4倍の驚異的な研磨能率が得られた。またウレタン樹脂研磨パッドと酸化セリウム砥粒を使用した従来研磨に比べて，研磨能率が7割程度向上する結果が得られた。この時仕上げ面粗さはほぼ同等で，潜傷等の傷も全く観察されなかった。三酸化二マンガン砥粒を用いた場合にも従来研磨を超える研磨特性が得られているが，三酸化二マンガンは黒色の粉末で研磨現場の作業者の抵抗があり，研

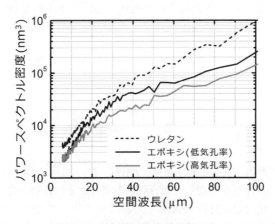

図7　研磨面の空間周波数特性

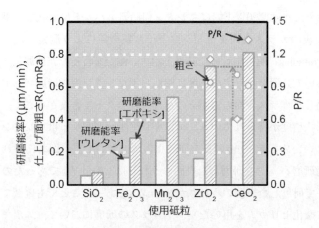

図8 代替砥粒の可能性

磨材として安定供給される目途はたっていない。これに対して酸化ジルコニウムは白色の粉末で，しかも軟質硝子の研磨に既に使用されている実績がある。こうしたことから，酸化ジルコニウムは代替砥粒の候補として最も有力と考えている。

2.1.5 おわりに

本項では，ガラス鏡面研磨において使用されているレアアースの酸化セリウムの使用量を低減する技術として有機無機複合砥粒およびエポキシ樹脂研磨パッドについて紹介した。これらの技術は，従来の研磨技術と比較して高い研磨能率や幾何学的精度が得られるものであり，酸化セリウムの低減技術としてはもちろんのこと，研磨プロセスのコスト低減や高機能ガラス製品の創成にも貢献できるものと期待している。また，研磨の副資材に関しては後進的な日本の技術を高めることにつながればよいと考えている。

謝辞

本研究の一部は，新エネルギー・産業技術総合開発機構（NEDO）希少金属代替プロジェクト「精密研磨向けセリウム使用量低減技術開発及び代替材料開発」の援助を受けて行われた。記して関係各位に深く謝意を表する。

文献

1) 泉谷徹郎，光学ガラス，共立出版，東京（1984）
2) 一廼穂直聡ほか，洗浄性を考慮した複合砥粒の開発とその研磨特性，日本機械学会論文集（C編），**75**(757)，pp.2429-2439（2009）
3) 村田順二ほか，ガラス研磨用エポキシ樹脂研磨パッドの開発，日本機械学会論文集（C編），**77**(777)，pp.2153-2161（2011）

2.2 形態制御によるCeO₂粉末の機能化とリサイクル

佐藤次雄[*1], 殷 澍[*2]

2.2.1 はじめに

　酸化セリウムは，多様な光・電気・化学・機械特性を示し，FCC用触媒，自動車排ガス浄化触媒，ガラス研磨材，紫外線遮蔽材，固体電解質，蛍光材料等，多様な分野で利用されており，それらの機能の高度発現のため，用途に応じた化学組成や形態制御が必要とされる[1]。例えば，触媒用途では，反応基質との接触効率向上のため，高比表面積のナノ粒子や多孔体が必要とされ，さらには耐熱性向上のための形態制御，ドーピングおよび複合化が行われている。なお，自動車排ガス浄化触媒用酸化セリウムでは，優れた酸素吸蔵・放出特性が必要とされ，酸化ジルコニウム等を固溶したナノ粒子が用いられている。また，紫外線遮蔽材としては，可視光透明性を向上させるため，光散乱の少ないナノ粒子が用いられているが，近年，皮膚からの体内への取込みを防ぐため，100 nm程度の球状粒子や，光散乱によるソフトフォーカス性を付与するため花状粒子，肌に塗布した時の使用感を向上させるため板状粒子の合成等も行われている[2]。一方，研磨材用途では，一次研磨用には1～2 μm，仕上げ研磨用には0.2～0.5 μm程度の球状粒子が用いられる。通常のガラスの研磨では，天然鉱石のバストネサイトの焼成粉が用いられるが，半導体デバイスの高集積化のためには，製品の品質管理のため高純度酸化セリウム研磨材が必要とされ，超微細配線パターンの作成を可能とする半導体表面の超平坦化のために，形態制御された酸化セリウムを用いた化学機械研磨プロセスが利用されている。

　近年，電子デバイス，自動車等の高機能化に伴い，希土類金属の消費量が増加し，2005年に対し，2007年は約1.5倍の約3万トン（酸化物換算）に需要が増加した。酸化セリウムの消費量は，希土類全体の半分近くを占めており，触媒（40％）とガラス研磨剤（38％）が二大用途となっている。これらの需要は今後も増加が見込まれるが，セリウムの生産は全世界的に中国のほぼ独占状態にあり，最近では中国の資源保護策や内需優先策のため価格も急騰しており，酸化セリウムの供給不足による産業の成長阻害が懸念されることから酸化セリウムのリサイクルが検討されている。なお，中国からの希土類の輸入量はエクスポートライセンス枠による制限があり，その量は酸化物ベースで34,156トン（2008年）であり，酸化セリウムの使用量を削減すれば，その他の希土類の輸入量を増やすことができ，希土類金属が磁性材料，蛍光材料等，種々の工業製品に使用されている現在においては大きな波及効果が期待できる。

2.2.2 酸化セリウム砥粒による化学機械研磨機構

　化学機械研磨とは，CeO₂等の砥粒を懸濁した酸やアルカリエッチング液を用いて，布製のパッドにより基板表面を研磨する技術であり，久保らは[3,4]，量子分子動力学法に基づく化学機械研磨プロセスの解析を行い，シリコン酸化膜のCeO₂砥粒による化学機械研磨プロセスについて報告

---

*1　Tsugio Sato　東北大学　多元物質科学研究所　教授
*2　Shu Yin　東北大学　多元物質科学研究所　准教授

している。図1に示されるように，砥粒に対して基板方向に一定の圧力を加え，さらに基板に対して平行に砥粒を一定速度で移動させることで化学機械研磨プロセスのシミュレーションを行った場合の，CeO_2/SiO_2界面に存在する2原子間のボンドポピュレーション（原子間の共有結合性を示す尺度）の経時変化を図2に示す。化学機械研磨プロセスにおいて，基板のSi-O結合の切断，次いで砥粒のCe-O結合の切断，続いて砥粒のOと基板のSiが新しい結合を形成する化学反応ダイナミクスが示され，特に，基板内の化学反応であるSi-O結合の切断はゆっくり進行するのに対して，砥粒の関与するCe-O結合の切断および砥粒のO原子と基板のSi原子間の結合生成は非常に速やかに進行することが明らかにされた。これより，「機械的摩擦」の存在により化学反応が促進・加速される現象が示されている。また，上記化学機械研磨に関連し，Ce原子がCe^{4+}からCe^{3+}に還元される電子移動ダイナミクスが示された（図3）。一方，ZrO_2砥粒／SiO_2界面では，Zrが

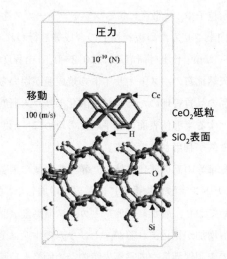

図1　SiO_2表面のCeO_2砥粒による化学機械研磨プロセスのマルチフィジックスシミュレーションモデル

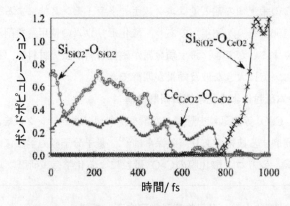

図2　SiO_2表面のCeO_2砥粒による化学機械研磨プロセスにおける界面に存在する2原子間のボンドポピュレーション

第2章　脱・省レアアース（素材・材料）

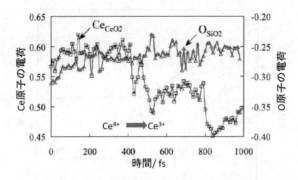

図3　SiO_2表面のCeO_2砥粒による化学機械研磨プロセスにおける界面に存在するCeとOの電荷変化

2種類の酸化状態を取らないためZr-O結合の切断は起こらず，ZrO_2砥粒とSiO_2基板間の化学反応はまったく起こらず，機械的研磨のみが進行することが明らかとされた。これより，CeO_2砥粒の化学機械研磨には，Ce^{4+}がCe^{3+}に変化しCe-O結合が切断されやすいことが重要であると考えられている。また，詳細な検討により，CeO_2砥粒を用いた場合は，化学反応を起こしたSiO_2表面の薄層のみが研磨除去されることで原子レベルの平坦化が実現されることが明らかとされ，砥粒／基板界面での化学反応の進行が原子レベルでの平坦化に必須であることが理論的に示されている。

2.2.3　酸化セリウム微粉末の合成

　高純度セリウムの合成では，バストネサイト等の鉱石を硝酸や塩酸で溶解した後，溶媒抽出により共存するLa，Nd，Pr等を分離した後，炭酸セリウムやシュウ酸セリウム等として沈殿させることが行われる。炭酸セリウムやシュウ酸セリウムを焼成すると，図4[5]に示されるように炭酸イオンやシュウ酸イオンが400〜600℃付近で二酸化炭素や水を放出して分解し，非常に微細な酸化セリウム粒子が凝集した酸化セリウム微粉末が得られる。焼成温度が低いと気泡の多い酸化セリウム粉末が得られ，焼成温度を上げると微粒子の焼結によるち密化が進行することから，焼成条件を制御することで適度な密度および粒径の酸化セリウム粉末が合成される。なお，このような単純な焼成反応では得られる酸化セリウムの形態や凝集の精密制御は困難であるので，種々の溶液反応による形態制御法が開発されている。

(1)　共沈法

　共沈法は，セリウム化合物水溶液と沈殿剤水溶液を混合し，直接酸化セリウム粉末を合成する最も基本的な方法であり，佐藤ら[6]，$CeCl_3$-$CaCl_2$混合水溶液とNaOH水溶液を蒸留水中に同時滴下し，非晶質水酸化物を沈殿させた後，H_2O_2水溶液で酸化し，さらに空気中700℃付近で焼成することで酸化カルシウムドープ酸化セリウムナノ粒子を合成した。化学反応式は(1)および(2)式で示される。

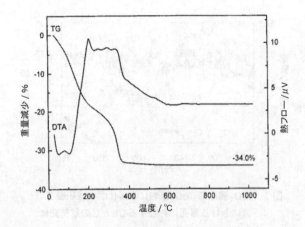

図4　$Ce(OH)CO_3$のTG-DTA曲線

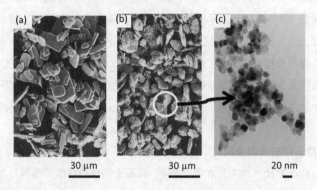

図5　(a)板状 $K_{0.81}Li_{0.27}Ti_{1.73}O_4$，(b)$K_{0.81}Li_{0.27}Ti_{1.73}O_4$/50 重量% $Ce_{0.8}Ca_{0.2}O_{1.8}$ナノ複合体 および(c)被覆された$Ce_{0.8}Ca_{0.2}O_{1.8}$ナノ粒子のSEM写真

$$CeCl_3 + 3NaOH \rightarrow Ce(OH)_3 + 3NaCl \tag{1}$$
$$Ce(OH)_3 + 1/2H_2O_2 \rightarrow CeO_2 + 2H_2O \tag{2}$$

なお，蒸留水中にあらかじめレピドクロサイト型板状チタン酸リチウムカリウム（$K_{0.81}Li_{0.27}Ti_{1.73}O_4$）マイクロ粒子（図5(a)）を分散させ，上記と同様の操作により$K_{0.81}Li_{0.27}Ti_{1.73}O_4$マイクロ粒子上に粒径15～20 nmの$Ce_{0.8}Ca_{0.2}O_{1.8}$ナノ粒子（図5(c)）を被覆したコアシェル構造複合粒子（図5(b)）の合成も行われている[7]。

(2) 均一沈殿法

セリウム化合物水溶液に高温で分触し沈殿剤を生成する化合物を添加し，加熱することで酸化セリウム前駆体を生成した後，焼成し，酸化セリウムを得る方法であり，沈殿剤としては，尿素，ヘキサメチレンテトラミン，ヒドラジン等が用いられている[8,9]。沈殿剤の放出速度を制御することで，酸化セリウム前駆体の形態を精密制御可能である。図6[10,11]にセリウム塩—尿素混合水溶液を90℃で加熱し均一沈殿反応により非晶質球状塩基性炭酸セリウム（$Ce(OH)CO_3 \cdot nH_2O$）を

図6 セリウム塩－尿素混合水溶液からの均一加水分解（90℃）および焼成（400℃）による球状単分散酸化セリウム粒子の合成
セリウム源：(a)$Ce(NO_3)_3 \cdot 6H_2O$，(b)$CeCl_3 \cdot 7H_2O$

生成した後空気中400℃付近で焼成し，得られた酸化セリウムのSEM写真を示す。反応は(3)～(5)式で示され，サブミクロンの粒径の単分散酸化セリウムが比較的容易に生成可能である。

$$(NH_2)_2CO + 3H_2O \rightarrow 2NH_4OH + CO_2 \tag{3}$$

$$CeCl_3 + CO_2 + 3NH_4OH \rightarrow Ce(OH)CO_3 + 3NH_4Cl + H_2O \tag{4}$$

$$Ce(OH)CO_3 + 1/4 O_2 \rightarrow CeO_2 + CO_2 + 1/2 H_2O \tag{5}$$

(3) ソルボサーマル反応法

ソルボサーマル反応とは，反応溶媒として高温・高圧の溶媒を用いる反応の総称であり，高温水を用いる水熱（ハイドロサーマル）反応を非水溶媒にまで拡張したものである。ソルボサーマル反応では，溶媒の種類，温度，圧力等を変化させることで溶媒の誘電率やイオン積を大きく変化させることが可能であり，結晶の成長・凝集を高度に制御可能であり，さらに反応溶媒中に表面修飾剤を加えることにより結晶形態の精密制御も可能である。

水熱反応による酸化セリウム微結晶の合成は多くの研究が行われており，Wuらは[12]，0.1M $Ce(SO_4)_2 \cdot 4H_2O$水溶液および0.4M NaOH水溶液を混合し得られた懸濁溶液をpH調整後所定温度で加熱することで(6)式の反応により，数ナノ～50nmの結晶子サイズの酸化セリウム微粒子を合成しており（図7，8），酸性（pH2）およびアルカリ性（pH12）条件下で結晶性の良い酸化セリウム微結晶が生成され，特に酸性条件下で結晶成長速度が速いことを報告している。

$$Ce(SO_4)_2 + 4NaOH \rightarrow CeO_2 + 2Na_2SO_4 \tag{6}$$

Panらは[13]，濃厚NaOH水溶液（14M）中に$Ce(NO_3)_3$水溶液を添加後20℃で24h静置し，得られたロッド状酸化セリウムを種々の条件下で水熱処理し，ナノチューブ，ナノワイアー，ナノ粒子，ナノキューブ等，種々の形態の酸化セリウム粒子を合成している（図9）。

Adschiriらは[14]，$Ce(NO_3)_3$水溶液とNaOH水溶液の反応により得られた水酸化物を遠心分離・水洗後，カルボン酸を表面修飾剤として用い超臨界水（400℃）中で処理し，有機溶媒中に高分散できる酸化セリウムナノ粒子を得た（図10）。酸化セリウムナノ粒子の形態は，表面修飾剤として

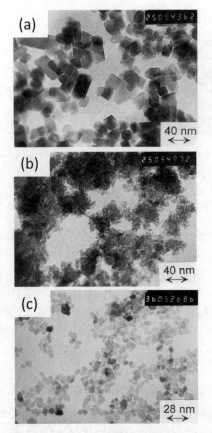
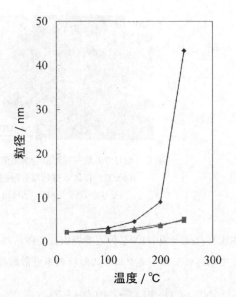

図8 Ce(SO$_4$)$_2$-NaOH水溶液の水熱反応（18 h）により生成されたCeO$_2$粒子の粒径と温度の関係
（◆）pH 2, （■）pH 7, （▲）pH12

図7 Ce(SO$_4$)$_2$-NaOH水溶液の水熱反応（245℃, 18 h）により生成されたCeO$_2$粒子のTEMイメージ
(a) pH 2, (b) pH 7, (c) pH12

図9 (a)14 M NaOH（20℃, 24 h）水溶液中で生成した酸化セリウムナノロッドおよびその水熱反応生成物；(b)100℃, 72 h, (c)110℃, 24 h, (d)120℃, 24 h, (e)140℃, 24 h, (f)160℃, 24 h, (g)180℃, 2 h, (h)180℃, 24 h

添加するカルボン酸の量により異なり，無添加では先端の切取られた八面体，少量添加では(001)面が発達した立方体，多量添加では無添加の場合よりさらに微細な先端の切取られた八面体の粒子が得られている。酸化セリウムは立法晶蛍石構造を有し，各々の結晶面の表面エネルギー（$\gamma_{(hlk)}$）は，$\gamma_{(111)} < \gamma_{(100)} < \gamma_{(110)}$ の順であり[15]，表面エネルギーの小さな(111)面を露出した八面体結晶となりやすいが，適度な表面修飾剤濃度において表面修飾剤が(100)面に優先的に吸着しこの結晶面方向の成長を抑制するため，(100)面を露出した立方体となり，過剰の表面修飾剤濃度では吸着選択性が失われ，表面修飾剤がいずれの面にも吸着するため，いずれの面の成長も抑制され，小さな八面体結晶となると考察している（図11）。

表面修飾酸化セリウムナノ粒子の生成には，種々の表面修飾剤の使用が可能であり，Taniguchiらは[16]，オレイン酸を表面修飾剤として用い，$(NH_4)_2Ce(NO_3)_2$水溶液とオレイン酸ナトリウム水溶液を混合後，アンモニア水溶液を添加し，さらに150℃および200℃で水熱反応させること

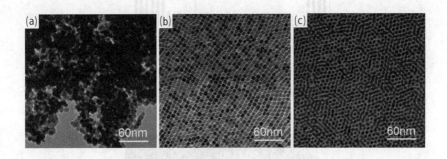

図10　デカン酸添加超臨界水（400℃）中で結晶化した酸化セリウムのTEM像
デカン酸/CeO_2モル比：(a) 0, (b) 6, (c) 24

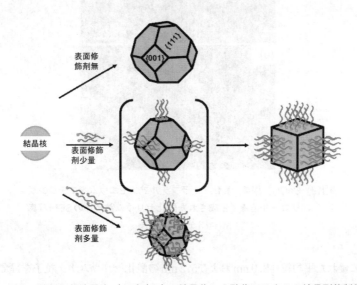

図11　デカン酸添加超臨界水（400℃）中で結晶化した酸化セリウムの結晶形態制御機構

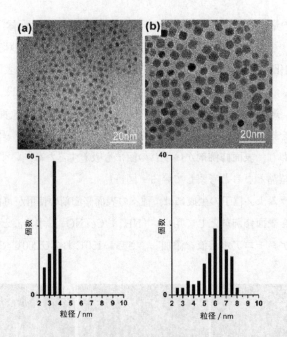

図12 オレイン酸修飾水酸化セリウムの水熱反応（6h）により生成した酸化セリウムナノ粒子のTEMイメージと粒子サイズ分布
(a)150℃，(b)200℃

図13 CaCl$_3$，尿素，臭化テトラブチルアンモニウムをエチレングリコール溶液で生成された酸化セリウム前駆体のSEM写真
(a)3分，(b)30分

により分散性に優れた平均粒径2.9nmおよび5.2nmの酸化セリウムナノ粒子を得ている（図12）。

Zhongらは[17]，CaCl$_3$，尿素，臭化テトラブチルアンモニウムをエチレングリコール中に溶解後

第2章 脱・省レアアース（素材・材料）

180℃で熱処理し得られた粉末を空気中450℃で焼成し，5μm程度の粒径の花状の酸化セリウム粉末を合成した。エチレングリコール中の反応で生成されるのは，有機物を多く含有する酸化セリウムの前駆体であり，反応初期は非晶質の球状ナノ粒子であるが，粒子の溶解—再析出反応により時間の経過とともに花状粒子に転化する（図13）。この花状粒子の形成に臭化テトラブチルアンモニウムとエチレングリコールが重要な役割を示すと考察されている。また，$Ce(NO_3)_3 \cdot 6H_2O$，グルコース，アクリル酸およびアンモニア水溶液を180℃で反応させ，生成した有機—無機複合体を窒素流通下で熱処理（400℃）後，空気中（600℃）で焼成し，同様の花弁状形態を有する酸化セリウムメソ多孔体粒子が生成された（図14）[18]。この場合は，グルコース—アクリル酸グラフト共重合体と塩基性炭酸セリウム［$Ce(OH)CO_3$］の反応により花状前駆体粒子が形成され，その熱分解処理により前駆体の形態を維持した花状酸化セリウム粒子が形成されると考えられている。花状酸化セリウムのそれぞれの花弁は，酸化セリウムナノ粒子の凝集体であり，多孔質で軟らかい粒子となるため砥粒として用いると研磨面を傷つけることがなく，高い表面平坦化の達成が期待できる。

前記のように酸化セリウムは，通常の方法では八面体や立方体粒子となり板状粒子にはなりにくいが，Minamidateら[19,20]は，硝酸セリウムと炭酸水素ナトリウム水溶液を混合し得られる非晶質ゲルを室温付近でエージングし，2次元的な層状構造を有する炭酸セリウム八水和物（Ce_2

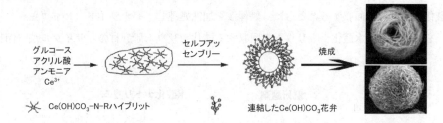

図14 $Ce(NO_3)_3 \cdot 6H_2O$，グルコース，アクリル酸およびアンモニア水溶液の反応による花弁状前駆体粒子の生成およびその熱分解による花弁状酸化セリウム生成過程

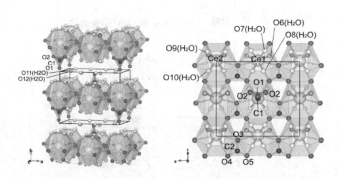

図15 $Ce_2(CO_3)_3 \cdot 8H_2O$［斜方晶Pmn2(1)］の結晶構造

図16 非晶質ゲルのエージング（25℃, 24 h）により成長した, (a)$Ce_2(CO_3)_3 \cdot 8H_2O$ 粒子および, (b)(a)の焼成（400℃, 1 h）により生成したCeO_2粒子のSEM写真

$(CO_3)_3 \cdot 8H_2O$）（図15）の数μmサイズの板状単結晶を生成し，それを空気中で焼成することで板状形態を保持した酸化セリウムミクロン粒子を得た（図16）。この板状酸化セリウム粒子もナノ粒子の凝集体であり，焼成条件の制御により粒子の空孔率や硬さの調整が可能である。

2.2.4 酸化セリウムのリサイクル

酸化セリウムの約40％はガラス研磨材として利用されており，研磨材として使用される酸化セリウムのリサイクルはセリウム資源の安定供給のために重要である。使用後の研磨液には固形成分として50〜90 wt％のCeO_2が含有されており，他にガラスの成分であるSiO_2と凝集剤の成分であるAl_2O_3が主な不純物として含まれ，高含水率のものが産業廃棄物として廃棄されている。奥脇らは[21]，使用後の研磨液を80℃付近の6〜8 M NaOH水溶液で処理し，SiO_2とAl_2O_3を溶解し，酸化セリウムを回収するとともに，処理液を加熱処理し，ゼオライト（ヒドロキシソーダライト）を析出させ，水酸化ナトリウムを回収する酸化セリウム研磨材のリサイクル法（図17）を

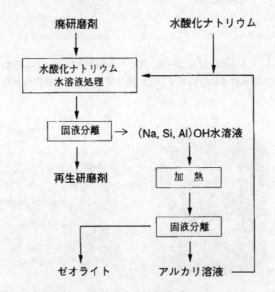

図17 廃研磨剤のアルカリ水溶液処理プロセスフローシート

第2章　脱・省レアアース（素材・材料）

図18　(a)研磨材中の酸化セリウムと(b)廃研磨材から回収された酸化セリウム粒子のSEM写真

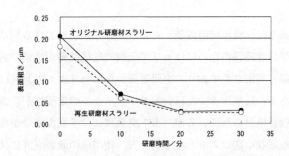

図19　オリジナル酸化セリウム研磨材と再生酸化セリウム研磨材の研磨特性評価

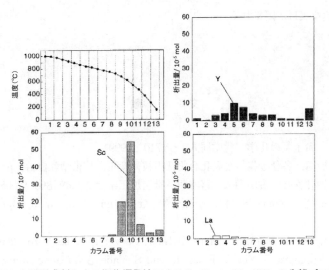

図20　$AlCl_3$を錯形成剤とする塩化揮発法による$ScCl_3$-$LaCl_3$-YCl_3の分離プロファイル

提案した。このような工程で回収される酸化セリウムは，研磨材中に含まれている酸化セリウム砥粒とほぼ同様の形態を維持しており（図18），研磨用砥粒として再利用可能である。なお，廃研磨材スラリーを静置すると，ガラス成分や一部の微細化した研磨材はスラリー中に残留するが，研磨材の大部分は沈降し，沈降した研磨材は研磨性能を持つことが確認されており（図19），研磨材沈降装置により直接酸化セリウム砥粒を回収することも試みられている。

一方，足立らは[22,23]，希土類成分含有固体試料に炭素を添加し，塩素ガス流通下1000℃付近で加熱することで，(7)式のような反応で希土類成分を塩化物錯体として揮発させた後，図20に示されるように低温部に導き，希土類成分を塩化物として分離回収する塩化揮発法について検討した。本乾式プロセスでは，金属塩化物の析出温度の差により，金属成分を分離回収することが可能であり，廃研磨材からのセリウム成分の回収についても適応可能と思われる。

$$Ln_2O_3(固体)+3C+3Cl_2 \rightarrow 2LnCl_3(気体)+3CO \tag{7}$$

2.2.5 まとめ

酸化セリウムは特異な化学機械研磨機能を有し，半導体製造における超精密研磨等に必須の材料であり，研磨面の平坦性確保のためにはセリア砥粒の粒径制御が必須である。なお，酸化セリウムの約40％は研磨用に利用されており，廃研磨液からのセリウムの回収は希土類資源の安定確保の観点から重要である。近年，希少金属資源のリサイクルの重要性が認識され，市中廃棄物等からの希少金属の回収が検討されているが，市中廃棄物には多様な成分が含有されており，微量な有価金属成分の分離回収は高コストとなる。一方，使用後の研磨廃液には固形成分として50〜90 wt％のCeO_2が含有されており，他にガラスの成分であるSiO_2と凝集剤の成分であるAl_2O_3が主な不純物として含まれているのみであり，セリウムの分離回収は比較的容易であることから，リサイクルの早急な実行が望まれる。

文　　献

1) 足立吟也著，希土類の化学，化学同人，pp.740（1999）
2) 佐藤次雄，殷澍，各種金属・金属化合物活用技術全集，技術情報協会，pp.530（2010）
3) 久保百司，坪井秀行，古山通久，宮本明，砥粒加工学会誌，**49**, 366（2005）
4) A. Rajendran, Y. Takahashi, M. Koyama, M. Kubo and A. Miyamoto, *Appl. Surf. Sci.*, **244**, 34（2005）
5) J. Li, T. Ikegami, Y. Wang, T. Mori, *J. Amer. Ceram. Soc.*, **85**, 2376（2002）
6) T. Sato, T. Katakura, S. Yin, T. Fujimoto and S. Yabe, *Solid State Ionics*, **172**, 377（2004）
7) T. Sato, A. M. El-Toni, S. Yin and T. Kumei, *J. Ceram. Soc. Japan*, **115**, 571（2007）
8) E. Matijevic, W. P. Hsu, *J. Collod. Int. Sci.*, **118**, 506（1987）
9) S. Nakane, T. Tachi, M. Yoshinaka, K. Hirota, O. Yamaguchi, *J. Amer. Ceram. Soc.*, **80**, 3221（1997）
10) Y. Minamidate, S. Yin and T. Sato, *Mater. Sci. Eng.*, **1**, 012003, 1（2009）
11) 田中巧，西本健治，粂井貴行，佐藤次雄，殷しゅう，特開2010-89989
12) N. Wu, E. Shi, Y. Zheng, W. Li, *J. Amer. Ceram. Soc.*, **85**, 2462（2002）
13) C. Pan, D. Zhang, L. Shi, J. Fang, *Eur. J. Inorg. Chem.*, 2429（2008）

14) J. Zhang, S. Ohara, M. Umetsu, T. Naka, Y. Hatakeyama, T. Adschiri, *Adv. Mater.*, **19**, 203 (2007)
15) D. C. Sayle, S. A. Maicaneanu, G. W. Eatson, *J. Amer. Chem. Soc.*, **124**, 11429 (2002)
16) T. Taniguchi, T. Watanabe, N. Sakamoto, N. Matsushita, M. Yoshimura, *Crystal Growth Design*, **8**, 3725 (2008)
17) L. Zhong, J. Hu, A. Cao, Q. Liu, W. Song, L. Wan, *Chem. Mater.*, **19**, 1648 (2007)
18) H. Li, G. Lu, Q. Dai, Y. Wang, Y. Guo, *App. Mater. Interface*, **2**, 838 (2010)
19) Y. Minamidate, S. Yin and T. Sato, *Mater. Chem. Phys.*, **123**, 516 (2010)
20) 殷しゅう, 南館宙正, 佐藤次雄, 特願2009-38854
21) 第13回「大学と科学」公開シンポジウム組織委員会編, 先端材料の魔術師―希土類のすべて―, ㈱クバプロ, pp.150 (1999)
22) G. Adachi, K. Shinozaki, Y. Hiroshima, K. Machida, *J. Less-Comm. Met.*, **169**, 353 (1991)
23) J. Jiang, T. Ozaki, K. Machida, G. Adachi, *J. Alloys Comp.*, **264**, 157 (1998)

3 蛍光体，セラミックス

3.1 希土類フリー蛍光体の開発動向

戸田健司[*1]，亀井真之介[*2]，石垣　雅[*3]，
上松和義[*4]，佐藤峰夫[*5]

3.1.1 はじめに

ルミネセンスの原理に基づき発光する，主に粉末または薄膜の形で用いられる材料を蛍光体と言う。ルミネセンスとは，物質中の電子が電磁波や熱のような様々なエネルギーを受け取って基底状態から励起状態に遷移して再び基底状態に戻るときに受け取ったエネルギーをある波長の光として放出する発光現象である。励起するためのエネルギーは多種多様であり，それぞれの励起源に適した蛍光体を選択しなければならない。蛍光体は，一般的には母体結晶に微量の発光イオン（賦活剤や発光中心と呼ばれることもある）を固溶させ，それぞれの組成や種類を変えることにより様々な光を得ている。発光イオンを導入する理由は，励起エネルギーを空間的に閉じ込める働きにより発光を効率的にするためである。言い換えるならば，半導体に見られる量子井戸や量子ドットのような量子構造を，発光イオンの電子軌道に担わせていることが蛍光体の発光効率の高さの理由であり，現在でも種々の発光デバイスで粉末や薄膜として蛍光体が利用されている。希土類イオンは，「高いエネルギーの割には原子核に近い4f電子軌道の性質により発光効率が高いために蛍光体の発光イオンとして用いられる」という説明が行われることが多いが，他にも発

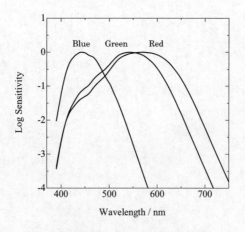

図1　人の錐体細胞における分光感度の波長依存性

---

*1　Kenji Toda　新潟大学　大学院自然科学研究科，超域学術院　准教授
*2　Shinnosuke Kamei　新潟大学　大学院自然科学研究科　産学官連携研究員
*3　Tadashi Ishigaki　新潟大学　研究推進機構超域学術院　助教
*4　Kazuyoshi Uematsu　新潟大学　工学部　技術専門職員
*5　Mineo Sato　新潟大学　大学院自然科学研究科，超域学術院　教授

第2章　脱・省レアアース（素材・材料）

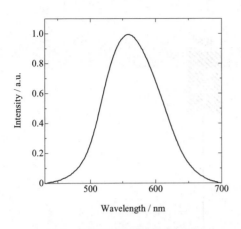

図2　人間の目の比視感度曲線

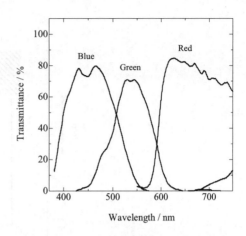

図3　カラーフィルタの光吸収の波長依存性

光イオンとしてふさわしい重要な特性がある。これは図1に示す人の錐体細胞における分光感度の波長依存性に関係している[1]。赤色と緑色の光を感じる錐体の波長依存性は非常によく似ており，これはこの二つの錐体が進化の過程で突然変異により同一の細胞から作られたためであると考えられている。この特徴から，緑色と赤色の中間波長である黄色の光を見たときに緑色および赤色の錐体の両方が刺激される。また，図2は人間の目の比視感度曲線を示している[2]。明るい環境の下では555 nmにおいて人間の目の比視感度が最も高いので，黄緑から黄色の光を人間は最も明るく感じる。蛍光体は，ここで物体の色の再現性を示す演色性と発光色の純度を制御する重要な役割を果たしている。錐体細胞の感度の低い中間色の部分までをカバーするように幅広いスペクトルの蛍光体を用いると演色性が改善される。一方で，各色錐体の感度の高い部分を集中的に刺激する狭い発光スペクトルを持つ蛍光体を利用すると，より鮮やかな光の色を感じさせることができる。照明用では幅広い発光波長を持つ蛍光体を利用する。照明を直接目視することはないので，演色性を重視し反射光が可能な限り可視光の広い波長領域をカバーできるようにするためである。特に比視感度が高い555 nmを含むようなスペクトルを持つことが要求される。一方で，液晶ディスプレイ（LCD）におけるバックライトでは，人間が光を直接的に目視するので，幅の狭い蛍光体で錐体細胞を刺激することが望ましい。また，LCDにおける画素の色は白色光を三原色フィルタに透過させることで作られる。図3にカラーフィルタの光吸収の波長依存性を示す。各色の色純度を保つためには，三原色フィルタの波長幅を超えないように狭い発光スペクトルを持つ蛍光体を用いなければならない。すなわち，蛍光体は用途に合わせて，発光波長と発光スペクトル幅を制御しなければならない。このような目的に適している発光イオンが希土類なのである。

3.1.2　蛍光体中の発光イオンの特徴

(1) 希土類イオン

希土類イオンの発光は，主としてf-f遷移とd-f遷移の二種類に分けられる。f-f遷移による発光

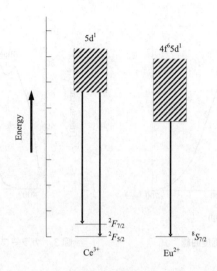

図4　Ce^{3+}イオンおよびEu^{2+}イオンのエネルギー準位

の代表は蛍光灯でよく用いられる三価のEu^{3+}およびTb^{3+}イオンであり，d-f遷移の代表は白色LED用蛍光体において用いられるCe^{3+}とEu^{2+}イオンである[3]。他の希土類イオンは発光色の問題で実用的に用いられることは少ない。希土類イオンの4f準位間の発光は，母体結晶や結晶場が発光波長およびスペクトル幅にあまり関係しない。これは希土類イオンの4f電子軌道が外殻の5sおよび5p電子軌道により遮蔽されており，結晶場の影響を受けにくいためである。したがって，Eu^{3+}やTb^{3+}の4f軌道内での遷移による発光は幅の狭い線スペクトルを示す。一方で，5d-4f遷移で発光するCe^{3+}とEu^{2+}イオンは幅広い発光スペクトルを示す。図4にCe^{3+}イオンおよびEu^{2+}イオンのエネルギー準位を示す。外殻軌道である5d軌道の準位が結晶場により影響を受けるために，母体結晶に依存して発光波長が変化すると共に発光スペクトルも幅広くなる。一般的に発光イオンが存在する母体結晶のサイト周りの結合距離が短くなれば，結晶場の影響が強まることにより5d軌道の分裂が大きくなり，基底状態と励起状態の間のエネルギー差が小さくなる。そのために発光波長は低エネルギー側すなわち長波長にシフトする。Ce^{3+}イオンでは基底状態の分裂もあるために，長い波長で発光させるほどスペクトル幅が広くなる。これは，広い波長範囲をカバーすることが必要な照明用の蛍光体に適した性質である。すなわち，希土類イオンは結晶場の制御すなわち母体結晶の構造変化により必要に応じて発光波長を変化させ，またそのスペクトル幅を自在に設計できるという点で，まさに蛍光体の発光イオンとして最適な元素群である。

(2) **遷移金属イオン**

蛍光体に利用される遷移金属イオンとしては，最外殻の3d軌道に三個の電子を持つMn^{4+}イオンとd電子を五個持っているMn^{2+}イオンがある。二個以上のd電子は互いに静電相互作用を及ぼし，結晶中の3d遷移金属イオンのエネルギーに及ぼす結晶場の影響と電子間静電相互作用は同じ程度であることが知られている。田辺と菅野は八面体結晶場におけるd^2からd^8電子についてエ

第2章 脱・省レアアース（素材・材料）

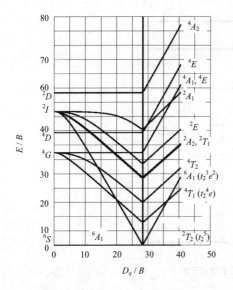

図5　d^5電子のエネルギー準位図

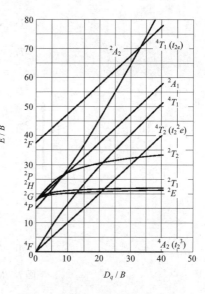

図6　d^3電子のエネルギー準位図

ネルギー準位図を示している。これは，一般に田辺―菅野ダイアグラムと呼ばれる[4]。図5および6にd^5およびd^3電子のエネルギー準位図を示す。横軸が結晶場の強さであり，縦軸は基底状態からのエネルギーである。四面体配位のd^nの準位図は八面体配位のd^{10-n}の図と同じになるので，d電子を五個持っているMn^{2+}イオンは四面体配位および八面体配位とも同じエネルギー準位図で表される。

d^5のMn^{2+}イオンは，$^4T_1(^4G) \rightarrow {}^6A_1(^6S)$の遷移で発光する。結晶場の影響が大きくなると，エネルギー差は小さくなり発光は長波長にシフトする。八面体六配位の結晶場は四面体四配位の結晶場よりも大きいため，発光波長は長波長側にシフトする。一般的な酸化物母体においては，Mn^{2+}イオンが四配位のサイトにあれば緑色，六配位サイトにあれば赤色の発光が観測される[5]。一方で，Mn^{2+}イオンの基底状態（六重項）から励起状態（四重項または二重項）への遷移はスピン禁制であり光吸収は小さく，そのために直接的なMn^{2+}イオンに対する光励起の効率は低い。Mn^{2+}イオンと同じd^5の電子配置を持つFe^{3+}イオンは，価数が大きいことから結晶場の影響が大きく，発光が680 nm以上になるため実用蛍光体では利用されていない。

最近では，Mn^{4+}イオンの発光が注目されている。d^3のMn^{4+}イオンは，$^2E(t_2^3)$，$^2T_1(t_2^3) \rightarrow {}^4A_2(t_2^3)$の発光を示す。図6に示されるように，$^2E$の準位は結晶場によりあまり変化しないので，発光はどの母体結晶でも620から700 nmの深赤色になる。発光色は赤色として単独で使用するには深すぎるが，光吸収は$^4A_2(t_2^3) \rightarrow {}^4T_1$，$^4T_2(t_2^2e)$のスピン許容遷移に対応した強いバンドであり，近紫外光から可視光での励起が可能である。そのため，白色LED用蛍光体として期待されている。

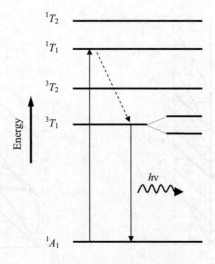

図7　MO_4^{n-}の三準位モデル

(3) 錯イオン形発光中心

錯イオンを発光中心とする蛍光体は古くから知られている。$CaWO_4$蛍光体はその代表であり，420 nm付近にブロードで明るい発光スペクトルを示す。この蛍光体の発光中心はWO_4^{2-}イオンであり，中心金属のW^{6+}を取り囲む四つのO^{2-}イオンにより正四面体を形成している。同様な錯イオン発光中心としてMoO_4^{2-}やVO_4^{3-}が知られている。これらの発光中心の電子構造は，単純な三準位モデルで説明される。MO_4^{n-}の三準位モデルを図7に示す。発光は$^3T_1 \to {}^1A_1$，励起は$^1A_1 \to {}^1T_1$遷移に対応している。

錯イオンを発光中心とする蛍光体として最も注目されるのはバナジン酸塩である。VO_4^{3+}からの発光は古くから知られており，$Y(P,V)O_4$が代表的な例である。バナジン酸塩系蛍光体ではVO_4^{3+}からVO_4^{3+}へのエネルギー移動が効率的であることから，発光以前にVO_4^{3+}の間でエネルギーが移動して最終的に格子欠陥や不純物などにより形成される欠陥準位に捉えられ，発光しなくなりやすい。一方で，希土類イオンのような発光イオンを添加すると，この早いエネルギー移動により効率的な希土類の強い発光が得られることから，バナジン酸塩は希土類蛍光体の母体結晶として有用である。

3.1.3 各種実用蛍光体と希土類フリー化の開発動向

(1) 電子線励起用蛍光体（CRT，FED，FEL）

かつての蛍光体の保守本流と言えば，Cathode Ray Tube（陰極線管）の原理により発光する，いわゆるブラウン管テレビに用いられる高エネルギー電子線励起用蛍光体であった。電子線を励起源とする発光をカソードルミネセンスと呼ぶ。ブラウン管テレビはすでに過去のものとなっているが，カソードルミネセンスは現在でも分析手法として幅広く用いられている。電子線のエネルギーは一般的な結晶材料のバンドギャップより大きいため，結晶欠陥，不純物，キャリア濃度

第2章 脱・省レアアース（素材・材料）

などを評価する手法として現在でも有用である。電子線は磁場による絞り込みが可能であることから，空間分解能が高く，素子の評価に特に適している。

CRTディスプレイ用蛍光体は，20 keV以上のエネルギーを持った電子線により励起される。そのため，CRTディスプレイ用蛍光体は帯電せず長時間安定に発光することが要求され，母体結晶としては硫化物または酸硫化物が用いられている。発光メカニズムは不明な点も多いが，固体内でイオン化過程により高速電子が作られ，この高速電子がさらに多数のホットキャリアを増殖させると考えられている。最終的にバンドギャップの付近の電子―正孔対が再結合し，発光する。青色蛍光体としてはZnS：Ag，緑色蛍光体としてはZnS：Cu,Alなどが使用されており，これらの発光中心は深いドナー，あるいはアクセプター，あるいはこれらの会合したものであり，半導体の典型的な発光機構である。図8にブラウン管テレビ用蛍光体の変遷を示す。初期に緑色蛍光体として色純度のよい酸化物のZn_2SiO_4：Mn^{2+}が用いられていたこともあるが，電子線励起の下での発光効率が低いことから後に置き換えられている。赤色蛍光体としては初期に$Zn_3(PO_4)_2$：Mn^{2+}が用いられていたが，残光が長く，また加水分解性があることから利用されなくなった。赤色蛍光体は，硫化物系を経て希土類蛍光体であるY_2O_2S：Eu^{3+}となり，明るさの向上に寄与している。

CRTディスプレイ用蛍光体では，メタルバックと言われる金属膜被覆を行っている。高電圧での電子線照射では，電子の侵入深さは数μmに達するので，この金属膜被覆により蛍光体表面での帯電および劣化を抑制することができる。これに対して，フィールドエミッションディスプレイ（FED）では，数kV以下にまで加速電圧を低くする方向にあり，電子線は蛍光体の内部まで侵入できない。そのため，FEDではメタルバックの技術を使用できない。また，FEDにおける電流密度はCRTよりも高くなるので，蛍光体の劣化がCRTよりも発生しやすくなっている。CRTで用いられていた硫化物系の蛍光体は，高密度電子線の照射で分解し，飛散した硫黄がカソード

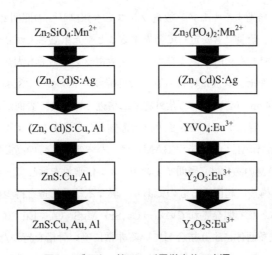

図8　ブラウン管テレビ用蛍光体の変遷

を被毒することも問題となっている。そのため，$Y_2SiO_5:Ce^{3+}$（青）のような酸化物蛍光体が評価されているが，やはり劣化が顕著である。希土類フリーの蛍光体では$ZnO:Zn$も検討されている。最近の開発例として最も注目される材料は，$Al(N,O):Eu^{2+}$である[6]。5 kVの加速電圧で効率よく470 nmの青色発光を示し，かつ従来の酸化物蛍光体よりも劣化が少ない（1/3以下）ことが報告されている。

最近では，電子放出源として炭素系材料の特性向上が著しく，蛍光体と組み合わせたフィールドエミッションランプ（FEL）として特殊照明分野への展開が図られている。最新のFELでは，高加速電圧と高電流密度というFEDよりも過酷な励起条件の下で安定な材料が要求されており，重要な研究課題となっている。

(2) 真空紫外線励起用蛍光体（PDP，キセノン放電ランプ）

他に母体励起を利用する蛍光体としては，PDP用蛍光体がある。PDPでは，XeとNeの混合気体の放電により真空紫外線を発生させ，この真空紫外線が蛍光体を光らせて表示する。Xe放電では，一般的な酸化物のバンドギャップよりも大きい147 nm（8.4 eV）および173 nm（7.2 eV）の真空紫外線が放出される。そのため，蛍光体は母体結晶の吸収を経由して発光することになる。蛍光体としては，真空紫外線を効率的に吸収でき，そのエネルギーを効率的に発光イオンに伝達できる（$Y,Gd)BO_3:Eu^{3+}$（赤）・$Zn_2SiO_4:Mn^{2+}$（緑）・$BaMgAl_{10}O_{17}:Eu^{2+}$（青）が用いられている。希土類フリー蛍光体としての$Zn_2SiO_4:Mn^{2+}$は，色純度のよさと真空紫外線励起の下での発光効率の高さから，緑色蛍光体として利用されている。一方でこの蛍光体は残光が長いという問題がある。PDPについては，最近3Dの表示が注目されている。3D表示のためには，左眼のデータと右眼のデータを交互に表示する必要がある。LCDより表示が速く，自発光で明るいことからPDPの方が3D表示に適している。そのため，緑色蛍光体としては許容遷移で残光が短い$Y_3Al_5O_{12}:Ce^{3+}$（YAG:Ce）系の蛍光体が用いられており，三色の蛍光体とも希土類蛍光体となっている。

同じ原理を利用して発光するキセノン放電ランプも水銀フリーの照明として注目されている。キセノン放電ランプは，低温でも安定して発光することや光束立ち上がりが速いなどの利点があるため屋外使用で有用である。PDPおよびキセノン放電ランプの最も大きな問題点は，蛍光体の劣化である。147 nmのキセノン放電による真空紫外線のエネルギー（8.4 eV）は，蛍光灯における水銀の放電による254 nm（4.9 eV）の紫外線の二倍近くであり，表面が損傷し発光効率が低下するなどの問題がある。特にナトリウムイオン伝導体として有名なβアルミナと類似した層状構造を持つ青色蛍光体$BaMgAl_{10}O_{17}:Eu^{2+}$（BAM）は，パネル作製時の高温処理および点灯時に急速な劣化が起こる。BAMの劣化は，層間イオンがイオン伝導性を示して，それによりEu^{2+}がEu^{3+}に酸化するという結晶構造に起因するものであり，異なる結晶構造を持つ新材料が提案されている。PDP用青色蛍光体として開発されている$(Ca,Sr)MgSi_2O_6:Eu^{2+}$（CMS）は，SiO_4の一次元鎖がCaとMgの配位多面体により結合している非常に堅い骨格を持つため，BAMより10倍以上の寿命を示す[7]。キセノン放電ランプ用蛍光体としては，ホウリン酸塩系蛍光体$Sr_6BP_5O_{20}$:

第2章　脱・省レアアース（素材・材料）

Eu^{2+}が真空紫外線の励起の下で475 nmで高輝度発光する材料であることが報告されている。

(3) 紫外線励起用蛍光体（蛍光灯）および可視光励起用蛍光体（長残光蛍光体，白色LED）

水銀は，10^{-2} mmHg程度の蒸気圧で放電させると，効率的な254 nm（および185 nm）の紫外線を発する。この紫外線を蛍光体により可視光に変換する。電極を加熱して熱電子放出を行う蛍光管を熱陰極管（Hot Cathode Fluorescent Lamp-HCFL）と呼び，これが一般的な蛍光灯である。LCDのバックライトでは，金属電極を用いて加熱せずに電子放出を行う冷陰極管（Cold Cathode Fluorescent Lamp-CCFL）が用いられる。CCFLでは電極構造が単純になるので，細管を作成することが容易なためである。どちらの方式でも蛍光体の発光メカニズムに違いはない。蛍光灯における蛍光体に最も必要な特性は，254 nmの紫外線を吸収して効率よく可視光を発光できることである。また，アルゴン・水銀の放電空間に曝露されるために，化学的に安定な物質でなければならず，母体結晶としては酸化物系の材料が用いられている。古くから利用されている代表的な蛍光体は，希土類フリーであるSb^{3+}およびMn^{2+}を付活したハロリン酸カルシウム $3Ca_3(PO_4)_2 \cdot Ca(F,Cl)_2$である。この蛍光体において$Sb^{3+}$は480 nm付近の青緑の発光を示し，$Mn^{2+}$は橙色の領域に発光を示す。$Sb^{3+}$から$Mn^{2+}$へのエネルギー移動があるため，Sb/MnおよびF/Cl比を変えることにより，一つの蛍光体で青白い白色から暖かみのある白色までの連続的な色の発光を得ることができる。ハロリン酸カルシウム蛍光体におけるMn^{2+}の橙色発光は比視感度の高い領域に近く，その補色となる青緑発光との組み合わせにより明るい白色光を得られるが，赤色領域の光が不足しているので演色性が低い。そのため，グリーン購入法（国等による環境物品等の調達の推進等に関する法律）の対象物品とならず，現在では三原色の希土類蛍光体を用いた三波長型蛍光灯に切り替わってきている。発光の半値幅の狭い希土類を利用する三原色蛍光体を組み合わせることで，比較的に良好な演色性を保ちながら明るく感じる白色光を実現できる。使用されている材料としては，$BaMgAl_{10}O_{17}:Eu^{2+}$（青），$LaPO_4:Ce^{3+}, Tb^{3+}$（緑），$Y_2O_3:Eu^{3+}$（赤）やその改良型の蛍光体がある。蛍光灯用希土類蛍光体による254 nm付近の紫外線の吸収の多くは，希土類の直接的な吸収である。$Y_2O_3:Eu^{3+}$を例に挙げると，250 nm付近にブロードな励起バンドが存在する。Y_2O_3のバンドギャップは5.6 eV（220 nm）であり，254 nmの励起には母体結晶のバンド構造は寄与しない。この励起バンドは，Eu^{3+}イオンの吸収によるものであり，隣接するアニオンに電子が遷移する電荷移動遷移（CTS）に基づいている。CTSは許容遷移であり，効率的な吸収が可能である。$LaPO_4:Ce^{3+}, Tb^{3+}$（緑）では，許容遷移である4f-5d遷移で光を吸収し，$Ce^{3+} \to Tb^{3+}$という効率的なエネルギー移動の組み合わせで発光している。

蛍光灯用の希土類フリー蛍光体としては，Ti^{4+}イオンを発光イオンとした$(Ca,Sr,Ba)_2SnO_4$や$CaSn(BO_3)_2$が最近報告されている[8,9]。254 nm付近の励起では，それぞれ青色および青緑色発光を示している。放電空間中での安定性を含めた評価はこれからのところが多いが，更なる研究の進展が期待される。蛍光灯の市場はLED照明の普及により衰退すると考えられがちであるが，世界的に見ると電球型蛍光灯の伸長により10年程度の短期的には拡大が予測されており，今後も重要な研究課題となっている。

長残光蛍光体（いわゆる夜光塗料）や白色LED用蛍光体は，可視光によって励起できなければならない。そのため，前述のように5d-4f遷移で発光するEu^{2+}やCe^{3+}のような発光イオンを用いる。図4に示されるように，一般的に同一の結晶母体中ではCe^{3+}の発光はEu^{2+}より短波長になるため，青色光励起による赤色発光蛍光体のような長波長の発光を得るためにはEu^{2+}が用いられる。蛍光体の母体としては，共有結合性の強いケイ酸塩，アルミン酸塩のような酸化物や，窒化物（酸窒化物）が用いられることが多い。既存の白色LED用蛍光体の代表的なものとして，青色光の励起の下で効率の高い黄色発光を示す$(Y,Gd)_3(Al,Ga)_5O_{12}:Ce^{3+}$（YAG：Ce）および$(Ba,Sr)_2SiO_4:Eu^{2+}$（BOS）がある[10]。黄色発光を用いる理由は，比視感度の高い555 nmの領域をカバーして，より明るく見せるためである。

可視光励起用の希土類フリー蛍光体としてMn^{4+}イオンを発光イオンとする蛍光体が，安達らによるヘキサフルオロケイ酸カリウム（$K_2SiF_6:Mn^{4+}$）の室温における水溶液合成の報告により再び注目を集めるようになった[11]。$K_2SiF_6:Mn^{4+}$の励起および発光スペクトルを図9に示す。青色光の領域に強い吸収があり，赤色発光を示す。フッ化物であり水に弱いという問題はあるが，興味深い研究結果である。Mn^{4+}イオンは，動作温度が300℃以上にも達する高圧水銀ランプの蛍光体における発光イオンとして使用された実績がある。一般的な蛍光体では，温度の上昇に伴い，発光強度は低下する。このことを熱消光または温度消光と呼ぶ。高出力の白色LEDは，駆動時に100から200℃の温度に達する。そのため，熱消光が小さいMn^{4+}イオンを発光イオンとする白色LED用蛍光体は有望である。岡本らは，高圧水銀ランプの深赤色蛍光体として知られていた$3.5MgO・0.5MgF_2・GeO_2:Mn^{4+}$のMgOを0.8モルの$SrF_2$で置換した蛍光体が，黄色蛍光体YAG：Ceの3倍のピーク強度を示す材料であることを報告している[12]。

また，近紫外励起の下でのバナジン酸塩からの白色発光が注目されている。産総研の中島らは，バナジン酸塩$CsVO_3$および$RbVO_3$が希土類を含まない蛍光体としては異常に高い蛍光量子収率（Rb化合物：79％，Cs化合物：87％）の白色発光を示すことを明らかにした[13]。この効率は，一般的な高効率希土類蛍光体に匹敵する値である。また中島らは連続的な真空紫外線照射を行うこ

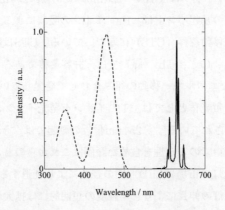

図9　$K_2SiF_6:Mn^{4+}$の励起および発光スペクトル

第2章　脱・省レアアース（素材・材料）

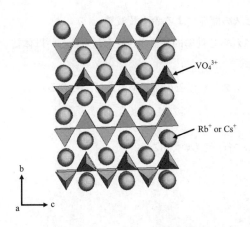

図10　CsVO$_3$，RbVO$_3$の輝石構造

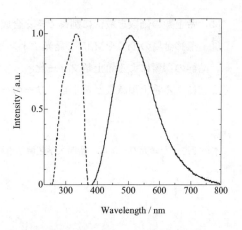

図11　RbVO$_3$の励起および発光スペクトル

とにより，この材料を有機基板上で室温製膜することに成功している。CsVO$_3$およびRbVO$_3$は図10に示すようなVO$_4^{3+}$の一次元鎖から構成される輝石構造を持っている。大きなCsおよびRbイオンによりVO$_4^{3+}$の一次元鎖間の距離が離れていることから，VO$_4^{3+}$の間での早いエネルギー移動が抑制されている。RbVO$_3$が，母体発光を示す高効率な蛍光体材料であることはすでに報告されていたが，過去には近紫外励起での用途がなく，あまり活発的に研究されてなかった[14,15]。RbVO$_3$の励起および発光スペクトルを図11に示す。色度図における色度座標は（0.36, 0.45）であり，全体的には少し緑がかった白色発光を示す。標準的な昼白色の色度座標は（0.31, 0.33）である。最近の研究では，原料である粉末のRb$_2$CO$_3$とV$_2$O$_5$を接触させるだけで粉末原料の間で固相反応が進行し，室温において結晶性のRbVO$_3$蛍光体が合成できることが見いだされている[16]。水に弱いという耐久性の問題があり，パッシベーション膜の形成などの耐久性改善の方策は必要であるものの，希土類フリー蛍光灯用蛍光体やLED用蛍光体としての応用が期待される。他の有望な希土類フリー蛍光体としては，母体の組成比を特にカーボン量を変えることにより青から赤の発光を示す新規酸窒化物BCNOやSnを含有させたソーダライムシリケートガラスによる白色発光などの報告[17,18]もある。

3.1.4　おわりに

ここでは，現行の実用希土類蛍光体と希土類フリー蛍光体の開発動向について概説した。現行の希土類蛍光体が有する励起スペクトル，量子収率，そして実用的な色純度などを考えると，希土類フリー蛍光体によるすべての用途の蛍光体の完全代替という目標は現実的でない。さらに希土類を代替できる発光イオンの候補は少なく，また発光色および発光スペクトル幅の制御も限られている。そのため，開発はLED用蛍光体や蛍光灯用蛍光体のような今後の伸長が予測される分野に集中することになるだろう。

今後の開発動向としては，

① 新しい骨格構造を持つ蛍光体の開発による希土類減量

② 希土類の価数を厳密に制御できる合成プロセスの開発による希土類減量
③ 遷移金属のTi^{4+}やMn^{4+}を発光イオンとし，これらを効率的に発光させられる新しい母体結晶群の探索による希土類フリー化

などによる希土類減量と希土類フリーのベストミックスが最善の策であると考えられる。

謝辞

本稿で述べた研究の一部は，新潟大学超域学術院の支援で行ったものである。

文　献

1) A. Stockman and L. T. Sharpe, *Vision Research*, **40**, 1711-1737 (2000)
2) トコトンやさしい有機ELの本，日刊工業新聞社 (2008)
3) 希土類の科学，化学同人 (1999)
4) Y. Tanabe and S. Sugano, *J. Phys. Soc. Jpn.*, **9**(5), 766-779 (1954)
5) 山元明，セラミックス，**41**(8), 582-587 (2006)
6) N. Hirosaki, R.-J. Xie, K. Inoue, T. Sekiguchi, B. Dierre and K. Tamura, *Appl. Phys. Lett.*, **91**, 061101 (2007)
7) T. Kunimoto, R. Yoshimatsu, K. Ohmi, S. Tanaka and H. Kobayashi, *IEICE Trans. on Electronics*, **E85-C**, 1888 (2002)
8) T. Yamashita and K. Ueda, *J. Solid State Chem*, **180**, 1410-1413 (2007)
9) T. Kawano and H. Yamane, *J. Alloys compd.*, **475**, 524-258 (2009)
10) 大久保聡，日経エレクトロニクス，**906**, 36 (2005)
11) S. Adachi and T. Takahashi, *J. Appl. Phys.*, **104**(2), 023512-1-023512-3 (2008)
12) S. Okamoto and H. Yamamoto, *J. Electrochem. Soc.*, **157**(3), J59-63 (2010)
13) T. Nakajima, M. Isobe, T. Tsuchiya, Y. Ueda and T. Kumagai, *Nature Materials 7*, 735-40 (2008)
14) H. Gobrecht, G. Heinsohn, *Zeitscrift fuer Physik*, **147**, 350-360 (1957)
15) S. Tobitsuka, T. Honma, T. Wakayama, K. Toda and M. Sato, *Electroceramics VI in Montreux*, Abstract book, p.92 (1998)
16) 発光・照明材料，日刊工業新聞社 (2010)
17) W.-N. Wang, T. Ogi, Y. Kaihatsu, F. Iskandarc and K. Okuyama, *J. Mater. Chem.*, **21**, 5183-5189 (2011)
18) T. Akai, *New Glass*, **22**(4), 54-59 (2007)

3.2 電子セラミックスにおける省希土類技術

鷹木 洋*

3.2.1 電子セラミックスにおける希土類問題

電子セラミックスは，様々な電子部品として幅広く利用されている。例えば誘電体セラミックスはコンデンサや誘電体共振器，LCフィルタなどに利用されている。これ以外に，圧電体セラミックスや磁性体セラミックス，半導体磁器セラミックス，絶縁体セラミックスなどがフィルタ，フェライトインダクタやコイル，サーミスタ，多層回路基板などの様々な電子部品として利用されている。セラミックス以外にも有機材料などが電子部品に利用されているが，市場規模が大きいコンデンサについて見てみると，非セラミック系コンデンサ（フィルムコンデンサ，アルミ電解コンデンサ，タンタル電解コンデンサなど）を含む全コンデンサのうち，9割前後がセラミックコンデンサとなっている[1]。このように，電子セラミックスは現在の産業界に必要不可欠のものであるが，一方でそこに使われている希土類元素の資源的制約が問題となりつつある。電子セラミックスに使われる希土類元素の添加量は多くの場合数％以下であるが，電子セラミックスの特性を発現する成分として欠くことができないため，一部を除いて完全に脱希土類とすることは難しい。しかし希土類資源の高騰と調達不安がますます深刻化する中，電子セラミックスの省希土類技術が様々な形で模索されている。以下，用途別に省希土類技術の方向性について述べる[2,3]。

3.2.2 温度補償用セラミックコンデンサ

セラミックコンデンサは，その役割により温度補償用コンデンサと高誘電率系コンデンサの二つに大別される[4〜6]。温度補償用コンデンサはコイル，IC，水晶振動子などの温度特性の補償用として主に使われてきたが，最近は移動体通信のデジタル回路用バイパスコンデンサとして使用されることが増えている。これに使われる誘電体材料は，15〜650という低い比誘電率と，+100から-4700 ppm/℃の直線的で平坦な比誘電率温度依存性を持つ。また誘電損失も低く，高周波帯域においても高いQ値（誘電損失の逆数）を持つ。最も一般的な組成は$BaTiO_3$-Nd_2O_3-TiO_2系であり，希土類元素であるNdは主成分のひとつとして配合される。また大気中で焼成される材料系のため，積層セラミックコンデンサとして使われる場合には，内部電極として大気中で酸化しないPdやAg/Pdが用いられる。このように，主成分として大量の希土類が使われることと，内部電極として高価なPdやAg/Pdを使う必要があることから，還元雰囲気下で焼成可能な全く異なった材料系へのシフトが進んでいる。$(CaSr)(ZrTi)O_3$系が代表的な組成であり，焼結助材の添加により還元雰囲気でも焼結させることができるため，安価なNiを内部電極とした積層コンデンサに適用することができる。ただし，少量の希土類元素を特性改善のため入れることも多い。$BaTiO_3$-Nd_2O_3-TiO_2系に比べると，損失特性などが多少損なわれることもあるが，低コスト化と希土類元素削減の目的のために置き換えが急速に進んでいる。

* Hiroshi Takagi ㈱村田製作所 執行役員，材料事業統括部 統括部長

3.2.3 高誘電率系セラミックコンデンサ

高誘電率系コンデンサ材料と呼ばれるものは，比誘電率が500〜25000と高く，小型で大容量のコンデンサに用いられている。しかしながら，その多くは強誘電体のために比誘電率の電圧依存性が大きい。また，比誘電率の増大とともにその温度変化率も大きくなるため，回路の中で容量の安定性を比較的要求されないバイパス用やカップリング用として多量に使用されている。高誘電率系コンデンサ材料は温度特性により，B/R特性（YW系），E/F特性（YZ系）の二つに大別される（JIS規格に準拠）。いずれの場合も希土類元素は，主成分として使われる温度補償用コンデンサの場合とは違い，微量添加物として特性改善に用いられる。B/R特性材料では，比誘電率は500〜4000とE/F特性材料と比較して低いが，より平坦な温度特性を示す。希土類元素をReと表すとき，一般的には$BaTiO_3$-Re_2O_3-MgO-MnO系の組成が使われている。この系の材料は還元雰囲気で焼成しても安定な耐還元性材料で，Niを内部電極とする積層コンデンサ用に開発されたものである。セラミックスのグレインは，$BaTiO_3$をコアとしてその表面に$BaTiO_3$と添加物との反応によるシェル部が形成された，いわゆるコアシェル構造をしている。希土類元素は主にシェル部あるいは粒界に存在し，温度特性の平坦化，信頼性の向上に寄与している。

E特性/F特性材料は，比誘電率が5000〜25000と非常に高く，小型で大容量が必要なコンデンサ用として用いられている。希土類元素Reが添加された一般的な材料系としては，$BaTiO_3$-$CaZrO_3$-$CaSnO_3$-Re_2O_3および $\{(BaCaSr)O\}m(TiZrCa)O_2$-$Re_2O_3$($m \geq 1$) がある。前者は大気中焼成される。後者はNi電極積層コンデンサ用の耐還元性材料である。いずれも基本的には$BaTiO_3$結晶のBaサイト，Tiサイトにそれぞれ2価，4価の異種イオンが均一に固溶した構造（均一構造）を持つ点がB特性/R特性材料との相違点である。希土類元素は$BaTiO_3$の強誘電性—常誘電性転移のキュリー点を120℃付近から室温まで低下させて，室温での誘電率を高くすることと，信頼性の向上に寄与している。

高誘電率系材料では，Ni電極積層コンデンサ用の耐還元性材料においては，希土類元素の役割は信頼性を大きく向上させるものとして特に不可欠なものとなっている。このため，希土類を削減することは容易ではないが，Dyなどの産地が中国に偏っている中重希土類元素から，より入手しやすいYなどへの置き換えや，格子中の希土類元素固溶状態を制御するなどして必要最低限の使用量に削減するなどの試みもされている。

3.2.4 高周波用セラミック誘電体部品

誘電体を利用した電子部品としては，コンデンサ以外に高周波領域（数100 MHz〜数GHz）で使われる誘電体フィルタ，誘電体共振器，高周波用多層回路基板などがある。この用途に使われる材料は一般的にマイクロ波誘電体セラミックスと呼ばれ，$BaRe_2Ti_4O_{12}$として表されるタングステンブロンズ構造およびその派生構造の材料が使われる。Reの種類としてLa，Pr，Nd，Smなどの希土類元素を適宜選択することにより，比較的高い比誘電率（≥ 70），高周波帯域での高いQ値および共振周波数の温度安定性を同時に実現することができる。回路用のセラミックス多層基板では，無線通信などGHz帯での利用が増えるにつれ，一般的なAl_2O_3-ガラス系の組成に，上述の

タングステンブロンズ系誘電体材料を混ぜることが行われている[7]。これにより高周波特性を改善することが行われている。マイクロ波誘電体セラミックスでは，希土類元素の削減は難しく研究開発は進んでいない。今後，希土類の使用がさらに難しくなれば，$Ba(ZnZrTa)O_3$や$Ba(MgSnTa)O_3$などの非希土類低損失材料を使っていく可能性がある。ただし比誘電率が30程度と低いことが課題である。

3.2.5 圧電体セラミック部品

圧電体セラミックスを使った電子部品としては，電子回路で特定周波数を通過あるいは阻止するフィルタが代表的なものである。これ以外に，デジタル回路のクロック発生用発振子，超音波受発信素子，発音体であるブザーやスピーカー，自動車用ノッキングセンサ，ジャイロ用角加速度センサ，焦電センサなど，多くの用途で使われている[1]。最近は自動車の燃料噴射用やカメラのレンズモジュール用など，アクチュエータとしての用途も増えている。材料としては，$PbTiO_3$系あるいは$Pb(TiZr)O_3$（PZT）系のセラミックスが使われている。この中で，$PbTiO_3$のPbの一部をLaやNdなどの希土類（Re）で置換した$(PbRe)TiO_3$系のセラミックスが発振子として使われている。$PbTiO_3$は室温で正方晶のc/a軸比がかなり大きく，焼結後の降温中にc/a軸比に起因する応力のために破壊されることがある。このため軸比を下げる目的でPbサイトを一部希土類元素で置換する[6,8]。発振子としては，圧電セラミックス以外にも水晶などの非PT/PZT系材料が使用可能であるため，希土類元素が使い難くなった場合には非PT/PZT系材料の利用に切り替わる可能性がある。非PT/PZT系材料にすれば，鉛規制問題もクリアすることができる。

PZTにLaを置換したもの$(PbLa)(ZrTi)O_3$はPLZTとして知られている[6,9]。これは透明な圧電材料で，光シャッタや光導波路，光スイッチなどに使われる。PZTのPbサイトをLaで置換することにより，500〜900 nmの波長での透光性を確保し，電界で複屈折率を直線的に変化させることができるようになる。PLZTの使用は現在のところ限られているが，希土類元素の使用が制限された場合には$LiTaO_3$など他の電気光学結晶や液晶などに置き換え可能である。

3.2.6 サーミスタ

温度変化によって抵抗が変る性質を利用した電子部品をサーミスタと呼ぶ。サーミスタは温度とともに抵抗が上昇するPTC（Positive Temperature Coefficient）サーミスタと，逆に抵抗が減少するNTC（Negative Temperature Coefficient）サーミスタとがある[3]。NTCサーミスタの基本組成は，Mn，Fe，Co，Niなどの遷移金属酸化物である。温度センサとしての温度検知素子，液晶ディスプレイや水晶発振子の温度特性を補償するための温度補償素子，スイッチング電源の突入電流抑制素子などに使われている。一般的に遷移金属酸化物系のNTCサーミスタでは希土類元素は使われていないが，大きな温度ー抵抗変化を示す材料として$LaCoO_3$系複合酸化物がある[10]。ここでは主成分として希土類であるLaが使われており，Laが使えない場合の代替手段は今のところない。

PTCサーミスタでは，希土類元素が大きな役割を果たしている。基本組成である$BaTiO_3$は絶縁体であるが，微量のLaなど希土類を添加すると半導体化する。これは，Ba^{2+}サイトを置換する

La^{3+}が本来のイオンより多価であるためドナーとなるためである。PTCサーミスタでは，$BaTiO_3$の強誘電性（正方晶）が常誘電性（立方晶）に転移するキュリー温度以上で数桁にわたる急峻な抵抗上昇を示す。すなわち温度に対する抵抗変化は線形ではない。キュリー温度以下の定常電流では温度上昇を引き起こさず低抵抗化しているが，大電流により温度上昇が引き起こされたときにはキュリー温度以上になって高抵抗化し，電流を絞る。このため，自己制御型のヒーター素子，ブラウン管シャドウマスクの交流消磁素子，モーター起動用素子やノンフューズブレーカーとしての回路保護素子として使われる。抵抗急変はセラミックグレインの粒界障壁モデルで説明されている。粒界に吸着酸素などによりアクセプター準位が存在し電子がトラップされるため，ショットキー型ポテンシャル障壁が形成される。障壁高さはドナー密度と障壁幅に比例し，比誘電率に反比例する。このためキュリー温度以下の強誘電性領域では高比誘電率のため障壁が低くなり，キュリー温度以上の常誘電性領域では障壁が高くなって高抵抗化する。

以上のように，PTCサーミスタにおける希土類元素はドナーとしての役割を果たし，$BaTiO_3$を半導体化し，ショットキー障壁の高さに影響する。希土類元素としては，Ba^{2+}とイオン半径が近いLaからPr，Nd，Smなどの比較的大きな希土類元素が使われる。$BaTiO_3$を主成分とする従来のPTCサーミスタ以外に，希土類元素を主成分とする（LaSr）MnO_3セラミックスが最近低抵抗PTC材料として注目されている。これは従来の$BaTiO_3$系とは異なり，強磁性—常磁性転移によるバルクの抵抗変化を利用するのであるが，Aサイトの組成によってBサイト遷移金属の価数を制御し，低抵抗化を実現する。またAサイトの組成によってPTCを示す温度領域を制御することもできる[11]。PTCサーミスタにおける希土類元素の役割は本質的なものであり，また格子中に固溶するのに最適なイオン半径と価数を持つ元素として希土類以外に見つけ難いため，希土類元素の使用に制限がかかった場合，なるべく入手しやすい希土類元素への切り替え以外に方策がないと考えられる。一方，希土類の添加量は$BaTiO_3$系の場合，ごく僅か（0.1wt％以下）であり，使用に制限がかかっても大きな影響はないとも考えられる。

3.2.7 フェライト部品

フェライトは，3価のFeイオンを構成要素とする酸化物の総称で，スピネル，ガーネット，マグネットプランバイトなどの結晶構造がある。フェライトは従来からトランスコア材料や磁気テープ，磁気ヘッド材料として使われているが，最近ではコイルや電磁ノイズ吸収インダクタデバイスとして需要を伸ばしている。これらには，（MnZn）Fe_2O_4や（NiZn）Fe_2O_4などのスピネル型の酸化物が使われており，希土類元素は使われない。一方，マイクロ波デバイスとして利用されているガーネット型のフェライトでは，$Y_3Fe_5O_{12}$（YIG，Yの一部がGdで置換されることもある）で表される希土類系の複合酸化物が用いられる。その主な用途はGHz帯でのアイソレータ（サーキュレータ）である。アイソレータは主に移動通信の送受信回路に用いられ，アンテナ側から戻る反射波およびアンテナを通じて侵入する不要波を阻止して電力増幅器（パワーアンプ半導体）を保護する[1]。

マイクロ波フェライトにおける希土類元素の役割は，ガーネット構造$C_3A_2D_3O_{12}$におけるCサイ

第2章 脱・省レアアース（素材・材料）

トに非磁性のY^{3+}イオンが入り，磁性Fe^{3+}イオンがA, Dサイトに入ることで，A-Dサイト間で磁気モーメントの方向がほぼ180°異なるフェリ磁性を発現させ，マイクロ波帯で低損失な磁性体として機能させることにある。YIGが使えなくなった場合には，回路設計の変更などでアイソレータレス化を模索することになると考えられる。

3.2.8 まとめ

本項では，電子部品に使われているセラミックスについて，希土類元素の種類と役割について温度補償用セラミックコンデンサ，高誘電率セラミックコンデンサ，高周波用セラミック誘電体部品，圧電体セラミック部品，サーミスタおよびフェライト部品に分けて説明した。これらを表1にまとめる。

電子セラミック材料における省希土類元素の動きとしては，希土類元素の役割がその特性に本質的に影響するものが多いために，完全に希土類元素をなくすのではなく，希土類元素使用量の削減およびより入手しやすい希土類元素への置き換えが主になると考えられる。さらに非希土類元素系の新たな材料の代替技術があるものについては，それらへ切り替えられる可能性がある。また回路設計で希土類系材料を使ったデバイス自体を省略することも模索されると考えられる。これら電子セラミックスの省希土類元素技術について表2にまとめる。

表1　電子セラミック材料に使われる希土類元素の種類と役割

用途	代表的な組成	希土類の種類	希土類の役割
温度補償用コンデンサ	$BaTiO_3-Nd_2O_3-TiO_2$系	Nd	温度特性，低損失性の向上
高誘電率コンデンサ	$BaTiO_3-Re_2O_3-MgO-(MnO)$系	Y, Ho, Dy, Gdなど	温度特性，信頼性の向上
	$BaTiO_3-CaZrO_3-CaSnO_3-Re_2O_3$系	Y, Ho, Dy, Gdなど	温度特性，信頼性の向上
	${(BaCaSr)O}_m(TiZrCa)O_2-Re_2O_3$ $(m \geq 1)$系	Y, Ho, Dy, Gdなど	温度特性，信頼性の向上
高周波誘電体部品	$BaRe_2Ti_4O_{12}$系	La, Nd, Pr, Smなど	温度特性，比誘電率，低損失性の向上
圧電発振子	$(PbRe)TiO_3$系	La, Ndなど	内部応力緩和
電気光学効果部品	$(PbLa)(ZrTi)O_3$系	La	可視光透過性付与，複屈折率制御
NTCサーミスタ	$LaCoO_3$系	La	温度係数の増大
PTCサーミスタ	$BaTiO_3-Re_2O_3$系	La, Nd, Pr, Smなど	半導性付与，ショットキー障壁制御
	$(LaSr)MnO_3$系	La	半導性付与
フェライトアイソレータ	$Y_3Fe_5O_{12}$系	Y	フェリ磁性の発現

表2 電子セラミック材料の省希土類元素技術

用 途	省希土類元素技術
温度補償用コンデンサ	(CaSr)(ZrTi)O_3系材料などへの置き換え
高誘電率コンデンサ	より入手しやすい希土類元素への置き換え,使用量の削減
高周波誘電体部品	Ba(ZnZrTa)O_3やBa(MgSnTa)O_3材料などへの置き換え
圧電発振子	水晶など非希土類元素系材料への置き換え
電気光学効果部品	LiTaO_3や液晶など非希土類元素系材料への置き換え
NTCサーミスタ	スピネル系など非希土類元素材料への置き換え
PTCサーミスタ	より入手しやすい希土類元素への置き換え,使用量の削減
フェライトアイソレータ	アイソレータを使わない回路設計

文　献

1) 2008年版　コンデンサ市場,産業情報調査会 (2007)
2) 鷹木洋,文部科学省科学研究費特定領域研究「希土類形態制御」第5回公開シンポジウム予稿集 (2008)
3) 鷹木洋,ニューセラミックス (2011)
4) 鷹木洋,材料,**44**,805-811 (1995)
5) 村田製作所編,セラミックコンデンサの基礎と応用,オーム社 (2003)
6) 足立吟也監修,希土類の機能と応用,シーエムシー出版 (2006)
7) T. Murata, S. Oga, Y. Sugimoto, *Jpn. J. Applied Physics*, **45**, 9B, 7401-7404 (2006)
8) 上田一郎,西田正光,川島俊一郎,大内宏,電子通信学会研究会,US80-25, 41-48 (1980)
9) G. H. Haertling, C. E. Land, *J. Am. Cerm. Soc.*, **54**(1), 1-11 (1971)
10) 中山晃慶,石川輝伸,新見秀明,浦原良一,伴野国三郎,第17回電子材料討論会,21 (1997)
11) Y. Morimoto, A. Asamitsu, H. Kuwahara, Y. Tokura, *Nature*, **380**, 141 (1996)

4 二次電池，触媒

4.1 省希土類に資するニッケル・水素二次電池の開発動向

境　哲男[*]

4.1.1 はじめに

　1980年代後半から北欧で携帯電話の普及が始まり，充放電可能な小型密閉形ニッケル・カドミウム二次電池（主に日本製を採用）が大量に利用されるようになった。ただし，1回の充電での使用時間が短いためスペア電池も必要となり，また，電池寿命も短かったので，大量の使用済み電池が発生し，家庭ごみと一緒に廃棄される懸念も増大した。その頃，北欧では酸性雨の被害も拡大しており，土壌中のカドミウム（過去に大量使用した肥料中に含有）が溶出して，植物に取り込まれ，それを食べるカモシカなどの野生動物（主に腎臓など）に蓄積する食物連鎖の調査結果も発表された。このような背景から，民生用ニッケル・カドミウム電池の完全回収化を義務付ける法的規制が開始された。そこで，環境適合性に優れた代替二次電池の実用化が強く求められ，1990年にわが国で，水素吸蔵合金負極を用いるニッケル・水素電池の商品化が開始された[1]。これによって，世界の携帯電話のほとんどがニッケル・水素電池に代替された時期もあった。しかし，1994年頃からわが国の携帯電話でより軽量なリチウムイオン電池の採用が開始され，現在では世界の携帯機器のほとんどがリチウムイオン電池を採用するようになった。この間，小型ニッケル・水素電池では，高容量化や高出力化，長寿命化，低自己放電化，低コスト化などを推進して，新規市場の開拓に努めた結果，2009年では，千回以上充放電して使える民生用充電池の分野（約44％）やコードレス電話（約38％），電動工具（約8％），シェーバー，電動アシスト自転車などの分野で利用され，世界販売量は1.8 GWh，販売金額で830億円（日本のシェア68％）となっている（図1(a)）。

　車載用大型電池については，米国カルフォルニア州の自動車排ガス規制（ゼロ・エミッション・ビークル規制）に端を発して，1996年から大型ニッケル・水素電池（25 kWh）を搭載した電気自動車（EV）の商品化が開始された。ただ，航続距離が200 km以下で，充電に8時間程度必要で，かつ，車両価格がガソリン車の3倍程度となるなどの課題があり，総販売台数も数千台程度で生産が終了された。1997年には，地球温暖化ガス排出規制（COP3京都議定書）が調印され，自動車における省エネルギー化に重点が置かれるようになった。同年に，高出力ニッケル・水素電池（1.5 kWh）とガソリンエンジンを併用したハイブリッド自動車（HEV）が商品化され，燃費が2倍で，ガソリン車との価格差が50万円以下であることなどから普及が進んで行った。電池の高出力化により小型化と低コスト化を図り，普及を促進し，2010年には約100万台が生産された。将来的には，世界自動車販売の10％（700万台）まで生産拡大すると予想されている。2009年での，HEV用電池の生産量は1 GWhで，生産金額は913億円（日本のシェア97％）となっており（図1

---

[*] Tetsuo Sakai　㈱産業技術総合研究所　ユビキタスエネルギー研究部門
　　副部門長，電池システム研究グループ長；神戸大学併任教授

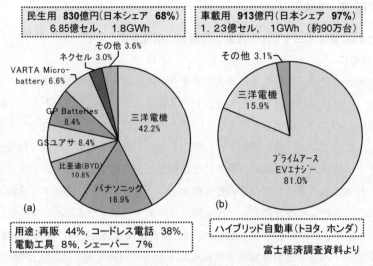

図1 ニッケル・水素電池の世界販売金額シェア（2009）

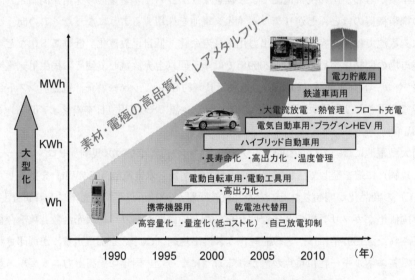

図2 ニッケル・水素電池の大型化の進展と技術課題

(b))，わが国がまだ国際競争力を有している分野となっている。

　鉄道車両用としては，大型蓄電池（750V）を電車の架線に直接接続して，ブレーキ回生電力を蓄電して，加速時にはこれを放電することで，約30％の省エネ化を図りつつ，ブレーキ回生失効を防止し，また，停電時にも電車を力行できる非常用電源として利用することも検討されている（図2）。この用途では，約1,000Aの高電流充放電が必要であり，電池の熱管理，冷却システムが重要となっている。また，自然エネルギーの電力貯蔵用やスマートグリッドの大型蓄電池とし

第2章 脱・省レアアース（素材・材料）

ての利用も進められている。MWh～GWhクラスの大型蓄電池の分野が，これから大きな市場になるものと期待されている。

このようにニッケル・水素電池の利用分野は順調に拡大しているが，最近，負極材料である希土類元素の資源的問題が顕在化しており，これが市場拡大の大きな足枷になりつつある。そこで，電池の完全リサイクル化とともに，希土類使用量の低減化や代替材料の開発が重要となっている。

4.1.2 ニッケル・水素電池の反応機構と負極材料の開発

ニッケル・水素電池は，水素吸蔵合金負極と，水酸化ニッケル正極，ポリオレフィン系不織布セパレータ，濃アルカリ電解液から構成されている（図3）。充電時には，水の電気分解で生成した水素が合金中に貯えられ，放電時にはプロトンが水酸化ニッケルに貯えられるシンプルな反応機構になっているので，高容量化や高出力化，長寿命化が可能となっている。過充電時には，ニッケル正極より水の電気分解で酸素発生するが，これを不織布セパレータを介して合金負極上まで拡散させ，水素化物と反応させることで，再び水に返す反応が円滑に進行し，完全密閉化が可能となっている。電圧は，1.25Vであり，ニッケル・カドミウム電池や乾電池とも互換性がある。電池容量は，商品化の当初は，1.2Ah（AAサイズ）であったものが，最近では3Ahと2倍以上に向上している。また，サイクル寿命も300回から千回以上に，そして，自己放電も1年間放置で20％程度と乾電池並みに改善されており，安全で，使いやすい汎用二次電池となっている。

負極合金には，希土類元素の混合体（ミッシュメタル；Mm）を用いたAB_5型水素吸蔵合金Mm$(Ni,Co,Mn,Al)_5$（容量280-300 mAh/g）が広く利用されている[2]。代表的な水素吸蔵合金である$LaNi_5$は，1968年頃にオランダで$SmCo_5$磁石の研究の過程で偶然に発見された。わが国では，1975

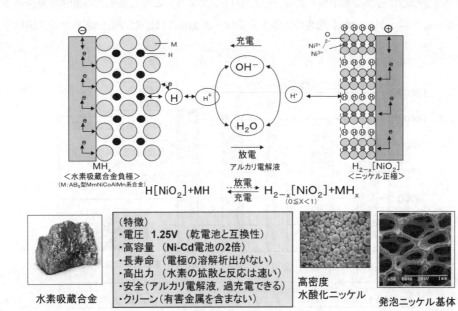

図3　ニッケル・水素電池の反応機構と構成材料，特徴

年頃よりサンシャイン計画において，実用的な水素貯蔵タンク用として，安価で，耐久性に優れたミッシュメタル系多元化合金MmNi$_{5-x}$M$_x$（M = Mn, Al, Si, Co, Cr, Zrなど）などの開発が進められた。これらAB$_5$型合金では，水素吸蔵時の大きな体積変化（約20％）で微粉化して，劣化が進みやすいため，CoやAl, Zrなどを添加して，微粉化を抑制する材料技術が開発された。ただ，これらの水素貯蔵用合金をそのまま電極材料に使用しても，アルカリ電解液中ではサイクル劣化が激しい問題があった。これは，合金表面のアルカリ腐食が進行して，電子伝導性のない希土類水酸化物で覆われるためであり，化学めっき処理などで表面に電子伝導性のニッケル層を形成する技術や，化学エッチング処理で表面にニッケルリッチ層を形成する技術などが開発された。希土類元素も，La単独ではなく，Ce, Pr, Ndなどとの混合体で利用する方が，Co添加量を10質量％程度まで低減でき，サイクル寿命と出力特性（Co添加量が多いと低下）の両立を図ることができた。合金の腐食は，合金組織が不均質な部分から進行しやすいので，化学量論組成（A：B = 1：5）を精密制御しつつ，合金融液を急冷凝固して，また，最適な熱処理も施し，粒界偏析物や格子欠陥などの少ない高度に均質な合金を製造する技術も開発された。これらの材料技術と最適な電極化技術により1,000サイクル以上（10年以上）の耐久性が得られるようになって，車載用電池の実用化も大きく進展した。ただ，合金の微粉化を抑制するためには，まだ10質量％のコバルト添加が不可欠であり，希土類元素がまだ安価であった当時は，これが合金コストの半分を占めていた。そこで，合金高容量化とともに，コバルトフリー化が大きな開発課題であり，次項で述べるように希土類-Mg-Ni系で，高容量，かつ，Coフリー化が可能な合金の開発が進められた。

電池用水素吸蔵合金の世界生産量は，2009年には約10,800トン（国内3,700トン）と推定される（図4）。合金製造に必要な希土類元素は，約3,500トンであり，これは希土類の世界生産量の3％を占めている。ニッケル・水素電池の世界生産量は，2009年には2.8GWhであったが，2015年に

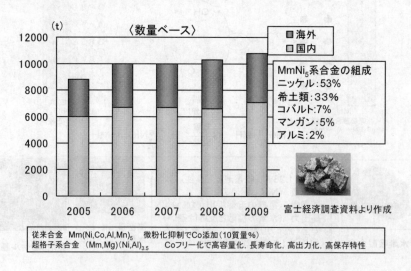

図4　ニッケル水素電池用水素吸蔵合金の生産量の推移

第2章 脱・省レアアース（素材・材料）

表1 ニッケル・水素電池の製造に必要なレアメタル量

電力量	希土類元素（トン）	ニッケル（トン）	コバルト（トン）
1 GWh当たりの必要量	1,383	5,303	556（266）*
2015年見込み 4.4 GWh[a]	6,085（5％）**	23,333（1.4％）**	2,446（1,170）* （3.9％）（1.9％）**
2020年見込み 10 GWh[b]	14,106（11％）**	54,091（3％）**	5,671（2,713）* （9％）（4％）**

a) 小型電池（10億個）で約3 GWh，HEV（約100万台）で約1.4 GWhと見込む。
b) 小型電池（20億個）で約6 GWh，HEV（300万台）で約4.2 GWhを見込む。
*Coフリー超格子系合金を使用した場合Co使用量は半減。ただし，水酸化ニッケル正極では導電性処理のためコバルト添加が必要。
**レアメタル使用量の世界生産量（2007年統計）に占める割合。
（希土類元素：124千トン，ニッケル：1,660千トン，コバルト：62千トン）

4.4 GWhまで拡大すると希土類元素は6,000トン（世界生産の5％）が，そして，2020年に10 GWhまで拡大すると希土類元素は14,000トン（世界生産の11％）が必要となる（表1）。合金のCoフリー化は長年の課題であり，大きく進展しているが，希土類フリー化は最近の課題であり，開発はあまり進展していない。

4.1.3 合金の高容量化と高出力化

負極用水素吸蔵合金材料としては，希土類系AB$_5$型（MmNi$_5$，300 mAh/g）以外に，高容量化を目的として，チタン・ジルコニウム系AB$_2$型又はラーベス相系（((Ti,Zr)(Ni,Mn,V,Co,Cr)$_2$，400 mAh/g）や，バナジウム系又は固溶体系（V$_3$TiNi，500 mAh/g），マグネシウム系（Mg-Ni，500 mAh/g）などの開発が進められてきた[1,2]。チタン・ジルコニウム系AB$_2$型合金では，一部実用化まで進んだが，初期活性特性や出力特性などで課題があり，本格普及には至らなかった。更なる高容量化が可能なV$_3$TiNi系合金も開発されたが，バナジウム中の酸素や窒素などの低減が必要なことや，また，サイクル寿命で課題が残った。MgNi系合金では，サイクル寿命の改善があまり進まなかった。このように希土類系AB$_5$型合金以外では，実用的な電池性能を満たすことができなかった。

1997年，大工研（現：産総研関西）のKadirらは，希土類-Mg系高容量合金の開発の中で，AB$_5$ユニットとA$_2$B$_4$ユニットが1：1で積層した菱面体晶系PuNi$_3$型構造（1-3 R）を有するRMg$_2$Ni$_9$（R＝希土類）合金を発見した（図5）[3,4]。この希土類およびMgの一部をCaで置換した（R$_{1-x}$Ca$_x$）（Mg$_{2-y}$Ca$_y$）Ni$_9$合金は，1.9 wt.％の高い水素吸蔵容量が得られた[5]。これを電池負極材料に利用したところ，370 mAh/gの高容量が得られたが，サイクル劣化が大きい課題があった[6]。その後，TiやAlなどを添加することで，寿命向上が図られた[7,8]。

東芝では，La$_5$MgNi$_{23}$をベースにした合金La$_{0.7}$Mg$_{0.3}$Ni$_{2.8}$Co$_{0.5}$を開発して，高容量化（410 mAh/g）を図った[9]。この研究を引き継いだ三洋電機では，La$_{0.7}$Mg$_{0.3}$Ni$_{3.3}$合金をベースにし，希土類元素（Pr, Ndなど）やAl添加量の最適化によってサイクル寿命の向上を図ったところ，AB$_5$ユニット

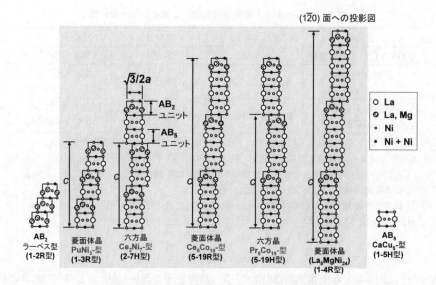

図5　各種のMm-Mg-Ni-Al系合金の積層構造

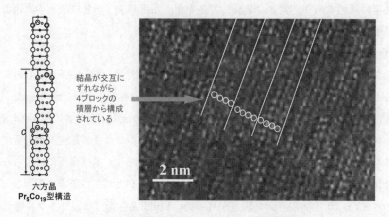

図6　高分解能TEM写真の例（5-19H型合金）

とA_2B_4ユニットが1：2で積層した六方晶系Ce_2Ni_7型（2-7H）の超格子合金$Mm_{0.83}Mg_{0.17}Ni_{3.1}Al_{0.2}$（容量330 mAh/g）を開発した[10,11]。この高容量合金を用いたニッケル・水素電池（AAサイズ2,600 mAh）の商品化を2004年7月から開始している。また，Coフリー化により自己放電も大幅に抑制できたので，乾電池代替用途の民生用充電池の商品化が大きく進展した。また，寿命特性や出力特性，保存特性も向上するため，HEV用途での利用も進められている。ただ，このCe_2Ni_7型（2-7H）合金では，単一相を得るためには，Laの大部分を，原子サイズのより小さいPrやNdで置換する必要があり，合金コストが増大する課題がある。

産業技術総合研究所とジーエス・ユアサコーポレーションは，AB_5ユニットとA_2B_4ユニットが1：3で積層した菱面体晶系Ce_5Co_{19}型相（5-19R）や六方晶系Pr_5Co_{19}型構造相（5-19H）か

第2章　脱・省レアアース（素材・材料）

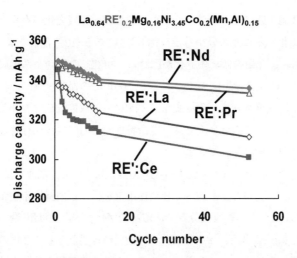

図7　5-19型合金のサイクル特性に及ぼす希土類元素の効果

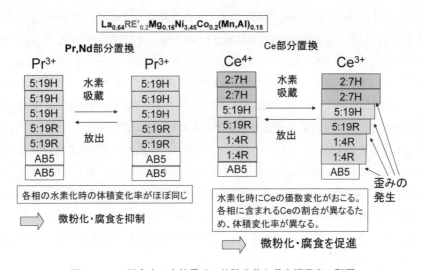

図8　5-19型合金の充放電時の体積変化と希土類元素の影響

らなる新合金を開発した（図6）[12〜16]。放射光XRDパターンを用いたRietveld解析の結果，①MgはA_2B_4ユニットのLaサイトを選択的に置換する（水素吸蔵量の増大に寄与），②Alは希土類面間のNiサイトを選択的に置換する（微粉化の抑制と耐久性向上に寄与），③AB_5ユニットのLaの1/4程度をPrやNdで置換することでa軸長を小さく調整でき，A_2B_4ユニットとの安定な積層構造が形成できる（耐久性と水素吸蔵量の増大に寄与），ことが分かった。合金の電極評価の結果，初期で350 mAh/gの高容量が得られ，NdやPr添加品ではサイクル寿命も向上したが，Ce添加品では，サイクル劣化が促進された（図7）[17]。放射光を利用して，充放電に伴う各合金相の体積変化およびXANESスペクトルでの価数変化を調べたところ，水素化前にはCeは4価状態で存在す

るが，水素化後には3価状態になっており，また，各相での体積変化率も異なるため，微粉化が促進され，サイクル劣化することが分かった（図8）。この5-19型合金では，PrやNdの置換量はLaの1/4程度で済み，合金の低コスト化が図れる。現在，この合金系で民生用充電池の商品化が進められており[18]，CoやMnを除去することで，60℃での保存試験での容量残存率が従来の50％から80％へと大幅に改善されている。また，−20℃での放電試験でも40％の利用率と，優れた低温特性が得られている。この合金系では，寿命特性や出力特性，保存特性も優れており，大型の産業用電池での利用も検討されている。

これら新規積層型合金を利用すると，従来のAB$_5$型合金に比べて，電池容量を約20％向上でき，容量ベースで比較すると，従来合金に比べて合金使用量を約15％削減，希土類使用量を約5％の削減ができる[17]。ただ，これからの成長分野であるハイブリッド自動車用途や産業機器用途では，エネルギー密度（Wh/kg）よりも，出力密度（W/kg）が重要となり，2倍の高出力化により電池サイズは半分にでき，これによって，電池コストおよび希土類使用量は半減できる。

4.1.4 まとめ

ニッケル・水素電池は，1990年の商品化以来，その負極材料にMmNi$_5$系合金を利用してきた。この間，多様な高容量合金の開発研究が活発に行われたが，実用化には至らなかった。1997年に発表されたRMg$_2$Ni$_9$（R＝希土類）系合金は，高容量ではあるが，Mgのアルカリ腐食が大きく，あまり実用的とは思われなかった。その後，多様な積層型合金が開発され，高価なコバルトを添加しなくても実用的なサイクル寿命が得られるようになった。Coフリー化により電池の保存特性が顕著に改善され，乾電池代替用充電池の分野で大きな市場を獲得することができた。同時に，出力特性や低温特性も大幅に向上するため，ハイブリッド自動車や大型産業機器など，出力密度を重視する分野での利用も拡大しつつある。負極合金の希土類フリー化は，今後の大きな課題ではあるが，材料技術の進展には少し時間を要するため，当面は，合金負極の高出力化を追及して，希土類使用量の低減を図るのが有効かと思われる。電池コストも，Wh当たりでなく，W当たりで評価することに価値観を変えることで，省資源化を推進できるのではないだろうか。

文　献

1) 田村英雄監修，上原斎，大角泰章，境哲男編，水素吸蔵合金—基礎から最先端まで—，エヌ・ティー・エス（1998）
2) 境哲男，最新二次電池材料の技術，小久見善八監修，第Ⅱ編第1章ニッケル水素化物電池，シーエムシー出版，p.159（1999）
3) K. Kadir, T. Sakai, I. Uehara, *J. Alloys Compds.*, **257**, 115-121（1997）
4) K. Kadir, T. Sakai, I. Uehara, *J. Alloys Compds.*, **287**, 264-270（1999）

5) K. Kadir, T. Sakai, I. Uehara, *J. Alloys Compds.*, **302**, 112-117 (2000)
6) 境哲男, K. Kadir, 長谷充浩, 竹下博之, 田中秀明, 栗山信宏, 上原斎, 第40回電池討論会講演要旨集, p133 (1999)
7) J. Chen, H. T. Takeshita, H. Tanaka, N. Kuriyama, T. Sakai, I. Uehara, M. Haruta, *J. Alloys Compds.*, **302**, 304-313 (2000)
8) J. Chen, N. Kuriyama, H. T. Takeshita, H. Tanaka, T. Sakai and M. Haruta, *Electrochem. Solid State Lett.*, **3**(6), 249-252 (2000)
9) T. Kohno, H. Yoshida, F. Kawashima, T. Inaba, I. Sakai, M. Yamamoto, M. Kanda, *J. Alloys Compds.*, **311**, L5-L7 (2000)
10) 村田徹行, 曲佳文, 石田潤, 木原勝, 安岡茂和, SANYO TECHNICAL REVIEW, **37**(1), 62-68 (2005)
11) S. Yasuoka, Y. Magari, T. Murata, T. Tanaka, J. Ishida, H. Nakamura, T. Nohma, M. Kihara, Y. Baba and H. Teraoka, J. Power Sources, **156**, 662 (2006)
12) M. Kanemoto, T. Kakeya, T. Ozaki, M. Kuzuhara, M. Watada and T. Sakai, GS Yuasa Technical Report, **3**(1), 20-25 (2006)
13) T. Ozaki, M, Kanemoto, T. Kakeya, Y. Kitano, M. Kuzuhara, M. Watada, S. Tanase and T. Sakai, *J. Alloys Compds*, **446-447**, 620-624 (2007)
14) Y. Kitano, T. Ozaki, M. Kanemoto, M. Komatsu, S. Tanase and T. Sakai, *Mater. Trans.*, **48**(8), 2123-2127 (2007)
15) T. Ozaki, M. Kanemoto, T. Kakeya, Y. Kitano, M. Kuzuhara, M. Watada, S. Tanase and T. Sakai, ITE Letters, **8**(4), B24 (2007)
16) M. Kanemoto, T. Ozaki, Y. Kawabe, M. Kuzuhara, M. Watada, S. Tanase and T. Sakai, GS Yuasa Technical Report, **5**(1), 32-38 (2008)
17) 尾崎哲也, 金本学, 掛谷忠司, 児玉充浩, 奥山良一, 境哲男, マテリアルインテグレーション, **24**(2), 25-31 (2011)
18) M. Kanemoto, T. Ozaki, T. Kakeya, D. Okuda, M. Kodamam and R. Okuyama, GS Yuasa Technical Report, **8**(1), 7-13 (2011)

4.2 自動車用排気浄化触媒と酸化セリウム

花木保成[*]

4.2.1 はじめに

文明の発達した現代社会において，我々はもう自動車なしの生活は考えられない。世界的にみても振興国を中心としたモータリゼーションの高まりを背景に，自動車保有台数の大幅な増加が見込まれている。しかし，その一方で環境問題が世界的な問題となってきており，車がこれらの問題の根源の一つとしてその利用形態が問われている。長期的にみれば，電気自動車や燃料電池自動車などへ移行していくと思われるが，まだまだハイブリッド車を含む内燃機関が動力の中心であり，限られた資源を有効活用しながら環境保全を図っていくために，排気浄化触媒研究が果たすべき役割は非常に大きい。

1960年初頭のカリフォルニアでは，ロサンゼルスでのスモッグ問題を契機にHC（Hydrocarbon，炭化水素）およびCO（一酸化炭素）の大幅な削減を要求した，いわゆるマスキー法案が可決された。さらに，1967年に出されたより厳しいカリフォルニア州大気浄化法（Clean Air Act）は，世界的に環境保全に対する意識を高め，1970年のアメリカ連邦規制（"マスキー法"の法制化）の原動力となった。このマスキー法は，当時未規制状態に近かったガソリン自動車の排気中の汚染物質である，HC，CO，NO_x（窒素酸化物）を90％低減することを目標にしたもので，COとHCに関しては1975年，NO_xに関しては1976年に規制を達成するように決められた。マスキー法における排ガス規制値は極めて厳しく，また，対策期限も限られていたため，自動車排ガス浄化に触媒を利用する技術が一躍脚光を浴びることになった。以来，この規制をクリアする技術として触媒の研究開発が始まり，現在の自動車排気ガス浄化触媒の基礎として今も活き続けている。

自動車に触媒が初めて搭載されたのは1974年で，アメリカの1975年モデル規制あるいは日本の昭和50年規制に対応したものであった。最初に実用化された触媒は，排ガス中のHCとCOを酸素（O_2）と反応させて無害な二酸化炭素（CO_2）と水（H_2O）にする，いわゆる酸化触媒で，触媒の形態はPtやPdのような貴金属をアルミナに担持したペレットタイプであった。

次に登場したのが酸化触媒の機能にNO_xを還元して無害な窒素（N_2）にする機能も併せ持つ三元触媒であった。触媒の形態としては，NO_x還元に有効なRhが新たに使われ，また，助触媒としてセリア（CeO_2）が使われた。この触媒は1977年に実用化され，ここに自動車排ガス触媒の基本技術が確立された。

1980年代後半，欧州排ガス規制に適合するために，低NO_x排出量化技術が達成でき，高速走行時の高温排ガスに耐え，さらに長期にわたって排ガス浄化性能を維持可能な自動車触媒が要求された。耐熱担体とセリアージルコニア助触媒の開発など高性能エンジンに適応した触媒材料技術による開発がこれを解決した。助触媒であったセリウムにジルコニアを固溶させた固溶体触媒が，広く実用化され，セリアージルコニア固溶材料そのものの需要を生み出した。そして，その後も

---

[*] Yasunari Hanaki 日産自動車㈱ 総合研究所 先端材料研究所 主任研究員

第2章 脱・省レアアース（素材・材料）

セリアージルコニア材料の高度な研究開発が行われ、自動車触媒研究で主要な研究課題の一つとなっている。

本稿では、現行の自動車排ガス浄化技術におけるセリア（CeO_2）およびセリアージルコニアの役割について解説するとともに、関連する新材料の開発例についても述べる。

4.2.2 自動車触媒

(1) 自動車と排ガス

ガソリンエンジンを対象とした排ガス規制成分である炭化水素（HC），一酸化炭素（CO），窒素酸化物（NO_x）などの組成は，燃焼方式の他，主に空気と燃料の混合比，残留ガスや排気ガス再循環（EGR）ガス量，点火時期によって決まる。通常，燃焼でのHCは火炎が消失するクエンチ部における未燃焼部分に由来すると言われ，リーンな空燃比ほど濃度は低下するが，極リーンでは失火のためHCは逆に増大する。

COは空燃比の影響が支配的でありエンジン速度，負荷の影響はさほど強くない。NO_xは空燃比と燃焼温度の影響を強く受け，EGR量が多い場合ほど，残留ガス量が多い。低負荷，点火時期遅角側で燃焼温度が低下するため，濃度は低下する。また，NO_x濃度は空燃比16程度で最大となり，そのリッチ，リーン側で低下する。副室を用いるなど燃焼方式を変更することで点火プラグ付近が高温になることを抑制しNO_x生成を低下することもできる。

図1に空燃比に対するHC，CO，NO_x濃度の関係を示した。ガソリンエンジン排気中の汚染物質の濃度は，エンジンの種類・大小に関わらずおおよそA/F（空燃比）により定まる。ここで，Fはエンジン燃焼室に吸入されたガソリンの重量であり，Aは同じく空気の重量である。図中の破線は理論A/Fを示し，この比率のガソリンは理論的に完全燃焼してCO_2とH_2Oになる。ただし，実際のエンジンでは完全燃焼が困難なため，未燃のHC，COと燃焼に伴って高温場でNO_xも生成する。これらHC，CO，NO_xが現在環境問題として取り上げられている汚染源になっているもの

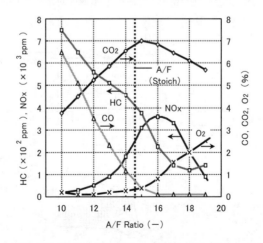

図1　The Concentration of HC, CO and NO_x emitted by a spark-ignited engines function of intake Air-Fuel Ratio

である。

これらの排ガスを化学反応の設計技術と材料技術によって浄化するのが自動車触媒である。地球温暖化をめぐる世界的な環境への要請は強く，燃費および有害ガス排出の面から，各国で厳しい環境規制が実施され，また将来もその強化が予定されている。このような事情から，自動車業界では，排ガス処理技術の高度化に多くの努力を払ってきており，今なお，優れた環境技術として発展し続けている。

(2) 排ガス浄化システム

現在主流の三元触媒システムは，HCとCOの酸化と同時にNO$_x$を還元して浄化するものである。図2には，現在の三元触媒システムの一例を示す。このためには排気ガスを理論空燃比近傍に制御することが必要で，電子式燃料噴射装置とその制御コンピューター，O$_2$センサーなどが組み合わされている。さらに，エンジン本体，点火系，排気系，燃料供給系などあらゆる部分で最適化が図られ，これは低エミッション，低燃費，ドライバビリィティー，動力性能などの多くの要求を最高のバランスで実現できるシステムとして優れている。

三元触媒システムでは，図3に示すように触媒入口ガスを精密に理論空燃比に制御することが必要であり，空燃比制御手段として排ガス中の酸素濃度を測定する酸素センサーを用いたフィードバック法が利用されている。O$_2$センサーは固体電解質の一方の電極を排気側，他方を大気側とする一種の濃度差電池であり，理論空燃比付近で急変する出力特性を持つ。

この出力特性を用い，リッチ側では燃料を減量し，リーン側では増量することで理論空燃比となるようにフィードバック制御する。しかし，O$_2$センサーの出力に若干の遅れがあるため，A/F制御過程での排気組成は理論A/Fを中心に僅かに燃料過剰（リッチ）側と僅かに空気過剰（リーン）側とを1秒程度の周期で変動している。A/F制御条件下におけるA/Fの振れ幅はO$_2$センサーの温度（あるいは時間遅れの特性）により異なるが，A/F単位で0.2程度に収まる。この振れ幅は図3に示したように，三元成分の転化率の高いA/F領域に対応していることがわかる。この領

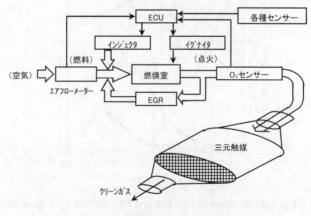

図2　三元触媒システム（一例）

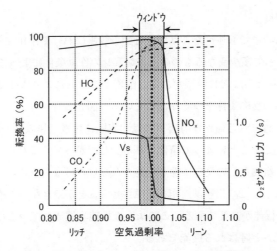

図3　三元触媒の浄化特性とO_2センサー出力特性

域は，通常，"ウィンドウ"もしくは"ウィンドウ・ゲイト"と呼ばれ，三元触媒の特性評価に際し重要な目安となる。最近では，O_2センサーに代り空燃比を連続量として計測できる広域帯空燃比センサー（A/Fセンサー）を用いた空燃比制御技術が開発され，より精密な制御が可能になってきた。

エンジン技術の進歩とともに，触媒システムも進歩し，エンジンとのマッチングやシステム全体の設計に対する新触媒の開発も盛んに行われている。

これら自動車触媒で使用する材料において希土類元素が重要な役割を演じている[1]。とくに，触媒中に含まれるセリウム元素は必要不可欠な材料であり，後に述べるような酸素ストレージ能：OSC（Oxygen Storage capacity）によって，制御系全体の設計にも影響するような大きな役割を持つ。

4.2.3　セリアと酸素ストレージ能

(1) セリアの役割

セリウム材料は，現在では，貴金属と並んで自動車触媒に不可欠な材料となった。

排ガス浄化反応は，エンジンから放出された酸化性ガス（NO, O_2）と還元性ガス（HC, CO, H_2, NH_3）が複雑な酸化・還元反応の連鎖によるため，主たる活性材料である貴金属の他に，各素反応に特有の触媒作用を有する助触媒が考えられてきた。中でも，セリウムをはじめとする希土類金属酸化物は，しばしばそれらの反応を促進する物質として研究されてきた。

これまでの研究から，自動車触媒におけるセリウム元素の主な役割として，①貴金属触媒の耐久性を向上する，②水性ガスシフト反応などの反応を促進する，③酸化雰囲気下では酸素を蓄積し，還元雰囲気下では酸素を放出する"酸素ストレージ能（OSC）"を持つ，などが挙げられる[2~4]。

このうち，酸素ストレージ能（OSC）は，現在のエンジンシステムにおいて非常に重要な役割を果たしている。

(2) 酸素ストレージ能

 排ガス浄化システムの中でも述べたように，自動車触媒における浄化性能の実際的な制御方法は各エンジン設計によって多少異なるものの，エンジンの作動条件によって変動する空燃比（A/F）を一定の狭い幅に抑えることに特徴がある。酸素センサーによりA/Fを保ち，最適の燃焼条件と排ガス浄化のための反応条件をつくりだしている（図3）。

 しかし，排ガス中に含まれる僅かな有害ガスは，実際には貴金属表面や助触媒表面に吸着し，その上で触媒反応を起こすことによって浄化される。したがって，これら一連の素反応は，かなりミクロな空間でガス組成などの反応条件が維持されなければならない。これは，マクロに制御されたA/F値だけでは十分に浄化触媒性能を発揮させることができないため，触媒層自身に，A/F値を制御するような機能が必要である。このような機能を達成しているのが，自動車触媒の酸素ストレージ能（OSC）と呼ばれる機能である。

4.2.4 セリウム酸化物の作用機構

 二酸化セリウムは4価のセリウムイオンよりなる酸化物で，セリウムイオンの価数変動，Ce（4+）→Ce（3+）に伴うレドックス反応により，三酸化二セリウムに変化するとされている。

$$2CeO_2 \rightarrow Ce_2O_3 + O_2 \tag{1}$$

 実際の排ガス浄化触媒上で起こる反応を表1に示す。ここで，酸化反応は本来，酸素過剰下（リーン）で，還元反応は酸素不足下（リッチ）で起こるが，排ガス触媒上ではこれらの素反応は一連の反応として観察され，最終的にCO_2, N_2, H_2Oの生成する反応となる。二酸化セリウムは，酸化反応に対しては酸素を放出し，還元反応に対しては酸素を吸収して，これらの反応をアシストする。排ガスのリッチ・リーン変動による素反応変化は極めて複雑であり，触媒反応の研究として，CO-NO系や，NO-H_2系などさまざまな反応系について，Pt, Rhなど貴金属成分の違いや，セリウムをはじめとする多くの金属酸化物成分を含む助触媒効果が研究されてきた。つまり，触媒反応系でのセリウムの助触媒効果は，実は単純ではない側面もある。いわゆるOSCはこれらの総合的な結果として触媒にあらわれるため，さまざまな観点から研究が進んでおり，最近では，とくにセリウム酸化物の固体状態の面からその成果が多くあらわれるようになった。

 山本らはセリウム―ジルコニウム酸化物の中での酸素の動きを，KEKフォトンファクトリー・アドバンストリング（PF-AR）の「DXAFS（Dispersive＝分散型XAFS）」装置を用いて観察した[5]。実験には，セリウム（Ce）とジルコニウム（Zr）の複合酸化物のナノ粒子を用いた。この複合酸化物は，酸素の吸蔵・放出に伴って，構造が$Ce_2Zr_2O_7$と$Ce_2Zr_2O_8$との間で変化する。酸素の吸蔵・放出過程に伴って，触媒中のセリウムイオンの周りと，ジルコニウムイオンの周りの酸素の動きをDXAFS法で調べた。触媒に酸素が取り込まれるとナノ粒子に含まれるセリウムイオンは一気に酸化される。これは，773Kでは，200ナノメートルのナノ粒子全体が1秒で変化する速さである。一方，近傍に存在するジルコニウムイオンの周りの変化はこれよりずっと遅いことがわかった。セリウムイオンとジルコニウムイオンの周りで，酸素の吸蔵・放出の速さが異なる

第2章 脱・省レアアース（素材・材料）

表1 自動車触媒上での主な反応

$2CO + O_2 \rightarrow 2CO_2$
$2H_2 + O_2 \rightarrow 2H_2O$
$C_mH_n + (m+n/4)O_2 \rightarrow H_2O + CO_2$
$2NO + O_2 \rightarrow 2NO_2$
$2CO + 2NO \rightarrow N_2 + 2CO_2$
$2H_2 + 2NO \rightarrow N_2 + 2H_2O$
$C_mH_n + 2(m+n/4)NO \rightarrow (m+n/4)N_2 + n/2H_2O + mCO_2$
$CO + H_2O \rightarrow CO_2 + H_2$
$C_mH_n + 2mH_2O \rightarrow mCO_2 + (m+n/2)H_2$
$2NO + H_2 \rightarrow N_2O + H_2O$
$2NO + CO \rightarrow N_2O + CO_2$
$2NO + 5H_2 \rightarrow 2NH_3 + 2H_2O$
$2NO + 5CO + 3H_2 \rightarrow 2NH_3 + 5CO_2$
$NO + (C_mH_n) \rightarrow N_2 + H_2O + CO_2 + NH_3$
$2N_2O \rightarrow 2N_2 + O_2$
$2NH_3 \rightarrow N_2 + 3H_2$

ことを明らかにした。

　また，八島らは，高温中性子回折データを精密解析によって，セリウム―ジルコニウム酸化物の不規則構造を可視化し，セリウム―ジルコニウム酸化物の高い触媒活性の要因の一つが不規則構造によるものであることを明らかにした[6]。X線の代わりに中性子線を用い，さらに，最高1550℃という高温で中性子回折測定を行うことによって，酸素イオンの分布を観測した。得られたデータを情報理論による最大エントロピー法と結晶構造解析手法の一つであるリーベルト法を組み合わせた解析を行い，結晶構造内の酸素イオンの複雑な分布を導き出し可視化した。その結果，セリウム―ジルコニウム酸化物の高い触媒活性の要因の一つが不規則構造によるものであることを明らかにした。

　このように，結晶構造，表面活性サイト，貴金属との相互作用，反応中間体など，触媒と材料の観点からも，多くの研究が続けられている。

4.2.5　セリア系材料の今後

　自動車触媒において，OSC機能は必要不可欠であり，その機能を担うセリウムは自動車触媒の主要材料として注目されている。また，近年では，ディーゼルエンジンから排出されるパティキュレート燃焼触媒などいろいろな形でも応用され，触媒の設計に利用されている。

　また，すでに詳細な研究開発が進んでいるセリウム―ジルコニウム系でも，酸化物の構造，組成，複合化方法，活性酸素種の挙動，耐熱性などの耐久性など，今なお多くの研究がなされている。

レアアースの最新技術動向と資源戦略

　昨今では，世界的にレアアースの価格が上昇する中，セリウムも価格高騰が課題となっている。セリウム―ジルコニウム酸化物の微細化技術による高性能化や遷移元素などを用いた代替素材による酸化セリウムの使用量削減，あるいは，リサイクル技術開発など，サステナブルな社会を築いていく上で終わりはない。課題も多いが，将来はレアアース，レアメタルといった希少金属の使用量を大幅に低減した自動車触媒も実現可能になるものと考える。

文　　献

1) C. K. Narula, J. E. Allison, D. R. Bauer, H. S. Gandhi, *Chem. Mater.*, **8**, 984-1003（1996）
2) 曽布川英夫, 足立吟也編著, 「希土類の科学」, 化学同人, p755-764（1999）
3) A. Trovarelli, Catal. Rev. Sci. Eng., **38**, 439-520（1996）
4) J. Kaspar, P. Fornasiero, M. Graziani, *Catal. Today*, **50**, 285-298（1999）
5) T. Yamamoto, A. Suzuki, Y. Nagai, T. Tanabe, F. Dong, Y. Inada, M. Nomura, M. Tada, Y. Iwasawa, *Angew. Chem. Int. Ed.*, **46**, 9253-9256（2007）
6) T. Wakita, M. Yashima, *Appl. Phys. Lett.*, **92**, 101921-1-101921-3（2008）

第3章　回収技術

1　市中廃棄物からのレアアース元素のリサイクルシステム

中村　崇*

1.1　はじめに

レアアース元素を含むレアメタルが我が国において未だ優位性を保っている工業製品を作るために直接，間接的に使用され，その供給がそれらの工業製品を製造する際の律速になる可能性があることが近年の中国によるレアアース元素輸出規制により認識された。したがって，その確保に向けて多方面から対策が打たれている。我が国の資源政策を担う経済産業省資源エネルギー庁に設置されている総合資源エネルギー調査会鉱業分科会において4つの対策が挙げられている[1]。

① 探鉱開発の推進：レアメタル探査の強化を中心とした海外資源の確保
② リサイクルの推進：いわゆる都市鉱山の開発
③ 代替材料開発：特殊な希少金属を使用しなくても機能を出現させる材料の開発
④ レアメタル備蓄

この中で最近小型家電の収集に関して機運が盛り上がっている。レアアース元素に限れば，当然その取り扱い量の少なさから市中廃棄物からの回収は考慮外であった。しかしながら，希土類元素の逼迫は，その状況を変えつつある。本節は，未だ完成していないが我が国のレアアース元素リサイクルシステムについて現状を整理したものである。

1.2　レアアース含有製品リサイクルの社会システム

金属天然資源は現在の経済原理の中で採取可能と判断されたものが資源とみなされるのであるから「天然資源がこのような特性を持っている」という言い方はおかしく，「このような特性を持ったものを発見して天然資源とみなしている」のが現実である。よくリサイクルは経済合理性がないと指摘されるが，現在検討されているリサイクルが必ずしも経済合理性を持ったものを対象としていないからである。だからこそ，家電リサイクル法など国による個別リサイクル法が制定されている。経済合理性を得ない理由の一つは収集量の不足で，経済合理性のある大量生産システムに投入できないことである。本来工業製品の中にレアアース元素は非常にわずかしか含まれていない。したがって，一箇所に大量に集めることは容易ではない。この解決のためには，繰り返しになるが，対象となるレアアース含有副生物，廃棄物の一時期保管（Reserve），蓄積を行い，将来の原料（Stock）とすることが必要である[2]。特に生産量，使用量共に桁違いに少ないレアメタル，レアアース元素ではこの考え方は決定的である。非常に定性的であるが，レアメタルが資

---

*　Takashi Nakamura　東北大学　多元物質科学研究所　教授

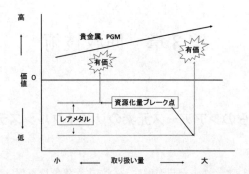

図1　金属リサイクルにおける経済価値と収集量の関係

源性を持つことと量の関係を図1に示す。貴金属は，単位重量あたりが非常に高価なので，古くから回収システムが確立されており，少量でも回収・リサイクルされている。一方ほぼそれに近いか準ずる単価のレアメタルでも回収システムが整っておらず，資源化のためにはある一定量の確保が必要である。したがって，図中に示すように有償化ブレークポイントが存在し，それ以上の量が集まれば突然有償となり，資源価値を持つ。もちろん有償化ブレークポイントは，レアメタルの種類，基本的にはその価格に依存する。高価なレアメタルは，少ない量でも有償化ブレークポイントを越すことが可能である。また，そのときに単に価格のみならず，そのレアメタルがどのような製法で製造されているかも大きく影響する。具体的には従来の非鉄製錬プロセスで副生されているレアメタルでは，価格が安くともすでに資源化プロセスの一部が存在しており，前述の処理量の問題が小さくなり，有償化ブレークポイントも小さくなる。レアアース元素に関しては，リサイクルまで中国依存であったためにシステムは存在せず，したがって技術も幼い。その結果，有償化ブレークポイントも大きくなる。そのためにますます技術が伴わなくなるという悪循環が起る。

　できるだけ収集に大きなコストがかからないシステムを作ることが重要である。人件費が高い我が国では，収集コストが高くなる傾向にあるが，できるだけ輸送の効率を高め，収集コストの低減を図ることが肝要である。特にスクラップや廃棄物からの資源化を目指す場合，収集個所が分散し，資源としてもっとも効率が悪い形で排出されることを考えると収集技術が重要となる。この場合，当然であるがシステムと対応していなくてはまったく意味がなく，いわゆるレアアースリサイクルが戦略としての社会システム優先と言われるのはこのためである。また，この収集に関しては，廃棄物処理法の存在が大きい。この点は，後ほど小型廃電気・電子機器の収集プロジェクトの項で述べる。

1.3　小型廃電気・電気機器のリサイクル

　最近小型廃電子機器（特に廃携帯電話）が注目され，国のプロジェクトとして複数の自治体で収集試験が行われている。基本としてレアアース元素を対象とするリサイクルでは，「廃製品の収

第3章　回収技術

集とそこからレアメタル含有部品の選択的分離，かつその後は，部品もしくは中間製品としての保管（Reserve）をしなくてはならない」ことが重要である。この理由は前述の通りである。環境省と経済産業省の合同プロジェクトとして2008年から2010年まで秋田県，茨城県，東京都，名古屋市（津島市も含む），京都市，福岡県，水俣市で試験が行われた[3]。それぞれ，各自治体によって特徴ある収集対象と方法をとっているが，多くの場合，回収ボックスの設置と収集ステーションが中心で，それに自治体中心のイベントでの収集法がとられる。廃製品の収集量は必ずしも多いとは言えないが，一定の量は収集できる。ただ，新しく2009年から始めた東京都，名古屋市（津島市も含む），京都市の大都市では，人口のわりに収集量が伸びていない。このような取り組みには住民への周知に時間が必要であることがわかる。国のプロジェクトとしての試験は2010年で終了し，経済性を含めた収集システムのあり方について最終的な評価を行い，報告されている[3]。その中で行われた先行3地域の廃小型電気・電子機器の回収台数原単位および排出ポテンシャルと回収ポテンシャルを表1に示す。これから対象物に大きく依存するが，全体を平均して概して回収ポテンシャルが決して大きくなく，いかに回収が難しいかわかる。現在，環境省中央環境審議会廃棄物・リサイクル部会小型電気電子機器リサイクル制度および使用済製品中の有用金属の再生利用に関する小委員会が設置され，新たな枠組みが検討中である[4]。

また，この回収試験でもレアアースを特に絞り込んで検討はなされていない。当然であるが，いかに都市鉱山と言っても小型廃電子機器に使用されているレアアース元素の量は非常に少ない。目立ったものとしては，携帯電話の振動モーターやハードディスクのボイスコイルモーターに使用されているNd-Fe-B系磁石中のNdやDyくらいである。後は，蛍光灯に使用されるわずかなEuなどであるが，最近はバックライトにLEDが使用されるようになって来ているので，これもどのようになるのか必ずしも明確でない。現在，市中スクラップからのレアアース元素の回収はとても経済合理性ができる状態にない。しかしながら，Nd-Fe-B系磁石に注目すれば，家電リサイクル法の下で回収されるエアコンや冷蔵庫やごく一部ではあるが，洗濯機にも使用されており，いずれ回収の必要がある。Nd-Fe-B系磁石の回収対象物の概略をあらわしたものを図2に示す。上記のものに加え，電気自動車やハイブリッドカーのモーター，一部には普通自動車のパワーハンドル起動用などにも使用されている。それらもいずれは，回収の対象である。この場合，難しいのは，それぞれ別のリサイクル法で回収される廃製品であり，それらは特に義務化されているわけではない。家電リサイクル法では，指定品目毎に重量ベースで再資源化が義務づけられているだけであり，自動車リサイクル法も似たような状況である。例えば，自動車を例にとって考えてみる。リサイクル法があるので，それなりの解体が行われ，有価な部品は当然回収される。ハイブリッド車のモーターも磁石の状態で取り出せたら有価と思われるが，それが分解コストに見合うかどうかは，不明である。その他に全体量としてはモーターほどではないが，廃製品からの排出で一度に大量に発生する製品として医療用MRIがある。この場合，回収システムとしては単なる産業廃棄物からの回収となる。小型廃電子機器については，現在検討中でまだ結論は出ていない。この状況の中で本気で市中スクラップからのレアアース回収を考えるなら各種個別リサイ

レアアースの最新技術動向と資源戦略

表1　先行3地域の回収台数原単位および排出ポテンシャルと回収ポテンシャル

モデル事業実施地域	回収台数原単位 個／1,000人・月			回収ポテンシャル 個／年	排出ポテンシャル 個／年	比率（回収ポテンシャル（最大値）／排出ポテンシャル）
	秋田	茨城	福岡			
リモコン	0.61	—	4.57	7,096,000	—	—
携帯電話	0.77	2.81	4.46	6,919,000	54,860,000	12.6%
ケーブル	4.04	—	—	6,270,000	—	—
ACアダプタ	1.37	3.46	—	5,364,000	—	—
回路基板	1.34	—	—	2,074,000	—	—
電卓	0.18	0.76	1.04	1,611,000	9,544,000	16.9%
ゲーム機	—	0.78	0.57	879,000	7,793,000	11.3%
携帯音楽プレーヤー	—	0.36	0.42	657,000	3,388,000	19.4%
デジタルカメラ	—	0.23	0.33	511,000	30,143,000	1.7%
ワープロ	—	0.30	—	472,000	—	—
アダプター・ケーブル器具部品	0.30	—	—	462,000	—	—
HDD（ハードディスク）	0.21	—	0.28	438,000	24,200,000	1.8%
携帯用ラジオ	—	—	0.25	387,000	—	—
マウス	0.23	—	—	359,000	—	—
電子手帳	—	0.22	—	341,000	—	—
ビデオデッキ	0.20	—	—	303,000	—	—
オーディオプレーヤー・レコーダー	0.20	—	—	303,000	—	—
メモリー・メモリーカード	0.18	—	—	274,000	—	—
電話機子機	0.17	—	—	269,000	—	—
ラジカセ	0.17	—	—	262,000	—	—
電子辞書	—	—	0.17	257,000	2,163,000	11.9%
プリンター	0.09	—	—	147,000	—	—
カーナビ	—	0.09	—	139,000	2,409,000	5.8%
電話機	0.09	—	—	135,000	—	—
ビデオカメラ	—	0.03	0.07	103,000	10,625,000	1.0%
携帯テレビ	—	—	0.04	58,000	—	—
DVDプレーヤー	—	—	0.03	49,000	7,873,000	0.6%

クル法を横断した特別な回収システム（法律も含む）が必要である。その点を明確にするためには，どの状態ならどのくらいでだれが引き取ってくれるかを明らかにしないとだれも回収しないで鉄スクラップに流れることになる。解体にはそれなりに時間と手間がかかり，さらに消磁しないとハンドリングできない。したがって，それを推進するための一つの方策として，レアアース元素の売買の場所を透明化し，オープンにする努力も必要となる。明確なマーケットを作ってあげれば，どのくらいのコストで分解・回収すれば経済合理性があるのかがわかり，初めてターゲットを決めた技術開発が行われる。

また，CeO_2も自動車の排ガス触媒中に助触媒として使用されており，触媒中のPGM回収のつ

第3章　回収技術

NMR用磁石
大型であるから消磁後，取り出して研削後別に整形し，着磁して使用

モーターの磁石
消磁後取り出して一部は，そのまま磁石材料へ

いずれにしても切削屑など素材のもどすべき部分が生じる

ボイスコイルモーター
小さいので素材としてリサイクル

図2　Nd-Fe-B系磁石の用途とその廃製品からのリサイクルの考え方の例

いでに回収が可能かもしれない。2011年春の現在，CeO_2はこれまでと異なるように高価格になっており，この価格が継続すれば，十分に廃ガス触媒からの回収も経済合理性があると思われる。ただし，CeO_2の場合は，世界中で一つでも中国以外の国で鉱山開発が行われて，分離精製が進むと一度に大暴落しかねず，判断が難しい。

　市中から回収可能なその他のレアアース元素は，蛍光灯に使用されているEu,Yなどである。この場合，決め手は非常にわずかに含まれている水銀である。水銀が含まれているために蛍光灯はどこにでも廃棄できず，決まった場所で回収される。つまり集まりやすいことになる。ただ問題は，一つの蛍光灯に含有される量が非常に少ないことである。大きさにもよるが数mgからせいぜい数十mgである。現在，蛍光灯リサイクルは各地で行われているが，水銀の回収は義務であるが，レアアースの回収はほとんど行われていない。日本で最大の蛍光灯回収を行っていると思われる北海道イトムカにある野村興産においてもまだ回収して保管しているだけで，完全リサイクルは行われていない。これも早く買取のシステムを作るべきかと思われる。ただ，全国から集めても一つの再生工場があれば十分な量であると予想されるので，十分な議論が必要である。

1.4　まとめ

　レアメタルそのものが世の中で市民権を得たが，だからこそレアメタルであればなんでも重要であることもないことが認識され，政府部内では「戦略レアメタル」との言葉が使用されるようになった。そのこと自体当然と言える。ただ，その戦略性をどのように考えるかは，人によって大きく異なる。最近の中国のレアアース元素の輸出枠の設定で，毎年のように日本に対する輸出割り当てが減少している状況では，レアアース元素の確保は重要である。

　本節は，レアアース元素の市中スクラップからの回収に関してまとめたものであるが，何度も記述しているようにレアアース元素は市中からの回収だけではまったく経済合理性がない。磁石の製造工程内スクラップや研削スラッジなどもまとめて処理して初めて，現実的なリサイクルが推進される。

レアアースの最新技術動向と資源戦略

　リサイクルを推進し，環境的な配慮を行っていくとともに，我が国の産業を支える資源の確保を行おうということに対しては総論として反対はないと考える．今後，各論としてそれを経済的にも許容できる範囲で実施するための議論が必要である．社会が時々刻々と変化していることを考えると，現在までの廃棄物からたまたまできるものだけをピックアップしてくるという考えではなく，包括的な資源戦略も考慮し，金属資源をどのようにしてリサイクルしていくかから考えることが必要である．さらに，経済性や制度面も今後とも多くの意見を聞きながら実効性のあるものとしていきたい．これは，廃棄物回収の社会システムのパラダイム変化を含むものであり，我が国の産業構造を見直すきっかけになるものと考えている．

文　　　献

1) 平成20年度　総合資源エネルギー調査会鉱業分科会　資料（2008）
2) 白鳥寿一，中村崇，資源と素材，**122**, 325（2006）
3) 廃小型電気・電子機器回収試験結果報告　環境省ホームページ, http://www.env.go.jp/recycle/recycling/raremetals/conf_ruca.html
4) 環境省中央環境審議会廃棄物・リサイクル部会小型電気電子機器リサイクル制度及び使用済製品中の有用金属の再生利用に関する小委員会http://www.env.go.jp/council/03 haiki/yoshi03-24.html

2 (工場内) 磁石廃材の湿式リサイクル技術

小山和也[*1], 田中幹也[*2]

2.1 はじめに

代表的な希土類磁石であるネオジム—鉄—ホウ素系磁石（ネオジム磁石）は，ハードディスクや各種モーターとして自動車に搭載されるなど，今日の我々の生活には欠くことのできないものとなっている。ネオジム磁石にはネオジムが20から25％程度含まれるほか，希土類金属の中でも特に希少価値の高い重希土元素であるジスプロシウムが数％含まれており，希土類資源を輸入に頼っている我が国にとってネオジム磁石からの希土類金属リサイクルの確立は重要な課題である。

リサイクルの対象となりうる廃磁石は大きく2つに分けられる。一つは磁石製造工程の諸工程で発生する工場内廃材であり，他方は製品中に組み込まれた磁石が，いったん市中に出て廃棄された市中廃材である。工場内廃材は切削加工工程等から排出される粉末状のもののほかに固形状のものがある。いずれも現在90％以上がリサイクルされている[1]。これに対し市中廃材はほとんどがリサイクルされておらず，現在リサイクル技術の研究・開発が行われている。市中廃材の場合，回収システムが確立されていないこと，種々の不純物を含むこと，および組成が一定でないことなどが処理を複雑にする要因となっている。ここでは，湿式法による磁石からの希土類の分離・回収について，基礎的な実験結果をまじえて解説する。なお，以下では焙焼についても述べているが，浸出および溶媒抽出という湿式法による分離のための前処理と位置づけ，湿式法の中で説明することとする。

2.2 鉄の不溶化と選択浸出

ネオジム磁石の主要元素であるネオジム，ジスプロシウム，鉄はいずれも卑な金属であるため，酸を用いて溶解させることは比較的容易である。しかしながら，重量比60％以上も含まれる鉄を溶解させた場合，それにかかる薬剤の使用量および鉄含有水溶液の処理が課題である。例えば1トンのネオジム磁石（$Nd_2Fe_{14}B$）中の鉄およびネオジムを3価のイオンとして浸出するために必要な酸の量は反応式(1)，(2)より求められる。表1はネオジムならびに鉄に対するそれぞれの酸の消費量を示す。（鉄は酸素により酸化され，Fe^{3+}とした）

$$Nd + 3H^+ = Nd^{3+} + \frac{3}{2}H_2 \tag{1}$$

$$Fe + \frac{3}{4}O_2 + 3H^+ = Fe^{3+} + \frac{3}{2}H_2O \tag{2}$$

表1より明らかなように，鉄の浸出にはネオジムに比べ多量の酸が必要である。さらに，鉄は排水処理工程で除去する必要があり，上記の溶液を中和処理する場合に必要な薬剤はNaOHの場

---

*1 Kazuya Koyama ㈱産業技術総合研究所　環境管理技術研究部門　主任研究員
*2 Mikiya Tanaka ㈱産業技術総合研究所　環境管理技術研究部門　主幹研究員

表1　$Nd_2Fe_{14}B$　1トンあたりのネオジムおよび鉄を溶解させるために必要な酸の量

	HCl	HNO_3	H_2SO_4
Nd	202	350	272
Fe	1420	2450	1900

(unit: kg)

合には1550 kg，CaOの場合には1090 kgにも達する。以上のことから，鉄を全量浸出させることは薬剤消費の観点からは効果的とは言えず，鉄を浸出させずに希土類成分を浸出させる選択浸出が有効と考えられる。

　浸出段階における選択性を検討する場合，電位-pH図の活用は有効な方法の一つである。図1は，25℃における$Fe-H_2O$系ならびに$Nd-H_2O$系の電位-pH図を重ね合わせた図である。図中の実線および破線はそれぞれ鉄系およびネオジム系を表す。図中の灰色の部分はネオジムはNd^{3+}のイオンとして，かつ，鉄はFe_2O_3として安定に存在する領域である。つまり，ネオジムは浸出するものの鉄は浸出しない領域を表し，選択浸出の条件を示す領域である。なお，ネオジム磁石に含有されるジスプロシウムは図中ではネオジムと同様の傾向を示す。

　選択浸出の方法として，上述の灰色を示す領域のpHになるように保持した水溶液に磁石粉を加え，空気または酸素を導入する方法が報告されている[3,4]。この方法では酸素が導入されることにより鉄を3価の状態にして水溶液中において不溶化し，一方希土類元素は可溶化させている。ほかの方法として磁石粉を空気中で焙焼し，鉄および希土類元素を酸化物にした後，希土類元素のみを水溶液に溶解させる方法があげられる[5~7]。焙焼実験から500℃以上の温度で酸化焙焼したところFe_2O_3が生成することがわかった。浸出結果の一例として500℃において焙焼した試料を用いバッチ型試験により塩酸水溶液におけるネオジム，ジスプロシウムおよび鉄の浸出率を表2に示す。酸濃度が高い場合には希土類元素はもとより鉄も浸出され，選択浸出とは言えない。また，酸濃度が低すぎる場合にはネオジムの浸出率は低い。これはネオジムが溶解するのに必要な水素

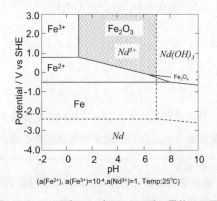

図1　$Fe-H_2O$系および$Nd-H_2O$系の電位-pH図[2]

第3章　回収技術

表2　ネオジム，ジスプロシウムおよび鉄の浸出率
（焙焼：酸素雰囲気，焙焼温度：500℃，保持時間：1時間，浸出温度：60℃，浸出時間：24時間）

		Nd /%	Dy /%	Fe /%
0.001 mol/dm^3	HCl	15.8	13.1	1.2
0.01 mol/dm^3	HCl	96.4	96.1	14.0
0.1 mol/dm^3	HCl	>99	>99	>99

イオン量が不足するためである。しかしながら適切な酸濃度の場合には鉄の浸出が抑制され，ネオジムの浸出率が高くなる傾向を示すことがわかった。なお，焙焼温度を高くした場合，鉄の浸出率はより低くなる傾向が見られた。以上のことから，酸化焙焼および浸出を組み合わせることにより希土類の選択的な浸出が可能であることがわかった。

2.3　溶媒抽出によるネオジムとジスプロシウムの分離

　希土類元素の相互分離は，互いに化学的性質が似ていることから高度な技術が求められる。例えば希土類鉱石は，湿式製錬法によって各元素に分離されるが，その中核を担うのが溶媒抽出技術である。溶媒抽出法は互いに混ざらない2種類の溶媒中への溶質の種類による分配の違いを利用し，分離する方法である。分離前の希土類元素は水溶液に溶解しているため，水溶液と混ざり合わない有機溶媒を用い，目的とする元素を有機相に抽出する。ここで有機相には抽出剤と呼ばれる特定の元素と反応し有機相に抽出する薬剤をあらかじめ加えておく必要がある。用いる抽出剤および水溶液系により分離係数（水相に対する有機相中の元素の濃度比で表される分配比を用い，2元素の分配比の比で表される係数である。分離係数が大きいほど分離が容易であり，1に近いほど分離が困難とされる）は異なるが隣接する希土類元素間の分離係数の多くは10以下であり，分離が容易でないことがうかがえる。しかしながら，この中でもD2EHPA(bis-2-ethylhexylphosphoric acid）やPC88A（EHPNA：2-ethylhexylphosphonic acid mono-2-ethylhexyl ester）などの酸性有機リン化合物を抽出剤に用いた場合には比較的分離係数が大きく，鉱石からの相互分離に用いられることが多い。

　希土類磁石に含まれるネオジムとジスプロシウムは原子番号がそれぞれ60および66であり，この間には（Pm），Sm，Eu，Gd，Tbがある。したがって上述の隣接元素に比べれば相互分離は容易であると推測される。図2は異なる抽出剤を用いた場合のネオジム，ジスプロシウムおよび鉄（Ⅲ）の抽出率におよぼすpHの影響を示したものである。3種の抽出剤による各金属イオンの抽出能力を比較すると，D2EHPA＞PC88A＞Cyanex272の順で低くなっていくことがわかる。溶液のpH調整の容易さや逆抽出のしやすさを考慮すると3種の中ではPC88Aが優れていると考えられる。この場合，分離係数はpHにも依存するが200から500の値が得られた。鉄（Ⅲ）はいずれの抽出剤を用いても低いpHで抽出されることから，水溶液にはできる限り含まれないほうが望ましいと言える。そのためにも希土類の分離工程の前に鉄を除去しておく必要がある。なお，磁石

にはプラセオジムが含まれているものもある。プラセオジムはネオジムに近い抽出挙動をとることから、ジスプロシウムとの分離はネオジムの場合と同様である。しかしながらネオジムとプラセオジムとの分離係数は2以下の値が報告されており[8]両者の分離には多くの工程を要する。効率的な分離法の開発は今後の課題である。また、これらの抽出剤ではニッケルおよびホウ素の抽出は全く認められなかった。今回使用した抽出剤の場合、ニッケルはさらに高いpHでしか抽出されないことはよく知られている。またホウ素は、水溶液中で中性または陰イオン種として存在しており、今回使用したような陽イオン交換剤には抽出されないことは理解できる。

以上のことから、(工場内)磁石廃材から希土類元素を湿式法により分離するには一例として図3に示すフローシートが考えられる。

① 希土類磁石を焼成し、酸浸出することにより、鉄は酸化鉄として残渣に残し、希土類金属のみを高効率で溶解する。

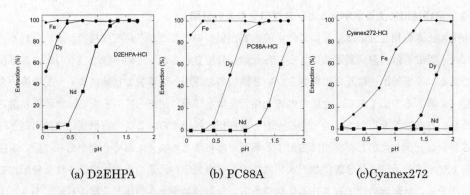

図2　各抽出剤による塩化物系水溶液からの各元素の抽出におよぼすpHの影響

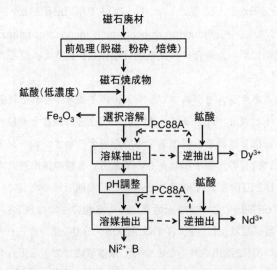

図3　磁石廃材からのネオジムおよびジスプロシウムの分離プロセスの一例

第 3 章　回収技術

② 例えばPC88Aを用い，pHが1付近でまずジスプロシウムのみを選択的に抽出し，抽残液に対して，同様にPC88Aを用いてネオジムを抽出。それぞれ抽出後の有機相は強酸と接触させることによりジスプロシウムおよびネオジムを逆抽出する。

2.4　まとめ

ここでは，希土類磁石のリサイクルプロセスとして湿式法を適用したプロセスについて基礎的な実験を行った結果をもとに述べた。ネオジム系の希土類磁石の場合ネオジムはもとより資源の偏在が懸念されているジスプロシウムの回収が求められている。湿式法では60％以上である鉄を効率的に分離することが重要である。全量溶解することは比較的容易であるが，鉄により消費される酸および排水処理のために使用されるアルカリの量が課題となる。結果からは酸化焙焼し鉄および希土類を酸化物にすることにより鉄の浸出を抑制できることが示唆された。また，溶媒抽出においては酸性有機リン化合物の抽出剤を使用することによりネオジムとジスプロシウムの分離の可能性を示した。

中国における希土類元素生産にまつわる最近の動きや，我が国の海外希土類鉱山の開発動向を考えると，リサイクルの重要性は今後ともますます高くなっていくものと考えられる。湿式法は，きめの細かい分離を比較的容易に行うことが可能であり，その意味で，希土類元素について，相互分離や不純物元素からの分離に適した技術である。予備処理としての焙焼も含め，浸出，溶媒抽出，沈殿などからなる湿式技術を駆使したプロセスの開発・高度化に期待がかかる。筆者らもそのような研究開発を通じて，我が国の希土類元素安定供給体制の構築に貢献していきたい。

文　　献

1) 貴金属・レアメタルのリサイクル技術集成，p.449，エヌ・ティー・エス（2007）
2) M. Pourbaix, Atlas of Electrochemical Equilibria in Aqueous Solutions, p.183, 307, Pergamon Press（1966）
3) 特開平5-287405
4) 特開平9-217132
5) 特開62-83433
6) 小山和也，田中幹也，資源・素材学会秋季大会要旨，B3-8（2009）
7) 小山和也，田中幹也，第28回希土類討論会要旨集，36（2011）
8) 足立吟也編者，希土類の科学，化学同人，p.194（1999）

3　希土類磁石廃材の乾式リサイクル技術

伊東正浩*

3.1　はじめに

　Nd-Fe-B系焼結磁石は，従来のフェライトやアルニコ磁石などに比較して格段に優れた磁石特性を有することから，それ自体の価格は高いものの，小型電子機器から自動車まで多岐にわたり利用されている。図1にNd-Fe-B系焼結磁石の国内生産量と用途内訳の年毎の変遷を示す。Nd-Fe-B系希土類磁石の主な用途は，ハードディスクドライブ用のボイスコイルモータ（VCM），各種の産業用モータ，磁気共鳴画像診断（MRI）用の磁場発生源などが主となっている。1995年の磁石生産量は約2,300トンで，VCMとしての利用が全体の約60％を占めていたが，2008年では生産量は約11,000トンと大幅に増加し，また，用途についても，産業用モータとしての需要が増大し，これが全体のおおよそ半分を占めるまでになっている[1,2]。生産量そのものの増加から考えて，VCMやMRI用途での使用量にそれほど変化はないものの，産業用モータは，年々その使用量が増加の傾向にあり，近年の省エネルギーに関する規制や環境保全への関心から，我々の生活にとってNd-Fe-B系焼結磁石が非常に重要な材料となっていることが窺える。このような産業用モータとしての利用で問題となるのは，モータ回転時に発生する渦電流により磁石温度が上昇し，この昇熱により磁化が減少することでモータ特性の低下を招くことである。熱減磁の抑制には，磁石の安定性の指標となる保磁力を増加させることが効果的であり，NdをDyやTbで一部置換することで磁気異方性を向上させた高保磁力型の磁石が利用されている。ここで，Nd，Dy，Tbは希土類と呼ばれる元素であり，中国が世界最大の産出国となっている。軽希土であるNdは地殻中に28ppm存在し，それほど稀な元素ではないものの，Dy，Tbなどの重希土は埋蔵量が非常に少なく，現在のところ中国華南地帯のイオン吸着鉱床からの供給にほぼ限定されている[3]。図2は，ここ最近（2011年5月現在）のNd，Dy，Tb金属の価格推移を示したものであるが，中国政府が輸

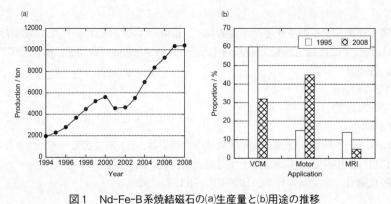

図1　Nd-Fe-B系焼結磁石の(a)生産量と(b)用途の推移

＊　Masahiro Itoh　大阪大学　大学院工学研究科　応用化学専攻　助教

第3章　回収技術

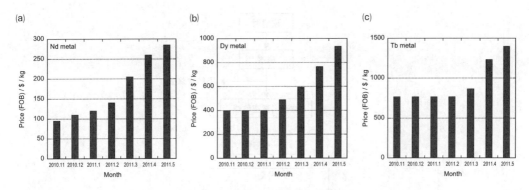

図2　希土類金属（FOB）の価格推移
(a)Nd, (b)Dy, (c)Tb

出規制により希土類資源の管理を強化していることや，世界的にも希土類の需要も増加していることから，希土類金属の価格は半年前に比べて2～3倍の上昇を見せている。希土類資源の長期的な安定確保は，我が国の産業の継続的な発展にとって非常に重要な課題となることから，近年では，希土類資源の3R（Reduce, Reuse, Recycle）に関する研究が活発化している。本節では，ハイブリッド自動車などの普及により，今後も生産量のさらなる増加が見込まれるNd-Fe-B系焼結磁石の低環境負荷な乾式リサイクルプロセスについて最近の開発動向を紹介する。

3.2　工程内スクラップの乾式リサイクル技術

　Nd-Fe-B系焼結磁石の製造工程は，磁石原料の溶解，合金の粉砕，磁場中成形，焼結，切削加工，表面防錆処理，着磁からなっている。上述のとおり製造プロセスが多段にわたり煩雑なことから，性能不良，割れ・欠けなどによるバルクスクラップが工程内で発生し，また，焼結後に切削により要求の寸法に合わせる必要があることから多量の研磨屑も発生するなど，製造の歩留まりは低く，原料のうち6～7割しか最終製品にならない。ただし，製造工程において発生するスクラップについては，回収・分別がそれほど困難ではなく，これを希土類鉱石として考えるならば，不純物の極めて少ない高品位な原料と見なすことができる。スクラップの大部分を占める研磨屑には，切削工程において，工具からの不純物や油・水が混入することから，通常は，原料鉱石と同様に湿式プロセスにより希土類成分の再抽出が行われている[1]。しかしながら，湿式プロセスによるリサイクルは，酸浸出，溶媒抽出などの多段プロセスを経る必要があり，多量の廃液が発生することから，これに代わる環境負荷の低い乾式リサイクルプロセスの構築が望まれている。

　廣田ら[4~6]は，スクラップの大部分を占める上記の研磨屑について，アーク溶解を用いたスラグ分離法を報告している。図3にその作業工程を示す。磁選により研磨屑から不純物を除去し，濾過，真空乾燥を行った後，非消耗型アーク炉にて溶解する。アーク溶解時に合金相に比べて比重の軽いスラグ相が上部に浮遊することで分離回収が可能となる。回収スラグのXRD測定から大部

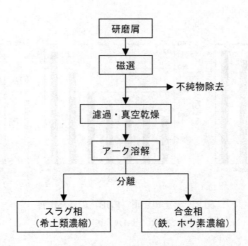

図3 スラグ分離によるNd-Fe-B系焼結磁石研磨屑からの希土類回収プロセス

分が希土類の酸化物であることが確認され，また，組成分析の結果，スラグ中に87 wt％の希土類が捕集されることがわかっている。これは，希土類元素の酸素との高い親和性に基づくものであり，研磨屑中の酸素が優先的に希土類と反応し酸化物を形成することによるものと考えられる。このスラグ相をさらに溶解して希土類成分のスラグ相への濃縮を検討した結果，約70 wt％の回収率が得られることが確認されている。さらに，炭素分析の結果から，研磨屑バージンでは約0.7 wt％の炭素が含まれていたのに対して，スラグ相のそれは0.1 wt％程度となり，アーク溶解中に炭素成分が合金中に移動することも明らかとなっている。また，アーク溶解の際に，Nd金属屑を添加することで回収率はさらに改善され，95 wt％以上の希土類を捕集可能となり，さらに，希土類フッ化物を添加した場合では，スラグ相と合金相との分離がさらに容易となることで，97 wt％以上の希土類が回収可能であることも報告されている。

　一方で，筆者らの研究グループでは，Ni精錬に利用されるモンド法でも知られるように，遷移金属と一酸化炭素との反応によりカルボニル錯体が形成されることに着目し，研磨屑と一酸化炭素との反応による研磨屑からの鉄成分の抽出，すなわち，希土類成分との分離を検討した[7]。結果を図4に示す。研磨屑スクラップの主相である$Nd_2Fe_{14}B$を水素化しNdH_2とFe化合物の相に不均化し，さらに，触媒として硫黄を添加することで，カルボニル化反応が円滑に進行し，高圧用の密閉容器を用いるバッチ式での処理とはなるものの，上記研磨屑から90％の収率で鉄成分を抽出できる。また，カルボニル化反応前後のサンプルについて比表面積を測定した結果，反応前では$7\,m^2/g$であったものが，反応後では$38\,m^2/g$と大きく増加していることが分かった。この増加は，不均化後に得られるFe/NdH_2複合体から選択的にFe成分のみがCOによりエッチングされたことに対応する。通常，研磨屑スクラップは，焙焼過程を経た後に，酸処理により希土類成分のみを浸出させるが，バージンの研磨屑では浸出反応を阻害する鉄成分が多く含まれるために，その処理に多くの時間が必要となる。本手法のCOエッチング（カルボニル化）後のサンプルに

第 3 章　回収技術

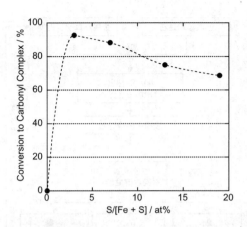

図 4　Nd-Fe-B系焼結磁石研磨屑中の鉄のカルボニル転化率における硫黄添加量の依存性
（300気圧，200℃，24時間）

ついては，比表面積の増加から酸との反応面積が増加していること，さらに，希土類成分が濃縮されていることからも，その後の浸出処理が容易となることが期待される。その他，筆者らの研究グループでは，Ca金属を用いた還元拡散法を上記研磨屑スクラップに適用することで，等方性のボンド磁石としても再生可能であることを見出している[8,9]。

3.3　使用済み機器からの乾式リサイクル技術

2010年のNd-Fe-B系焼結磁石の国内生産量は10,500～13,300トンと推測されているが[10]，言い換えれば，3,000～5,000トンの希土類が市中に流出したことになる。前項では工程内スクラップに対するリサイクル技術を紹介したが，資源リスクを低減させる「都市鉱山」という観点から，今後は市中廃棄物から磁石スクラップを効率良く分離・回収し，原料として再利用するための低環境負荷リサイクル技術を確立する必要がある。

小野らにより，磁石製造工程内で発生する研磨屑と，今後，市中から回収されるNd-Fe-B系焼結磁石スクラップを併せた統括的なリサイクルプロセスが開発されている[11~15]。ここでは，いずれのスクラップについても高周波炉により再溶解することでインゴットとして再生する方式を採用している。市中から回収された磁石はNiメッキなどで表面層がコートされているため，これをショットブラストで剥離し，篩い分けによりコート層を除去した後，高周波炉による溶解を検討した。その結果，①希土類元素と酸素との高い親和性のため回収品表面が酸化を受けていることで，バージンの原料に比べて溶解が困難なこと，②不純物酸素によりスラグが大量に発生すること，③スラグの溶解ルツボへの付着が強固で除去が困難であること，④磁場中成形用の潤滑剤に起因する炭素やハンドリング中に混入する酸素が，希土類との高い親和性により除去が困難であり，原料合金として再利用した場合，磁石品質が低下する，などの諸課題が見つかっている。そこで，希土類元素よりも酸素に対して親和性の高いアルカリ土類金属とこれのハライドとの混合

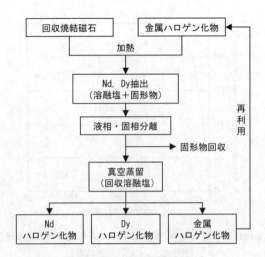

図5　金属ハライドを抽出剤としたNd-Fe-B系焼結磁石固形スクラップからの希土類回収プロセス

物を用いたハライドフラックス脱酸法を開発することで，従来は困難であった酸素の除去が可能であること，また，炭素についても減圧下酸化加熱により300ppm以下まで濃度を低減できることを見出している。他方，研磨屑スクラップについても基本的な操作は，ほぼ同様であり，表面コート層の除去の代わりに水洗と乾燥工程が必要となる。固形スクラップや研磨屑スクラップに脱酸素，脱炭素処理を施すことで，鉱石由来の新規資源と遜色なく高周波溶融が可能であり，工業的実現性の高いリサイクルプロセスとして，テストプラントでの検証も行われている。

　また，最近，岡部らにより，塩化物やヨウ化物などのハライド塩を溶媒および抽出剤としたNd-Fe-B系焼結磁石の乾式リサイクルプロセスが開発された[16]。塩化物形成を利用した希土類の回収は，邑瀬らによる化学気相輸送法や，宇田らによる選択還元蒸留法などがこれまでにも報告されているものの[17,18]，今回開発された手法は，希土類元素のハロゲンに対する高い反応性に着目し，Nd-Fe-B系焼結磁石を上記の溶融塩に浸漬させることで，簡便なプロセスでありながら選択的に溶融塩中に希土類成分を浸出させるものである。本回収プロセスの工程を図5に示す。熱力学的データから抽出剤として使用可能なハロゲン化物はある程度限定され，例えば塩化マグネシウムを用いたケースでは，1,000℃で12時間の反応で磁石スクラップ中の約8割のNd，Dyを溶融塩中に選択的に浸出させることができ，3時間の反応時間においても約5割が浸出可能である。また，ヨウ化亜鉛を抽出剤としても，同様の原理で希土類の浸出が可能であることを報告している。溶融塩中に固体として残留する鉄や鉄ホウ化物などを回収した後，得られた希土類成分を含むハロゲン化物を減圧下で1,000℃で処理することにより，各金属ハロゲン化物の蒸気圧差を利用して希土類元素を効率良く濃縮・分離することができる。さらに，本リサイクルプロセスの改良版として，ハロゲン化物を気相で回収磁石と反応させ，反応系中に温度勾配を設けることで，抽出から分離を一貫して行うプロセスについても，現在開発が進められている。共同研究パートナーである日立製作所では，ハードディスクドライブからの磁石回収については，従来の手作業を

第 3 章　回収技術

必要としない自動分解装置を，また，エアコンなどのコンプレッサーについても同様に効率の良い磁石の分離・回収装置を既に開発済みであり，回収後の磁石に対して上記の乾式希土類抽出プロセスを利用することで，2013年を目処に希土類リサイクル事業の本格稼動が予定されている。

3.4　おわりに

　本節では，需要の増大が進んでいるNd-Fe-B系焼結磁石の乾式リサイクルプロセスについて最近の動向を紹介した。近年，資源セキュリティーの観点から，Nd，Dyを使用しない代替材料の開発が進められているものの，現状では，我々の生活に資するNd-Fe-B系焼結磁石の貢献は大きく，今後もその生産量は増加することが予想される。資源に乏しい我が国としては，本材料に対する高効率かつ低環境負荷なリサイクルプロセスを早期に確立し，国内に埋蔵する廃棄電子機器やスクラップを有効に循環利用する必要がある。特に，環境保全の観点から，近年では，ハイブリッド自動車，電気自動車の導入が進んでおり，近い将来，これらの廃棄車の「都市鉱石」としての価値は非常に高く，行政と産業が一体化して，希土類材料の再生リサイクルを推し進めていく必要がある。

文　　献

1) 美濃輪武久, 金属資源レポート, **40**, 55 (2011)
2) 山本日登志, 高圧ガス, **48**, 14 (2011)
3) 國枝良太, マテリアルインテグレーション, **24**, 2 (2011)
4) 廣田晃一, 長谷川孝幸, 美濃輪武久, 希土類, **38**, 110 (2001)
5) 信越化学工業㈱, 特開2002-60855 (2002)
6) 信越化学工業㈱, 特開2002-60863 (2002)
7) K. Miura, M. Itoh and K. Machida, *J. Alloys Compd.*, **466**, 228 (2008)
8) K. Machida, M. Masuda, S. Suzuki, M. Itoh and T. Horikawa, *Chem. Lett.*, **32**, 628 (2003)
9) M. Itoh, M. Masuda, S. Suzuki and K. Machida, *J. Rare Earths*, **22**, 168 (2004)
10) レアメタルニュース, 2011年3月16日号
11) K. Asabe, A. Saguchi, W. Takahashi, R. O. Suzuki and K. Ono, *Mater. Trans.*, **42**, 2487 (2001)
12) R. O. Suzuki, A. Saguchi, W. Takahashi, T. Yagura and K. Ono, *Mater. Trans.*, **42**, 2492 (2001)
13) A. Saguchi, K. Asabe, W. Takahashi, R. O. Suzuki and K. Ono, *Mater. Trans.*, **43**, 256 (2002)
14) A. Saguchi, K. Asabe, T. Fukuda, W. Takahashi and R. O. Suzuki, *J. Alloys Compd.*, **408-412**, 1377 (2006)

15) マッチングファンド方式による産学連携研究開発事業「希土類の再資源化技術の研究開発」成果報告書，(http://www.jsps.go.jp/j-matching/pdf/29.pdf)
16) 白山栄，岡部徹，溶融塩および高温科学, **52**, 71 (2009)
17) K. Murase, T. Ozaki, K. Machida and G. Adachi, *J. Alloys Compd.*, **233**, 96 (1996)
18) T. Uda, K.T. Jacob and M. Hirasawa, *Science*, **289**, 2326 (2000)

4 廃二次電池のリサイクル技術

目次英哉*

4.1 はじめに

レアアースをはじめとする各種のレアメタルは，製品中の特定の部位・部品の機能を高めるためにごく少量添加される場合が多いため，使用済み製品からの金属リサイクルの際には不純物として除去廃棄される場合が多かった。日本企業による海外での資源確保を促進・支援する㈱石油天然ガス・金属鉱物資源機構（JOGMEC）は，経済産業省資源エネルギー庁の意向[1]を受け，2000年頃から，こうしたレアメタルを極力分離回収し資源として再利用することを主眼とするレアメタルのリサイクル技術の開発に取り組み始めた。その第一号案件の一つが，ニッケル水素電池からのレアメタル回収技術開発であった。

従来の廃二次電池リサイクルは，使用済み二次電池がゴミとして廃棄されることで含まれる有害物質（電解液や金属電極）が環境に放出されるのを防ぐ処理であった。しかしハイブリッド車向けニッケル水素電池の登場により，大型二次電池が大量に市中に出回る時代の到来が予想されたことから，廃二次電池のリサイクルが新たな国内レアメタル資源の確保につながると考えられるようになった。ニッケル水素電池のリサイクルは，廃二次電池からレアメタル資源を回収する最初の取り組みでもある。

4.2 技術開発の背景と従来技術の問題点

化石燃料を主動力とし電力を補助動力とするHEV（Hybrid Electric Vehicle）は，1997年にトヨタが初代プリウスを発売開始して以降一般車輌として徐々に普及してきたが，その二次電池には，全てニッケル水素電池が使用されてきた。今後はレアアースを使用しないリチウムイオン電池への切り替えが進むと予想されるが，一方で，過去のHEVに搭載されたニッケル水素電池の使用済み品の発生数が増加するものと見込まれる。

HEV向けニッケル水素電池は，ニッケル鋼板ないしプラスチック製のケース，活物質の水酸化ニッケルを多孔質保持体中に詰め込んだ正極材，希土類合金型の水素吸蔵合金（混合レアアース金属［ミッシュメタル］とニッケルの合金）からなる負極材，アルカリ水溶液の電解液などで構成される。

2000年当時，既にある程度の量が発生していた一般家電製品向けのニッケル水素電池の使用済み品は，ニッケル原料として既存のフェロニッケル生産施設で処理されていた[2]。これは廃電池をニッケル鉱石と共に電気炉に投入し，ニッケル分を鉄と共に還元しフェロニッケルとするプロセスである（図1）。

この処理方法は，ニッケルを既存施設でリサイクルできるという意味で有利であるが，コバルトやレアアースは還元されず酸化物のままスラグとなるのでリサイクルできない。

---

* Hideya Metsugi ㈱石油天然ガス・金属鉱物資源機構 金属資源技術部 企画調査課長

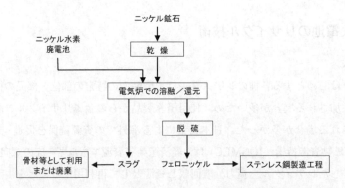

図1　フェロニッケル製錬施設でのニッケル水素電池処理フロー[2]

レアメタル資源の有効利用の観点からは，こうした使用済みニッケル水素電池から，その主成分であるニッケルだけでなく，少量ながら含まれるレアアースやコバルトをも回収し，再利用する技術を確立することが望まれる。JOGMECは，平成14年度から18年度まで経済産業省の補助金交付を受けて，こうした視点によるニッケル水素電池からのレアメタル回収技術開発を実施した。これは，HEV用ニッケル水素電池使用済み品（廃電池）からニッケルだけでなくコバルト，レアアースをも分離回収し，これらを電池材料として再利用する技術の構築を目指すもので，その技術課題は大きく以下の2つであった。

① 解体・分別技術

多様な部品・部材で構成される廃電池を，正極を主体とする部分（正極主体回収物），負極を主体とする部分（負極主体回収物）およびプラスチック等に分別する。物性的に大きな違いの無い2種類の電極材をどこまで物理的に分離・濃縮できるかが鍵となる。

② 不純物の除去・精製

電池材料として再利用できる品質のニッケル，レアアース，コバルトの原料を得るために，不要な元素を予め除去し，目的物質が原料として高度に精製された状態にする。具体的に必要となるのは，正極主体回収物からのFe, Zn, Mnの除去と，負極主体回収物からの炭素化合物の除去である。

4.3　技術課題の試験検討結果

4.3.1　解体・分別

(1) 電池の構造と分別の基本方針

1997年に発売された初代プリウスのニッケル水素電池は円筒型モジュール（単一サイズの円筒型電池を6本直結，図2）であったが，2000年のマイナーチェンジで電池は角型モジュール（プラスチック製箱形セル内に6つの電極部分を収納，図3）に変更された。

ニッケル水素電池は，正極板と負極板をセパレータを挿んで重ね合わせた構造を基本とするが，角型と円筒型とは形状や各部材の材質が異なっている（表1）。いずれのタイプの廃電池も，破砕

第3章　回収技術

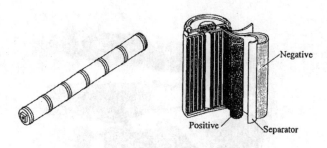

図2　円筒型電池の外観と電極構造[2]

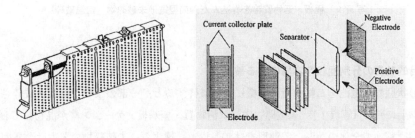

図3　角型電池の外観と電極構造[2]

表1　角型電池と円筒型電池の主要構成部位の形態と材質の比較

種類	形態	正極板	負極板	外装材
円筒型	スパイラル状（平板の重なりを筒状に巻き込んだ形）	電極基板／活物質担持体：ニッケルメッキ鋼板上の金属ニッケル網状構造　活物質：水酸化ニッケル	電極基板／活物質担持体：ニッケルメッキ鋼板　活物質：レアアース合金の微粒子	ニッケルメッキ鋼板
角型	ブックシェルフ状（平板の重ね合わせ）	電極基板／活物質担持体：プレス成型した発泡（多孔質）金属ニッケル　活物質：水酸化ニッケル		プラスチック

した際に，金属ニッケルの網状構造の中に充填されている正極活物質（水酸化ニッケル）は，微粒子の形を採る負極活物質に比べ，粗いサイズの粒子として集まると予想された。そこで，破砕物の粒度の差を用いて正負両極の活物質の分別を行うこととし，その効率的な処理条件・フローを見出すための各種試験を実施した。

(2) 冷却による電池の失活化および脆化

ニッケル水素電池を大気中で破砕すると，水素吸蔵合金の酸化や正負極のショートにより発熱や発火の恐れがあり，特に充電状態の電池を破砕すると水素吸蔵合金から放出される水素が爆発する可能性がある。そのため，破砕に先立ち電池を失活化しておく必要がある。HEV用ニッケル水素電池の低温放電特性は，-120℃以下で電池電圧ゼロとなるので，廃電池はこの温度まで冷却すれば安全に破砕することができると考えられた。

レアアースの最新技術動向と資源戦略

写真1　極板・活物質等を巻込んだ円筒型電池未破砕物（常温破砕）[2]

(3) 目的物質の分別回収を容易にする破砕

常温の状態の廃電池を二軸剪断破砕機により破砕すると，一部の柔軟な部材が破砕されずにスクリーン上に残る（写真1）。未破砕物中には活物質・極基板・ケーシングが混在しており，その量は角型廃電池で全体の数％，円筒型では40％以上に達する。未破砕物の発生は金属回収率を下げる要因となるので，その量を最小化する必要がある。

電池を冷却し失活化した状態で破砕した場合，冷却による材料の脆化により未破砕残留物発生量の減少が期待される。廃電池を冷媒循環式冷凍庫（-100～-150℃）ないし液体窒素浸漬（-196℃）で最長20分冷却した上で常温時と同様に破砕すると，角型廃電池については全ての条件でほぼ全量が破砕された。

一方円筒型廃電池の場合は，-100℃冷却では25％程度が，液体窒素浸漬で-196℃まで冷却しても9％が未破砕で残った。しかしこの未破砕残留物を再度冷却脆化破砕するとさらにその半分強を破砕でき，二段階冷却脆化破砕による未破砕物残留率は4％程度まで下がる。したがって，円筒型廃電池の冷却脆化破砕は二段階で行うのが有効と判断した。

(4) 正負極活物質を分離する解砕

ここまでの処理産物は，電極基板類と正極活物質は200 mesh（75μ）以上の粗粒物に，負極活物質はそれ以下の細粒物になるよう破砕されていることを理想とする。しかし大小の粒子が凝集し団鉱化していると，粗粒物に負極活物質が混入し，湿式分級による分別ができなくなる。そこで，冷却・破砕産物を湿式分級前にドラム式解砕装置（写真2）で処理し，粒子の単体化を促進することを試みた。

角型廃電池の破砕産物を解砕処理すると，正極活物質の微細化が進み200 mesh以下の細粒部への混入率が急速に上昇した。一方円筒型廃電池の破砕産物を解砕処理すると，5分間程度の処理までは細粒物の正極活物質混入率は変わらずにその回収量自体が増加した。その結果，円筒型廃電池の破砕産物についてのみ，解砕処理を5分程度行うのが有効と判断した。

第 3 章　回収技術

写真 2　ドラム式解砕装置[3]

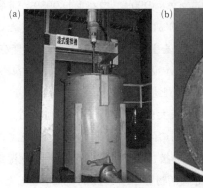

写真 3　湿式分級装置の外観(a)と底部の構造(b)[3]

(5) 正負極活物質と外装材等を分離する湿式分級

破砕・解砕産物から正負極材を分離選別する際には，これらを外装材等に使われるプラスチック等とも選別分離する必要があるので，この処理は湿式分級で行うこととした。その装置の構造について試行錯誤で検討した結果，装置の底部に16 meshの網を置き，径610 mmの撹拌羽根で槽内全体を流動させ，浮上物を廃プラスチックとして，網の下に落ちる篩下を負極主体回収物として回収する装置（写真 3）を製作した。

円筒型廃電池の冷却脆化破砕産物を 5 分間解砕処理した試料からは，撹拌羽根を66 rpmで回転させた状態で30分処理することで，元試料の粒度分布から予想される-16 mesh成分のほぼ全量に相当する量の篩下が回収された。比較のために解砕処理していない試料を同様に処理したところ，60分かけても篩下の量は解砕試料の 6 割程度にとどまり，解砕処理による湿式分級促進効果が確認された。

一方角型廃電池の冷却脆化破砕産物は，湿式分級の処理速度が非常に早く，撹拌羽根回転速度66 rpmでの処理は 5 分で篩下回収量が上限に達し，それ以上続けると篩下への正極活物質の混入

が急速に進んだ。したがって角型廃電池の湿式分級は，攪拌速度66rpmであれば5分，48rpmに落としても20～30分程度行えば十分と判断された。

(6) 正極主体回収物と基板類の分別

湿式分級で攪拌槽内に残る粗粒物（篩上回収物）には，基板類（電極基板や外装鋼材）と，正極活物質（ニッケル，コバルト）および負極活物質（レアアース合金）が混在している。リサイクル対象金属の分離精製の前に，まず鉄を主体とした基板類を分離する必要がある。

正極活物質の磁性は負極活物質と同様に低いが，正極は既述のとおり磁化率が基板類より小さいニッケルの網状構造の中に正極活物質を包含しており，この構造を残したまま磁力選別（磁選）することで正極活物質と基板類を分離することを検討した。

角型廃電池の篩上回収物を磁束密度0.2T，幅490mm，長さ650mmの永久磁石を備えた磁選機にかけ，非磁着残留物を回収し，得られた磁着物を次の磁選に供することを5回繰り返した（表2）。その結果，2回繰り返しまでに元試料中のニッケルの90%，コバルトの98%が非磁着残留物として回収されること，その中への鉄の混入率は0.03%に過ぎないことが確認できた。

5回目の磁選で得られた磁着物（最終磁着物）は鉄を主体とするが，ニッケル濃度がやや高い。正極基板を構成する発泡ニッケルの一部が磁着したものと考えられる。コバルトやレアアースはごく微量しか含まれず，負極活物質は失われていないと認められた。

一方円筒型廃電池の篩上回収物には，破砕不十分な大きな正負極板片が含まれる。これをどのように処理するかについて検討した結果，正極活物質の回収を確保するため，敢えてこれを角型廃電池のように磁選せず，代わりに再度解砕・湿式分級し（これを二次解砕・二次湿式分級と呼ぶ），回収される16mesh篩上を基板類，篩下を正極活物質として分別することとした。

(7) 分別要素間の金属分配状況評価

角型廃電池，円筒型廃電池共に，前項までの処理で，廃電池は4つの分別要素（負極主体回収物，正極主体回収物，基板類，廃プラスチック）に分かれる。回収対象金属の分別要素間の分配率を図4に示す。

角型廃電池では，基板類や廃プラスチックの分離に伴う回収対象金属の損失は，ニッケルがごく一部あるだけで，他はほとんど無い。レアアースはほぼ100%が負極主体回収物中に集まっている。

表2 角型廃電池湿式分級粗粒物の磁選後成分分布率

	Ni分布率（%）	Co分布率（%）	Fe分布率（%）
磁選1回目残留物	84.51	92.84	0.03
磁選2回目残留物	5.62	5.12	0
磁選3回目残留物	1.15	1.12	0.17
磁選4回目残留物	0.82	0.66	0.17
磁選5回目残留物	0.33	0.2	0.21
最終磁着物	7.58	0	99.43

第3章　回収技術

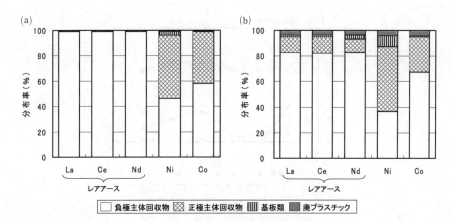

図4　目的金属の分別要素間分配率[2)]
((a)：角型，(b)：円筒型)

一方円筒型廃電池の場合は，レアアースの10数％が正極主体回収物中に混入しているため，精製工程でこれを分離しレアアース原料に転換する必要がある。また全ての金属において，全体の約4％が湿式分級の際に廃プラスチックに付着して失われている。しかし，廃プラスチックをニッケル含有量あたり2～4当量の硫酸で60℃，2時間浸出することで，付着した金属を再浸出できることが確認されたので，この付着損は取り戻すことが可能と判断された。

(8) **正負極活物質の分離**

湿式分級で得た負極主体回収物は，負極活物質であるレアアース合金を主体とするが，正極活物質である水酸化ニッケルが混入している（図4）。この回収物を負極原料として再利用する際に，水酸化ニッケルの混入は負極性能への悪影響が懸念されるので，極力分離除去することが望ましい。そこで，正負極活物質の粒度差，比重差を利用して負極主体回収物中に混在する正負極活物質を分離する方法について検討した。

円筒型廃電池からの負極主体回収物の場合，粒度別の組成は，レアアース，コバルトが検出される75μ以下のサイズに負極活物質が集中していることを示している（図5の①）。したがって，篩い分けにより75μ以上の粒子を分離することで，混入する正極活物質を取り除くことができる。

一方角型廃電池の負極主体回収物の場合は，鉄以外には組成の粒度依存性が認められず（図5の②），粒度による正負極活物質の分離は困難と判断された。そこで，比重差を利用した分別処理を試みたが，いずれも十分な効果は得られなかった。混入正極活物質の硫酸浸出除去による負極活物質の濃縮も，十分な効果は得られなかった。

ただし，負極主体回収物に1％程度含まれる鉄については，円筒型，角型共に粗い粒子に集まっており（図5），磁力選別が可能と考えられた。湿式分級処理で得られるスラリー状の負極主体回収物をそのまま処理することを想定し，湿式ドラム磁選機のドラム上の試料をスプレーで洗う方式で磁着物を除去した。スプレー洗浄の方法を工夫することで，負極活物質の損出を1％に抑

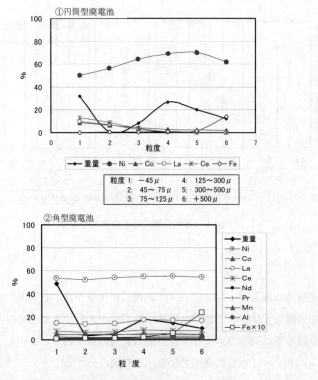

図5　負極主体回収物の粒度別元素濃度[2]
①円筒型, ②角型

え鉄の濃度を0.1%まで下げることができた。

4.3.2　不純物の除去・精製

(1)　負極主体回収物からの炭素化合物除去

　負極活物質には粘結剤，導電剤などとして炭素およびその化合物（カルボキシルメチルセルロース（CMC），スチレンブタジェンゴム（SBR），カーボンブラック等）が1％以上添加されている。本技術開発では物理選別で抽出した負極主体回収物を負極用レアアース合金原料として利用することを目指すが，残留炭素は合金の電池性能を大きく損なうので，合金化処理の前にこれらの炭素化合物を十分に除去せねばならない。

　炭素化合物の除去方法には，熱分解，不活性ガス処理，水素処理等があるが，いずれも加熱時に負極活物質のレアアース合金が混在する正極活物質のニッケル水酸化物から放出される酸素によって酸化する。レアアース酸化物は融点が高く原料の溶融による金属態での回収が困難なため，炭素除去の前に予めニッケル水酸化物を選択的に還元しておき炭素除去時の酸素発生を抑える必要がある。

　ニッケルの選択還元には，ニッケルとレアアースの低温での酸化還元反応速度の違いを利用した。負極主体回収物を200℃で2時間水素還元すると，ニッケル水酸化物は還元され酸素を放出す

るが,レアアース合金の酸化はほとんど進まない。その後より高温で水素処理すると,酸素は放出済みなのでレアアース合金は酸化せず,各種炭素化合物をメタンに分解し除去することができる。

(2) 正極主体回収物からの有価金属回収と不純物除去

一方物理選別により抽出した正極主体回収物からは,ニッケル・コバルトを酸浸出・回収し電池材料として再利用することを想定しているが,正極主体回収物には負極のレアアース合金や外装材の亜鉛鋼板等がどうしても混入する。再利用可能なニッケル,コバルト原料を得るためには,酸浸出液からレアアースを分離回収し,鉄,亜鉛,マンガン等の不純物を除去せねばならない。こうした正極主体回収物の化学処理について,有価金属を電池材料としてリサイクルし易い形で回収することを念頭に具体的な処理方法を検討した。

まず最初に,ニッケル,コバルトを,正極材料として再使用できる硫酸塩($NiSO_4$,$CoSO_4$)溶液の形で浸出する。ニッケルの浸出率を最大化する硫酸濃度は浸出液中のニッケル,コバルト,亜鉛に対し1.1当量で,金属ニッケルの溶け残りを減らすために過酸化水素水を添加して酸化を促進することが有効であった。

浸出液中に混在する負極活物質由来のレアアースは,浸出液に硫酸ナトリウムを加え硫酸複塩の形で沈殿させる。この沈殿物を炭酸ナトリウムと反応させると,純度の高いレアアース炭酸塩が得られる。

レアアース分離後の浸出液は,100 g/L程度のニッケルと5～6 g/Lのコバルトに加え,数g/Lの鉄と2～3 g/Lの亜鉛を含む。そこでまず浸出液の消石灰中和で鉄を水酸化物として沈殿させる。pHを4まで上げると鉄は100%沈殿するが,この時ニッケルの10%以上が共沈するため,エア吹き込みと過酸化水素水添加により鉄を十分酸化させることで,pH 3でニッケルを共沈させず鉄を全量沈殿させた。

その後に溶媒抽出により,亜鉛を除去しニッケルとコバルトを分離する。これまでの知見から,抽出剤は大八化学社製PC-88Aとし,亜鉛抽出をpH2.5で,コバルト抽出をpH4.5で行うことでニッケルのロスを最小限に抑えられることを確認した。

こうして得られる硫酸ニッケル溶液は電池材料として利用可能な純度を有するが,硫酸コバルト溶液にはマンガンとカルシウムが1%オーダーで含有され,電池原料として問題となる。カルシウムは,脱鉄のための中和剤をカルシウム系(消石灰)からナトリウム系に置き換えることで混入は無くなるが,廃電池自体に由来するマンガンは除去せねばならない。硫酸ニッケル溶液に酸化剤として過硫酸ナトリウム溶液を加えて80℃で攪拌し,ORPを1200 mV程度まで上げれば,マンガンを沈殿除去できることを確認した。

4.4 処理フローシートの決定

当初想定した基本フローを,その個々の工程について実施した一連の試験の結果に基づき修正し,HEV向けニッケル水素電池のリサイクルプロセスを構築した。角型廃電池と円筒型廃電池の

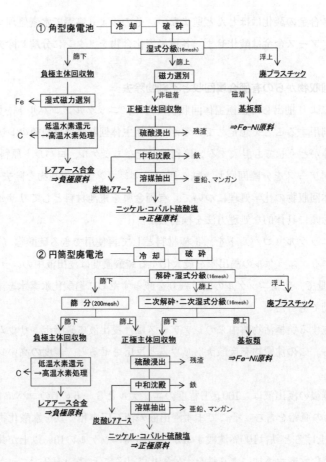

図6　廃ニッケル水素電池の処理フロー
①角型，②円筒型

特性を考慮し，各々に対応する異なるフローシートを図6のように策定し，そのフローに従って技術実証試験を実施した．その結果，有価金属の回収率は角型電池，円筒型電池共に，正極活物質の廃プラスチック付着損（約4％）を酸浸出により80％回収すれば，総合回収率95％以上を達成可能と判断した．

また，負極活物質から回収・製造されるレアース合金は，角型，円筒型廃電池いずれから回収されたものも，水素吸蔵特性，充放電特性共に，十分な値を示した．正極活物質の精製工程で得られるレアース硫酸複塩沈殿物は，炭酸化処理によって不純物の無い炭酸希土類に精製できることを確認した．

事業終了時での経済性評価では，HEV向け廃ニッケル水素電池を，本事業で開発した技術によって年間100万台規模で処理すれば，当時の金属や製品の価格等に照らして，十分に採算性を有すると評価された．その後，試験研究を受託した企業が中心となり，自動車メーカーとの間で事業化に向けた協議が進められている．

第3章　回収技術

4.5　おわりに

　使用済み製品をリサイクルするという視点から見ると，ニッケル水素電池をはじめとする廃二次電池には全体として以下のような特徴がある。

① 充電状態で破砕すると発熱・発火の恐れがあり，事前に失活化しておく必要がある
② 電池のタイプにより使用される部材の成分が大きく異なる
③ 一般的に小型ないし薄型のセルが多数密着して重ね合わされた構造となるため，破砕による部材の担体分離が難しい

　このうち②の理由により，廃二次電池のリサイクルプロセスは電池のタイプによって大きく異なる。そのため電池のタイプごとに異なる処理施設とリサイクル品の販売ルートが必要となるため，リサイクルを事業化する上では効率が悪い。さらに①と③はリサイクル処理の手間とコストを増大させる要因となる。

　それでも，各種の施設や製品に使用される二次電池の量が今後急速に増加することは確実である。その結果，いずれのタイプの二次電池も，リサイクルにより同種の二次電池を生産する際に部材としてリユースないし原料として再利用できれば，省資源・循環型社会の構築に寄与できる。新たに生産される二次電池の原料・材料の多くが，同種の廃二次電池のリサイクルによって確保できることが理想である。

　レアアース資源について言えば，今後廃ニッケル水素電池から回収されるレアアースの量が，新たに生産されるニッケル水素電池向けに消費されるレアアースの量を上回るかどうかが重要である。今や原料としてレアアースを使用することは製品供給上の大きなリスクであるため，これをリサイクルによってまかなうことができなければ，ニッケル水素電池の生産・消費は先細りになるかも知れない。

文　　　献

1) 経済産業省総合資源エネルギー調査会鉱業分科会，レアメタル確保戦略（2009）
2) 石油天然ガス・金属鉱物資源機構，エネルギー使用合理化製錬／リサイクルハイブリッドシステムの開発事業総括報告書・希少有価金属回収技術編（2007）
3) 石油天然ガス・金属鉱物資源機構，平成16年度エネルギー使用合理化製錬／リサイクルハイブリッドシステムの開発事業成果報告書・希少有価金属回収技術編（2005）

5 廃蛍光体のリサイクル技術

赤井智子[*]

5.1 はじめに

高性能蛍光体は多くは希土類を大量に使用している。現在，使用量が最も多い蛍光ランプ用蛍光体の代表的な種類を表1に示す。蛍光ランプのうち希土類を用いないハロリン酸蛍光体は直管蛍光ランプに主として使用されているが，近年はエネルギー効率や演色性の良さから次第に青，緑，赤の希土類蛍光体を混合した三波長タイプの割合が増えている。コンパクト型，電球型，丸管等には希土類蛍光体を使用した三波長タイプが一般的である。

蛍光体のリサイクル技術の開発自体はかなり前から行われており，一部実用化されている技術もある。蛍光ランプは家電リサイクル法の対象ではないが，水銀回収を目的とした回収ルートがあり，国内で処理を行う事業所が複数存在している。回収率は高いとは言えないが，ISOの影響で事業所からの回収率は上昇しつつあり，また，家庭からの回収も一部の地域では自治体が主体となって進みつつある。本節では蛍光体の回収技術，蛍光体からの希土類元素抽出技術，蛍光体の再利用分離技術の現状について述べる。

表1 代表的なランプ用蛍光体

	代表的な組成	発光色
三波長タイプ	$Y_2O_3 : Eu$ (YOX)	赤
	$LaPO_4 : Tb, Ce$ (LAP)	緑
	$BaMgAl_{10}O_{17} : Eu$ (BAM) $(Sr,Ca,Ba,Mg)_{10}(PO_4)_6Cl_2 : Eu$ (SCA)	青
一般色	$3Ca_3(PO_4)_2 \cdot Ca(F,Cl)_2 : Sb, Mn$ (ハロリン酸カルシウム蛍光体)	白色 昼白色 温白色

5.2 廃蛍光体

蛍光ランプの解体方法は直管型と電球型，コンパクト型などの異形蛍光ランプとで異なっている。直管型の場合は蛍光ランプのガラス管の両端をカットし，端からエアーを吹き入れて蛍光体を採取し，その後，水銀を加熱蒸発させるという手法を採用している。この場合，ほとんど蛍光体のみが回収されるので質の良い廃蛍光体が回収される。また，カットする際に三波長蛍光ランプと一般色蛍光ランプを識別し，分別する装置も開発されており，これを使用すると，三波長蛍光体のみの質の良い蛍光体が回収される。一方，異形蛍光ランプの場合は，一度，全部破砕し，

[*] Tomoko Akai ㈱産業技術総合研究所 ユビキタスエネルギー研究部門
高機能ガラスグループ グループ長

第 3 章　回収技術

　その後，金属類を分別し，ガラスと蛍光体が混ざった形で回収されてから，水銀を除去が行われる。蛍光体はガラスに付着しているが，超音波を照射して剥離する方法，またそれに加えて水簸機構（粒子の大きさによって流体中での沈降速度が異なることを利用して分級する方法）によって粒子の細かい蛍光体のみを回収する方法などが提案されている[1]。しかしながらこの場合，蛍光体は上記の三波長のみのものよりガラス微粉の混入が大きくなり，質が低下することが避けられない。

　蛍光体を全分解してそこからレアアースの抽出を行うにしても，蛍光体として再利用するにしても，最初の回収物の純度が良いほうがプロセスで障害を与えないので可能な限り，不純物のない三波長蛍光体を取り出す仕組みが作られることが望ましい。

5.3　廃蛍光体からのレアアース抽出

　廃蛍光体からレアアースの各元素を抽出する技術の検討は10年以上前から行われている[2]。抽出の最初のプロセスは蛍光体を酸で全溶解させることである。蛍光ランプ用のほとんどの蛍光体が希塩酸に溶けるが，$LaPO_4$：Ce,Tbのみが希塩酸には溶けない。濃硫酸には溶けることが報告されているが，現実的ではない。この場合，アルカリ溶解を行うことで融解させることはでき，既存のプロセスで処理が可能である[3]。しかし，蛍光体に対して10倍以上のアルカリを用い，得られた融解物を同量の酸で中和し，その後，溶媒抽出等を行うために，コストがかかるという課題がある。

　アルカリ融解を用いず，酸に溶解させる方法として現在のところ2つ方法が提案されている。一つ目は，メカニカルミリング法を用いて蛍光体を微粉砕する前処理を行うことである。この方法は化学的にはシンプルであるが，メカニカルミリングはコスト高となりがちであることや，大量生産に向かないという欠点がある。もう一つの方法として，我々はアルカリとリン酸成分を添加してガラス化し，それを酸処理する手法を開発している[3,4]。この方法は一度，1100℃程度で溶融する必要があるが，ガラス化した組成物を酸で溶解した後，La,Ce,Tbなどの希土類イオンを含浸樹脂法，もしくは沈殿法などで沈殿させて取り除き，アルカリリン酸塩組成物を溶液を濃縮することで回収すれば，再度添加剤として使える可能性があるというメリットがある。適切な添加剤組成を決め，ガラス化したものを90℃で酸抽出すると，ガラスは全溶解し，Tb,La,Ce全量が酸の中に抽出されることが報告されている。

　蛍光体を酸に溶解した後は，溶媒抽出法によって相互分離をするか，含浸樹脂で吸着した後シュウ酸等で沈殿させて回収するなど，既存の希土類分離手法でそれぞれの元素を分離回収することができる。溶媒抽出法は，多段階の溶媒層で分離するミキサーセトラー装置がすでに工業化されている。溶媒抽出の抽出剤の開発も継続的に行われているが，PC-88 A（2-ethylhexylphosphonic acid mono-2-ethylhexyl ester）を使用することが一般的である（希土類の抽出法については，本書の別項で詳細を参照いただきたい）。

5.4 蛍光体としての再利用

蛍光体から希土類を抽出することは資源の観点から重要ではあるが，分解・抽出というコストがかかるため，蛍光体は高価な蛍光体として再利用できたほうが採算はあいやすい。しかし，回収された蛍光体はランプ製造時の加熱プロセスや水銀除去のための加熱プロセスにおいて輝度劣化が起こっているのでそのまま使えない。特に青色蛍光体が$Eu^{2+} \rightarrow Eu^{3+}$と酸化するために劣化が激しく，緑色蛍光体（$LaPO_4 : Ce, Tb$），赤色蛍光体（$Y_2O_3 : Eu$）については，比較的少ない。輝度劣化した青色蛍光体を還元雰囲気中で焼成する[5]，塩素を添加して焼成する[6]などで輝度回復を図る方法が従来から検討されているが，100％回復するわけではない。そのため，劣化の少ない，緑，赤の蛍光体と青色蛍光体を分離できれば，混入率を高めることができる。

また，ハロリン酸蛍光体と希土類蛍光体が混在している場合は，色も輝度も著しく悪化するために希土類蛍光体としては再利用できなくなる。工場内ではこのような混合物の発生率はあまり高くないが，直管型の蛍光ランプからの回収工程には希土類の識別工程が入っていないことがほとんどであるため，多くがこの混合物となり，再利用がきわめて難しい。そのため蛍光体を種別分離することが，再利用のために必須である。

蛍光体を種類ごとに分離する方法として，ゼーター電位差を利用する方法，有機溶媒への分配を利用する方法など，いくつかの手法が開発されている。しかしながら，これらは表面特性を利用するものであり，表面状態が変化すると適用が難しくなることも考えられる。そのため，我々は蛍光体のバルクの特性である磁化率を利用して高磁場勾配法を用いて分離することを試みた[7]。高磁場勾配磁選機は，図1のように磁場中を磁性金属細線が充填されたカラムに分離する磁性体を分散させた液を流通させるものである。

図2に表2の1, 2, 3, 4, 5の蛍光体を等量混合し，それを界面活性剤を添加して分散させ，2T印加下においてエキスパンドメタルを充填したカラム中を流下させた。消磁後，水でカラムを洗浄して得られた液からそれぞれ回された蛍光体のスペクトルを分離操作前のスペクトルとあわせて

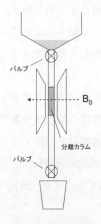

図1　高磁場勾配磁選機の構成図

第3章　回収技術

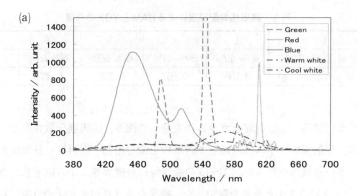

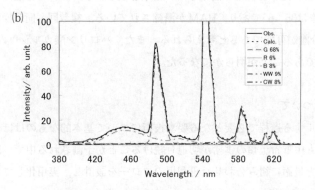

図2　(a)分離前の混合蛍光体の蛍光スペクトル(b)ステンレス細線上に吸着された蛍光体の蛍光スペクトル（ex.254nm）

表2　蛍光体の磁化率

	Phosphor（color）	Magnetic Susceptibility
1	$LaPO_4 : Ce, Tb$（Green）	1.67×10^{-3}
2	$BaAl_{10}O_{17} : Eu$（Blue）	1.54×10^{-4}
3	$Y_2O_3 : Eu$（Red）	8.56×10^{-5}
4	Halophosphate（CoolWhite）	9.55×10^{-5}
5	Halophosphate（WarmWhite）	1.89×10^{-4}

示す。緑色蛍光体の割合が非常に多く，緑色蛍光体が分離されていることがわかる。この操作を3回繰り返すことで，99％以上の純度のLAPを得ることができた。

また，分離カラム内に充填する細線をスチールウールとして磁場勾配を高め，分散媒を工夫することで，磁化率差の小さい蛍光体を分離することも可能であった。磁化率が比較的近いBAMとYOXについて試みた例を次に示す。BAMとYOXを各0.5gずつ0.2dm³の水に分散させ，特殊ポリカルボン酸系高分子界面活性剤の㈱花王製ポイズ520を0.15wt％添加し，さらに界面活性剤として㈱花王製アンヒトールABを0.015wt％添加した。その後，①この蛍光体分散液を2Tの磁

表3 高磁場勾配磁選によるBAMとYOXの分離

	①	②	③	④	⑤
Fraction of YOX-BAM	60%-40%	59%-41%	45%-55%	35%-65%	—
Weight of phosphor (g)	0.130	0.267	0.250	0.333	0.005

場印加下でカラムに流通，②分散媒をカラムに流通して洗浄，③再度分散媒をカラムに流通して洗浄，④消磁後，分散媒をカラムに流通して磁着物を流し出し，⑤再度，分散媒を使ってカラムを複数回洗浄，という操作を行った。①～⑤の操作時に分離カラムから流下した液から蛍光体を回収し，YOXとBAMの比率と重量を測定した。結果を表3に示す。④の分離回収された蛍光体のYOX：BAMの比率は35：65であり，BAMが濃縮されている。複数回，同じ操作を繰り返すことによってBAMの分離が可能であると考えられる。また，ハロリン酸カルシウム蛍光体とBAM蛍光体の分離も可能であることが明らかになった。

5.5 今後の展望について

蛍光体をリサイクルする過程で必要となる要素技術について基本的なものはほとんどが開発されたと言える。今後も中重希土類の供給が切迫し続けることが予測される中で，回収システムの確立とこれらの技術を最適に組み合わせた再利用のフローを設計し，実用化していくことが必要であろう。

謝辞

蛍光体の分離技術の開発は，NEDO希少金属代替材料開発プロジェクト「高速合成・評価法による蛍光ランプ用蛍光体のTb,Eu低減技術の開発によって行われました。また，共同研究者である山下勝氏，大木達也氏（産業技術総合研究所）に感謝いたします。

文　献

1) 大木達也，小林幹男，特開2009-101228
2) 髙橋徹，富田恵一，作田庸一，高野明富，北海道立工業試験所報告，(293), p.7 (1994)
3) 永井秀典，金属資源レポート，p.45 (2010)
4) 赤井智子，ニューガラス，26(2), p.8 (2001)
5) 佐藤孝，中村光紀，塩崎満，田村暢宏，畠山圭司，特開2005-340395
6) 西田智，河合隆夫，特開2004-238526
7) 赤井智子，山下勝，大木達也，第28回希土類討論会要旨集 (2011)

6 バクテリアおよびDNA関連物質によるレアアースの分離回収

高橋嘉夫[*1], 近藤和博[*2]

6.1 はじめに

本書でも多くの記述がなされている通り，レアアース（希土類元素，REE）は，スカンジウム（Sc），イットリウム（Y）およびランタノイド15元素の計17元素の総称である。レアアースは比較的消費量は少ないが先端産業に欠かせず，重要な応用例として，強力な磁石に用いられるネオジム（Nd），ディスプロシウム（Dy），研磨剤や触媒に用いられるセリウム（Ce），光学ガラスに用いられるランタン（La），蛍光体に用いられるY，ユウロピウム（Eu），テルビウム（Tb）などがある。現在REE資源の供給は，偏在性が高く，鉱石採取・精鉱・製錬におけるコストの安さなどから，中国がほぼ独占している。こうした独占状態を克服する上で，安価で効率的なREEの回収・分離・リサイクル技術を開発することは重要である。

レアアースは，レアメタル（Rare Metal）としばしば呼ばれる31鉱種の中では1鉱種としてまとめられている。それはREE17元素の化学的性質が類似し，天然での挙動が相互によく似ており，資源として必ず共存して産出するためである。そのため，REEを含む鉱石からは，REEは17元素の混合物としてまず回収される。一方でREEは，上記のように各元素がそれぞれの用途に応じて個別に利用される。そのため，混合物であるREE資源から個々のREEを分離する必要が生じるが，REEの相互類似性から，個々のREEの分離には高度な技術を要する。これまでREEの相互分離は，ジエチルヘキシルリン酸（di-(2-ethylhexyl) phosphoric acid; HDEHP）などのリン酸エステル系の抽出剤を用いた溶媒抽出法に依存しているが[1]，この方法は環境負荷の大きい有機溶媒を多量に必要とする点で問題がある。

以上の背景から，我々は近年，安価で環境負荷が小さなREEの回収・分離法として，バクテリアやDNAを用いた手法の利用を検討しており，その研究例を本節で紹介する。その中では，REEのバクテリアへの吸着機構を広域X線吸収微細構造（EXAFS）法で明らかにした点が重要であり，その吸着特性との関連も述べる。

6.2 バクテリア細胞壁へのREEの吸着

バクテリア細胞表面には，カルボキシル基やリン酸基（リン酸エステル基）など，金属イオンと錯体を形成できる官能基が多く存在しており，様々な元素のバクテリアへの吸着がこれまで調べられてきた[2,3]。特に地球化学の分野では，バクテリアは環境中に普遍的に存在する一方，サイズが小さく表面積が大きいため，水圏での金属イオンの挙動にバクテリアが影響を与え得るとして，多くの研究がなされてきていた。こうした金属イオンの一つとして，いくつかの特定のREEについてバクテリアへの吸着を調べた研究はあったが，我々は（Sc，Pmを除く）REE全元素を

[*1] Yoshio Takahashi 広島大学 大学院理学研究科 地球惑星システム学専攻 教授
[*2] Kazuhiro Kondo ㈱アイシン・コスモス研究所 研究開発部 主席研究員

バクテリアの懸濁液に添加し，その吸着の違いを調べた（図1(a)）[4~6]。例えば，各REEを0.10ppm含む10mLの水溶液（pH4）に乾燥重量10mgのバクテリアを添加した場合，全てのREEで80%以上がバクテリアに吸着されることが分かった。pHに対する依存性では，バクテリアへのREEの吸着割合は，pH2〜4の範囲においてpHの上昇と共に増加することが分かった。最大吸着量はバクテリア乾燥重量1g当たり0.01g程度（pH=3.5）であった。

また，吸着後に少量の酸を添加して行う脱着実験との比較から，バクテリアへのREEの吸着は基本的に可逆反応であることが分かった。したがって，REEのバクテリアへの吸着においてバクテリア体内への取り込みは重要ではなく，細胞壁との化学反応が吸着の主要なメカニズムであることが示唆された。さらに様々なバクテリアに対して実験を行った結果，今回調べた5種のバクテリア（*Bacillus subtilis, Escherichia coli, Alcaligenes faecali, Shewanella putrefaciens, and Pseudomonas fluorescens*）で上記の結果は類似していることも分かった。特に，細胞壁の構造が異なるグラム陽性菌とグラム陰性菌の双方で同様なREEへの吸着特性が認められたことは，かなり多くのバクテリアで類似の吸着能が期待できる点で重要である。そのため，REEの回収実験等に応用する場合，無害な菌種を自由に選べると考えられ，バクテリアによるREEの回収を実用化する上でも重要な事実である。

次にバクテリアへのREEの吸着挙動の元素による違いを比較した結果，REE（ここではガドリニウム（Gd））は，アルカリ金属イオン，アルカリ土類金属イオン，2価の遷移金属イオンに比べてバクテリアにより強く吸着することが分かった（図2）。一方で，ウラン（U）やトリウム（Th）に比べるとGdのバクテリアへの吸着は弱かった。これらの結果から，pHを変化させた吸着および脱着実験を繰り返すことで，バクテリアにより他の元素からREEを分離回収することが可能であることが分かる。特にUやThは放射性元素で取り扱いに注意が必要という問題を抱えている。そのため，UやThとGdのバクテリアへの吸着挙動が異なることは，REE鉱石からREEを

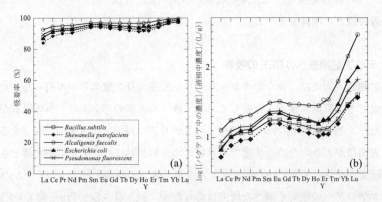

図1　様々なバクテリア（*Alcaligenes faecalis, Bacillus subtilis, Escherichia coli, Shewanella putrefaciens, Pseudomonas fluorescens*）へのREEの(a)吸着率および(b)吸着分配係数（K_d/(L/g)）

液量：10mL，バクテリア：乾燥重量10mg，支持電解質濃度（NaCl）：0.010M。*B. subtilis*はグラム陽性菌で，それ以外はグラム陰性菌。

第3章 回収技術

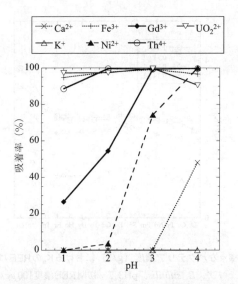

図2　様々なイオンのバクテリアへの吸着率のpH依存性
液量：10 mL，バクテリア（*B. subtilis*）：乾燥重量10 mg，支持電解質濃度（NaCl）：0.010 M。

取り出す上で実用的に重要な性質であるといえる。

6.3 バクテリアへの吸着のREE相互の違い

　我々が行ったバクテリアへの全REEの吸着挙動で特に興味深いのは，各元素への吸着特性を吸着分配係数K_d {＝（バクテリア中のREE濃度）／（水相中のREE濃度）} で表現した場合，K_dが軽いREE（LREE）で小さく，重いREE（HREE）で大きく，中間のREE（中REE）ではフラットな形状をしていることである（図1(b)）。こうした特徴を持つK_dのREEパターンは，既知の様々な配位子とREEの錯体の錯生成定数βのREEパターンと比較することで，結合サイトの情報が得られると考えられる。その議論を以下に紹介しよう。

　まず実験から分かったこととして，バクテリアとREEの濃度比（＝[REE]／[バクテリア]比）を変化させた場合に，K_dのREEパターンの形状が変化し，バクテリアの濃度が高くなった場合により重REE上がりの特徴が顕著になることがある（図3）。バクテリア表面へのREEの吸着を単純な表面錯体モデルで表し，表面の結合サイトLへの表面錯体の生成定数をβ^Lとする。もし結合サイトが1種類であるならば，$\log K_d$のREEパターンは

$$\{\log(K_d^i)\}_{i=1,16} = \{\log(\beta_i^L[R^L])\}_{i=1,16} \tag{1}$$

と書くことができる（iはREEの種類を表し，[R^L]はバクテリア表面のフリーな結合サイトLの濃度を表す）。この場合，[R^L]は全REEについて共通と考えられるので，バクテリアの濃度を変化させても，REEパターンは上下に平行移動するだけで，その形状は変化しないはずである。しかし，もし結合サイトがLとL'の2種類あれば，

157

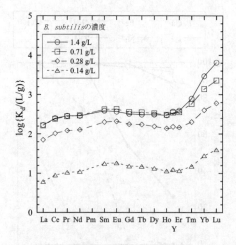

図3　様々なバクテリア濃度（g/L）におけるK_dのREEパターン
（バクテリア：*B. subtilis*，pH3.7，初期REE濃度100μg/dm^3）

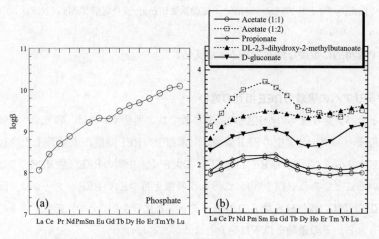

図4　様々な配位子とREEの錯生成定数（β）のREEパターン

$$\{\log(K_d^i)\}_{i=1,16}=\{\log(\beta_i^L\cdot[R^L]+\beta_i^{L'}\cdot[R^{L'}])\}_{i=1,16} \tag{2}$$

となる。これは［R^L］と［$R^{L'}$］の比が変動すると共に，$\log K_d$のREEパターンの形状が変化することを意味する。したがって，REEパターンの形状が［REE］／［バクテリア］比に対して変化することは，2つ以上の結合サイトがREEの吸着に寄与することを示す。

　バクテリア表面の結合サイトとしては，これまで主にリン酸基とカルボキシル基が考えられている[2,3]。REE-リン酸錯体の錯生成定数は重REEに向かって単調に増加する（図4(a)）[7]。一方，カルボン酸の錯生成定数は，Sm，Eu付近に極大を持ち，Tm，Yb，Luでやや増加する傾向を持つ（図4(b)）[8]。これらのことから，得られたバクテリアへのREEの分配パターンは，リン酸基とカルボキシル基の2つの結合サイトを仮定することで合理的に説明できる。またリン酸基とカル

第 3 章　回収技術

ボキシル基の錯生成定数のREEパターンの形状から，特に重REEはリン酸基を好むことが予想される。さらに，[REE]／[バクテリア]比が減少するにつれて重REE上がりの傾向が増すことは，このpH範囲ではリン酸基がREEの吸着サイトとしてより安定であることを示唆する。

6.4　EXAFS法によるREEの結合サイトの特定

このようなREEの吸着サイトの議論は，REE相互の違いや吸着特性を化学的に理解するために重要である。上記の議論は熱力学的な安定性から推定であったが，我々は実際に分光学的手法（ここではEXAFS法[9]）でバクテリア表面のREEの結合サイトを直接特定する実験を行った[6]。例として，バクテリアに吸着されたSmとLuのEXAFSから得られた動径構造関数を示す（図5）。また比較として，樹脂表面にあるHDEHPが結合するLn-resin，セルロースにリン酸基が結合したcellulose phosphate（CP），セルロースにカルボキシル基が結合したcarboxymethyl cellulose（CC）の3つの固体への吸着種も調べた。EXAFSでは，実験的に得られた動径構造関数やEXAFS関数を，理論的に得られた後方散乱因子や位相因子といったパラメータを含めて解析することで，中心原子から見た近接原子への距離や配位数などを決定できる。図5には例としてルテチウム（Lu）の結果を挙げる。この結果では，最近接の酸素の次に比較的大きなピークが$R+\Delta R = 3.3$ Å付近に見られた。このようなピークは，大きな原子の存在か大きな配位数を示唆する。最終的に，理論的に得られたパラメータを使ってフィッティングした結果，このピークはリンによるも

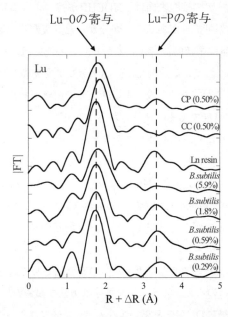

図5　バクテリア（*B. subtilis*）に吸着されたLuの動径構造関数
数字は*B. subtilis*の酸解離基に対するLuの濃度比。Ln-resin（HDEHPを含む樹脂），CC（カルボキシメチルセルロース），CP（リン酸セルロース）に吸着されたLuの動径構造関数。

ので，その配位数は6個程度であることが分かった。

こうした解析からLuでは，①バクテリアに対するLuの比が小さい場合に，Ln-resinのような複数のリン酸基と結合した表面錯体を形成すること，②Luの添加量を増加させるとカルボキシル基の寄与が相対的に増加すること，などが分かった。これらの結果は，前項で述べた錯生成定数との比較で得られた推定と一致する。このことは，K_dのREEパターンそのものが，バクテリア細胞表面のREEの結合サイトを反映していることを示す。一方Smに対するEXAFS解析では，バクテリアに対するSmの比が小さい時，CPに見られるような少数のリン酸基とのSm表面錯体の生成が示唆され，Smの添加量を増やすとSm-CM錯体と似たスペクトルに変化し，カルボキシル基との錯体が増加することが分かった。

以上のことから，REEが結合する相手で最も重要なのはリン酸基であり，リン酸基が飽和した後で，カルボキシル基との表面錯体が生成することが分かった。また原子番号の大きなREEほど結合するリン酸基の数が多くなることも分かった。結果的に，EXAFSで得られた第一近接の酸素との平均結合距離はHREEほど極端に短くなった。結合距離の短さは，その錯体の安定性が大きいことと化学的には同じことを意味し，それはREEパターンでHREEの異常な濃集が見られることと同義である。このように，バクテリアに吸着されたREEの局所構造はREEの吸着種の安定性と密接に関連し，それを担うのはリン酸基とREEの反応であることが分かる。

6.5 イオン交換法への適用とDNAの利用

以上のことから，バクテリアの細胞表面は，HDEHPが持つようなREEに対する高い親和性とREEの相互分離の特性を持つ可能性があることが分かった。実際に，図1(b)に見られるREE（特に軽REEと重REE）のK_d値は系統的に変化しており，この違いはバクテリアによるREEの相互分離が可能であることを示唆している。例えば，バクテリアを充填したカラムにREEの混合溶液を流してREEをバクテリアに保持させた後，希塩酸などの溶離液を流すことで，軽REEから順番にREEを溶離させることが可能であると期待される（図6）。

このような手法を確立するため，我々はバクテリアを充填したカラムでREEの分離実験を行ってきたが，実際にはバクテリアが持つ疎水性のために，水相の流出が遅いか全く水が流れないという問題点があることが分かった。そこで我々は，バクテリアと同様にリン酸基を持つDNAに着目し，DNAを用いたREEの分離回収を試みている。図7に示した通り，DNAのREE吸着パターンは予想通りHREEで上昇し，バクテリアと同様にリン酸基が結合サイトして働いていることを示唆している。

DNAは水に溶解するため，そのままではカラムへの充填剤として適さない。そこで我々はDNAをろ紙に化学的に固定し，このろ紙をカラムに充填する方法を試みた[10]。DNAの固定には，DNA中のアミン基と反応してろ紙にDNAを固定できるスベリン酸ジスクシンイミジルを用いた。得られたDNA固定ろ紙には，BioMolGreen法による試験から，REEと反応するリン酸基が残存していることも確認された。

第3章　回収技術

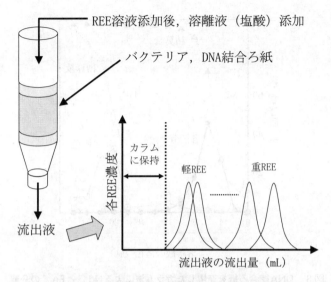

図6　カラムを用いたREEの回収・相互分離の模式図

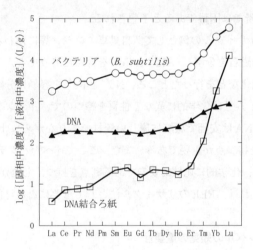

図7　バクテリア（*Bacillus subtilis*），DNA，DNA結合ろ紙へのREEの吸着分配係数K_d＝（[固相中濃度]／[液相中濃度]/(L/g)）

　このようにして調製したDNA固定ろ紙を細かく粉砕してカラムに充填し，REEを含む溶液をカラムに導入した後に，希塩酸でREEを溶離させる実験を行った。全REEを含むpH 3の溶液を添加した場合，全てのREEがカラムに一旦吸着された後，0.040～0.5 Mの塩酸でLaから順に溶離した。図7に示したようなK_d値に違いがあれば，REE相互の分離も可能となる。そのため，イオン交換の段数を増やせば，La～Ndの分離やEr～Luの分離が可能になると期待される一方，Sm～Hoの分離は現段階では困難であると予想され，このことは実際の実験からも確認された。そのため，全てのREEを含む鉱石を溶解した溶液を対象にして全REEを完全に分離することは，バク

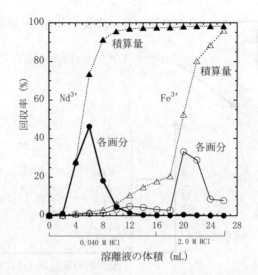

図8　DNA結合ろ紙を充填したカラム法によるNd^{3+}とFe^{3+}の分離

テリアやDNAでは現段階では困難であると予想される。

　一方，主要なREEのリサイクルの例として，自動車エンジン等に使われるネオジム（Nd）—鉄（Fe）—ホウ素（B）系の磁石を分解し，Nd^{3+}とFe^{3+}を含んだ溶液を考える。上記と同様のカラム法を用いて溶離液の最適化などを行ったところ，Nd^{3+}とFe^{3+}を容易に分離できることが分かった（図8）。もちろんNd^{3+}とFe^{3+}は化学的に異なる性質を持つので，イオン交換樹脂などでの分離も可能である。しかし，DNAは安価で環境に優しい資材でありながら，十分なREE捕集能とある程度のREE相互分離能を持つ点が重要である。また，ここで述べたバクテリアと比べても，DNAは培養をする必要がなく，化学的に比較的安定である利点を持つ。したがって，DNAによりREEが分離・回収できるとすれば，REEのリサイクル法として重要になる可能性がある。

6.6　おわりに：分子レベルの知見の重要性

　筆者（高橋）は元々地球化学・環境化学の分野で元素の挙動に及ぼす様々な物質の影響を研究する過程でバクテリアへの吸着を調べていた。その中で，バクテリアに対するREEの比較的高い親和性に気付き，バクテリアやDNAによるREEの回収を調べるに到った。この高い親和性は本節でも述べた通りリン酸基との相互作用によるものである。図9の横軸に様々な陽イオンの電荷をイオン半径で割ったイオンポテンシャルをとり，縦軸にリン酸錯体の錯生成定数と水酸化物イオンとの錯生成定数の対数値の差をプロットした。図9から，この錯生成定数の対数値の差（＝安定化の自由エネルギーΔGの差）は，イオンポテンシャルの増加と共に小さくなり，同じ価数であれば大きなイオンほどリン酸錯体を相対的により好むことを示している。

　イオンポテンシャルは元来静電的な相互作用の大きさを表すパラメータであり，リン酸錯体も水酸化物錯体もいずれもイオンポテンシャルの増加とより安定になる。しかし，その増加傾向に

第3章　回収技術

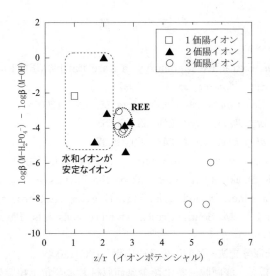

図9　リン酸錯体と水酸化物イオンとの錯体の錯生成定数の対数値の差とイオンポテンシャルの関係

は差があり，小さいイオンほど相対的に水酸化物イオンを好むことが分かる。REEは3価のイオンとしてはサイズが大きく，イオンポテンシャルとして中程度のイオンであり，相対的にリン酸を好むイオンなのである。なおイオンポテンシャルが2.2Å^{-1}以下のイオンは，価数が1価ないし2価であり，錯生成そのものが生じにくく水和イオンが安定なイオンである。これに対してREEは，3価であるため錯体を作り易いが，同じ3価陽イオンの中ではサイズが大きい結果，リン酸イオンを好むイオンであると分類できる。

本節の最後に書いておきたいことは，本研究のように新しい材料で金属イオンの回収など工学的な応用を進める上での原子レベルの情報の大切さである。特に微生物を用いた工学技術は，微生物と化学物質の相互作用がブラックボックスである場合が多い。しかし本研究では，REEと微生物の分子レベルの相互作用（結合サイトの情報）をEXAFS法で明らかにし，結合サイトがリン酸基と特定できた結果，REEの回収にDNAを用いるという新たなアイディアを得るに到った。もしリン酸基が結合サイトであるという情報がなければ，本研究のDNAへの発展はなかったであろう。このように，結果が重視される応用的な分野においても，分子レベルの情報に基づくメカニズムの解明といういわばやや遠回りな研究が，結果的には次の創造的な研究につながることを示唆している。このような分子レベルの相互作用の重要性は，複雑な化学現象を含む生体関連物質と金属イオンの相互作用においても重要な観点であることを本研究は示唆している。

文　献

1) C. K. Gupta *et al.*, Extractive Metallurgy of Rare Earths, CRC Press, Boca Raton (2004)
2) D. Fortin *et al.*, *Rev. Mineral.*, **35**, 161 (1997)
3) J. B. Fein *et al.*, *Geochim. Cosmochim. Acta*, **65**, 4267 (2001)
4) Y. Takahashi *et al.*, *Chem. Geol.*, **219**, 53 (2005)
5) Y. Takahashi *et al.*, *Chem. Geol.*, **244**, 569 (2007)
6) Y. Takahashi *et al.*, *Geochim. Cosmochim. Acta*, **74**, 5443 (2010)
7) R. H. Byrne, E. R. Sholkovitz, in Handbook on the Physics and Chemistry of Rare Earths, (eds. K. A. Gschneidner, Jr. and L. Eyring), Elsevier, Amsterdam, **23**, p.497 (1996)
8) A. E. Martell and R. M. Smith, Critical stability constants, Plenum Press, New York (1977)
9) 太田俊明, X線吸収分光法―XAFSとその応用, IPC (2002)
10) 近藤和博, 高橋嘉夫, 浅岡聡, 希土類金属回収材および希土類金属回収方法, 出願番号 2011-037488 (2011)

第4章　応用技術

1　SRモータの原理と最新開発動向

見城尚志*

1.1　まえがき

　永久磁石を使わないモータとして，代表的なのが大型の巻線型直流モータと小型から大型までの誘導モータである。脱ネオジとして期待されているのがSwitched reluctance motorである。片仮名表記はスイッチリラクタンスモータであるが，ここでは英語の頭文字を使ってSRモータとしよう。

　直流モータにはブラシと整流子の保守という厄介が付きまとう。誘導モータの欠点を挙げると，銅やアルミニウムの使用量が多いということだろうか？　小型では効率が低い。SRモータが期待される理由はここにある。図1に見るようにSRモータの構造は簡単で，ステータには機械巻が容易な集中巻の巻線があるが，ロータは突極（ポール）をもつ積層珪素鋼板だけである。本節が対象にするのはこのように，永久磁石を全く使わないSRモータである。ただしSRモータには通常のインバータとは異なる駆動回路と電流制御が必要である。

　SRモータのトルク対速度特性は，鉄道や電気自動車に望ましい特性（低速で高トルクを発生し低トルクではあるが高い速度で運転できる）であり，これが永久磁石を使うモータに対して利点の一つである。

図1　SRモータの基本構造事例
ステータとロータの両方にポール（突極）があってステータのポールには集中巻の巻線が設置される。(a)ロータ：12ポールのステータと組み合わされる，(b)18ポールのステータ：12ポールのロータと組み合わされる。（出典：NIDEC Motor UK Technology Centre）

---

*　Takashi Kenjo　日本電産㈱　（現）Technical Adviser

1.2 SRモータの理論—可能性と限界の根拠

SRモータの原理説明の方法にはさまざまある。ここでは磁力線の張力の原理と電気・磁気回路のエネルギー変換の原理の方法を提示する。どちらも数学的に表現できて計算可能であるが前者は定性的な説明とFEMによるトルク計算に適している。後者は実用的な解析計算がしやすい。

1.2.1 磁力線の張力の原理

図2はステータの突極構造が励磁されたときの磁力線の様子を示すものである。磁力線にはロータやステータ鉄心の面にゴムひものように張力がはたらくと考える。これより，励磁によってステータの突極（ポール）とロータの突極が整列する向きに推力あるいは回転力がはたらくことがわかる。図3は3組（U，V，W）の励磁用巻線を具備して，U⇒V⇒Wの電流の切り替え（これを転流と呼ぶ）によってステップ状にロータが回転する原理を示す。図4はこのために使う駆動回路によって巻線に与える励磁電流を制御する様子を示す。図3(a)はUが励磁された状態であるが，Uの突極とロータの突極は非整列状態にあって鎖交磁束が低い。この状態ではUのインダクタンスが低いので電流は速く立ち上がる。印加電圧が高いほど電流の立ち上がりが速くCW（時計方向）のトルクが発生する。電流をほぼ一定値に制御するために図4の2個のスイッチがオンオフ制御される。そして，完全整列の少し前の状態で図左のように2個のスイッチをオフすることによって巻線には逆電圧がかかって電流が消滅する。ただし，この状態はインダクタンスが大きいので電流勾配は低い。この適正なタイミングと電流の値を適正に調整する技術こそSRモータの中心技術である。

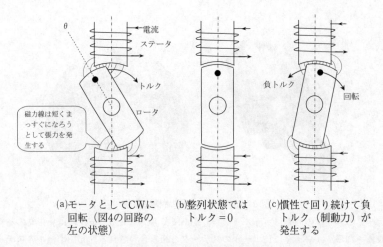

(a)モータとしてCWに回転（図4の回路の左の状態）　(b)整列状態ではトルク=0　(c)慣性で回り続けて負トルク（制動力）が発生する

図2　SRモータの基本原理

(a)の状態でステータの突極が励磁されると空隙周辺に磁力線の曲がりが発生してCW方向のトルクがロータにはたらき，(b)のように整列しようとする。慣性で回り続けて(c)のようになったときに電流が残っていると制動力が発生する。この電流を速やかに電源に戻すためには(a)と(b)の間で図4の右のように2個のスイッチをオフの状態にする。

第4章　応用技術

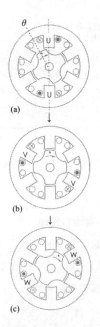

図3　3相モータ

3組の巻線（U，V，W）を設置して，ロータ位置によって励磁を順次切り替えること（転流）によってローを持続的に回転させる。駆動回路との関係は図4に示す。ステータの突極数とロータの突極数の組み合わせはこの6-4のほかに多数ある。

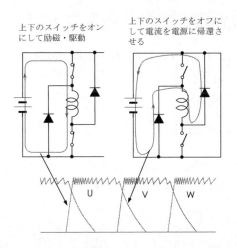

図4　基本的には鎖交磁束ψの低い位置で電流を立ち上げ，高い電圧でオンして電流制限をかけてトルクを制御して，適切なタイミングで逆電圧によって電流を消滅させる。電流を一定値に制御して，完全整列に至る前に逆電圧をかけて電流を消滅させる（シミュレーション計算）。

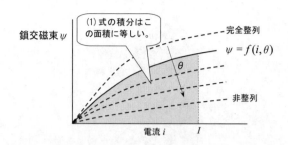

図5　電流（i）と回転角（θ）の関数としての鎖交磁束

1.2.2　電気・磁気回路のエネルギー変換の原理

次に電気⇒機械エネルギー変換の理論によるトルク式を引用しよう。図3(a)はロータの突極がステータの突極と整列しようとしてCWトルクを受けるときである。この状態での鎖交磁束ψとトルクTを数学的に表すのが図5と次式である。

$$T = \frac{\partial \int_0^I \psi(i,\theta)di}{\partial \theta} \tag{1}$$

ここでψは電流iとともに非線形的に増加して飽和する傾向を示す。大文字のIが巻線に流れている電流である。飽和の性質はロータとステータの突極の整列の面積にも関係するのでψはロータの位置（回転角θ）にも関係する。

この式とネオジム磁石などを使う永久磁石モータとの対比をしてみよう。本質的なことを抽出するために，鎖交磁束ψの飽和特性が次のような指数関数を使って表されるものとする。

$$\psi = \Psi_M(\theta)\{1-\exp(-i/I_R)\} + L_0 i \tag{2}$$

L_0：非整列状態を表すインダクタンス，I_R：飽和の性質を表す電流指標，Ψ_M：飽和成分の最大値

これを(1)に入れると次式が得られる。

$$T = \left[I - I_R\{1-\exp(-i/I_R)\}\right]\frac{\partial \Psi_M(\theta)}{\partial \theta} \tag{3}$$

モータをプロフェショナルに語るには，逆起電力eという概念が重要である。これは鎖交磁束ψの時間微分に関連して（便宜上正号をとって）次式で表される。

$$e = +\frac{\partial \psi}{\partial t} = \frac{\partial \theta}{\partial t}\frac{\partial \psi}{\partial \theta} = \omega \frac{\partial \psi}{\partial \theta} \tag{4}$$

ここでωは角速度である。

ブラシレスモータで代表される永久磁石式モータ（PMモータ）では，逆起電力eは角速度ωに比例して

第4章　応用技術

$$e = K_E \omega \qquad (5)$$

と表される。つまり逆起電力係数K_Eは$\partial \psi / \partial \theta$であり，ブラシレスモータの基本的な理論では，電流の関数ではないが位置θの正弦波関数である。

さて，(1)〜(3)から次式が得られる。

$$T = I \frac{\partial \Psi_M(\theta)}{\partial \theta} - I_R K_E \qquad (6)$$

ここで，磁気飽和が顕著な場合をモデル化によって見るために，I_Rが限りなく0に近いものとしてみよう。つまり$\exp(-I/I_R) \to 0$とすると$\psi = \Psi_M$であり，次式が得られる。

$$K_E = \frac{\partial \Psi_M(\theta)}{\partial \theta} \qquad (7)$$

$$T = I \frac{\partial \Psi_M(\theta)}{\partial \theta} = K_E I \qquad (8)$$

よって次の重要な関係式が導かれる。

ちなみに，PMモータではトルクTは電流Iに比例するのでトルク定数K_Tを用いて$T = K_T I$で表される。

$$K_T = K_E \qquad (9)$$

これは，永久磁石を使うブラシ付およびブラシレスモータに適用できる基本式として知られている基本法則である。SRモータを論じる場合に磁気飽和を考えなくてはいけないのだが，常に深い飽和領域を使うわけではない。SRモータの実際的な理論が一般的に知られていない理由の本源はここにある。専門家の間では(6)式に相当する計算は解析的な方法よりも鉄心の磁気特性を考慮したFEM計算による数値計算によって行われている。

1.3　ネオジム磁石モータにどの程度に挑戦できるか

ネオジム磁石の利用モータに対してどこまでSRモータが追従できるのか，(7)〜(9)式が適用できる場合を想定しながら，それをpower/weight ratio という観点から試みよう。まずネオジム磁石を使うとどれほどまで強力なモータが実現できるのか？　これについて学術な議論よりも説得力があるのが電動飛行機に使うモータの限界設計事例である。代表的なのがF5Bという競技がある。世界最高性能の小型ブラシレスモータを作ろうということで筆者らが挑戦したのがこれであり，私どものモータで世界チャンピオンを出したのが2010年である。図6に見るような370gほどの重量で3kWもの出力を出す短時間定格仕様である。ボーング777をジェットエンジンの事例とするとpower/weight ratioは10kW/kgを超えているが，プロペラを駆動する電動飛行機のモータもこれに近い。

ではこのサイズで磁束密度を1.8Tほどにまで励磁するSRモータを作って飛行機を飛ばせるか

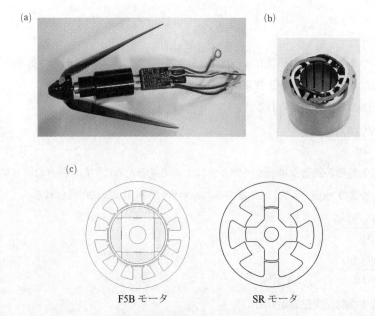

図6 小型でpower/weight ratioの究極を目指したF5B用永久磁石モータ（直径40 mm，日本電産モーター基礎研究所制作）とSRモータの断面を比較する。
(a)モータにギアヘッド，プロペラ，駆動回路を取り付けている。(b)4極1/2回巻の様子。実際には細いワイヤーを並列に巻く。(c)断面を対応するSRモータ（右）と比較する。

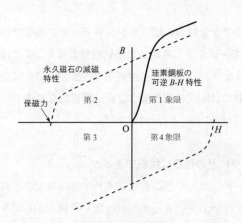

図7 B-H平面での永久磁石モータとの比較

永久磁石利用では4つの象限を利用するのに対してSRモータは第1象限しか利用できないので小型では体積当たりのトルクは精々1/3にしかならない。第2象限を使う設計をしても基本的状況は同じである。

どうか？　ここで重要なのが巻線数である。私どもの3相Δ結線モータでは1回巻きであり，Y結線のモータは0.5回である。さらに巻数を増やすと必要なバッテリー電圧が所定の24 Vを超える。これに代わってSRモータの3相6-4方式を1回巻きして400 Aものパルス状の電流を与えようとするとどうなるか？　巻数が少ないので見かけのインダクタンスは小さいが，永久磁石利

第4章 応用技術

用に比べると高いので，高速でのスイッチングが困難になる。それを克服するためには高い電圧を印加しなくてはならない。それでも，同じ電流を与えたとしても発生するトルクは精々1/3である。詳しい計算原理は省くが，これは図7に暗示されている。確かに第1象限の磁束密度だけを見るとネオジム磁石を使うモータよりSRモータでは高い磁束密度が得られるが，永久磁石式モータではB-Hの4つの象限が同時に利用できるのに対してSRモータは第1象限しか利用できない。SRモータでは磁界の反発力が使えないことに符号する。この違いが重量当たりのトルクに歴然と現れる。

したがって，必要なトルクをプロペラ軸で得るにはモータの回転速度を3倍にして減速比をさらに3倍にしなくてはならない。ネオジム磁石使用の6～70,000 rpmに対して200,000 rpmの回転数にしなくてはならないのだ。そのためには印加電圧をさらに高くすることになり，鉄損がかなり上がるので実現は困難である。

このように机上計算するだけでもSRモータの限界はおのずとはっきりする。SRモータは確かに高速運転向きではあるが，超高速には限界がある。一つの自明の結論として超小型モータには希土類磁石の利用は不可欠である。一方，ある大きさが許容できる用途にはSRモータの用途は十分にある。動物に喩えると空中を飛翔する鳥と地上を徘徊する大型哺乳類の対比だろうか。

1.4　SRモータは定出力運転領域が広い

PMモータでは定出力（$T\omega$＝一定）運転ができる速度範囲は狭い。PMモータでは無負荷速度は印加電圧にほぼ比例する。電圧の上限があるために高い上限速度を得るためには，K_Eを小さくしなくてはならない。トルク定数はK_Eと一致するので，その結果低電圧低速ではトルクが低くなってしまう。希土類磁石を使うPMモータの特長は大きなトルク定数が得られることであり，それは大きなK_Eになる結果として高速運転のためには高い電圧を印加しなくてはならない。

SRモータの高速運転は，回転角のフィードバック信号を参照したスイッチング制御で可能である。つまり，ロータの位置に対して早めに励磁することによって，電流が有効にトルクを発生さ

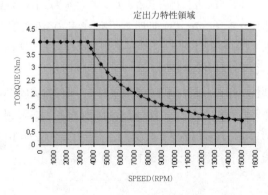

図8　SRモータは広い速度範囲で定出力特性を示す（事例）

せ，制動力がはたらき始める前にスイッチをオフして電流を消滅させる。定出力とは高速ではトルクが低くてもよいことを意味する。これは電流を流し過ぎないことであり，磁束を必要以上に大きくしないメリットがある。磁束が低いことは逆起電力も過度に高くならないことを意味するので速度が上がることにつながる。図8は典型的な定出力特性事例である。

1.5 開発動向と課題

SRモータの開発動向と課題を箇条書きしよう。

① 制御ICの開発：本節では割愛したがマイクロプロセッサやDSP利用に関する研究も進んでいる。掃除機用の2相モータのパワーモジュールの実績としてはinfinionのCIPOS™ IHCS22 R60 CEがある。今後のさらなる開発が期待される。

② トルク脈動対策：永久磁石と突極の構造によって発生するゴツゴツ感がコギングである。これがないメリットは，例えば電動バイクを手押しするときの軽快さである。永久磁石があるとコギングがなくてもエディーカレントによるネットリ感があるのだが，SRモータにはこれがないこともメリットである。一方，運転時に発生する脈動トルクは決定的な欠点ではないが，不快感が問題になる用途にはこれを解消する電流制御法が工夫されている。

③ 騒音対策：SRモータは，低速あるいは低トルク運転では静かであるが，高い磁束密度のときにポールに径方向の大きな力が発生してOvalization（ステータ断面が楕円形にひずむ現象）を起こして高い騒音を発生することがある。トルク対速度特性としてはEV向きではあっても，この騒音のために，乗用車よりも大型のOff-roadへの利用とか大型ポンプ用への実績に偏ってきた（図9）が，NIDEC Motor UK Technology Centreでは開発資源を乗用車用に注入し始めた。図10はSRモータを搭載したEV（Green Lord Motors所有のTommykaira ZZのモータを改装）である。試乗会でのコメントは「音は全然気にならない。むしろこのくらい音がないと歩行者が気づけなくて危険では…」だった。

④ ポール数，相数，熱設計，システム設計：資源の有効利用のためにはSRモータは不可欠なモータである。しかしモータ設計には熱の除去対策が重要事項であり，これが3相を採るか4相かの選択にも関係する。体積当たりに得られるトルクの大きさとトルク脈動の低さの点からいうと4相が3相よりも優れる。しかし駆動回路のコストと熱の発生処理まで総合的に考えると3相だとする考えもある。いずれにせよ，SRモータとそのシステム設計は用途ごとに総合的な解析に基づいてされることが要である。

⑤ 教材と標準品の必要性：SRモータの研究の歴史が長く，研究論文は多い。しかし日本語の教材（定本となる技術書と教科書）がなく，教育研究用機材も容易には入手できない。SRモータのさらなる普及のためにはこれらが必要である。（註：その後2012年10月に，拙書『SRモータ』が日刊工業新聞社から刊行された。）（2017年10月追記）

第4章 応用技術

図9　重機用として300kWのSRモータが使われている
（提供：NIDEC Motor UK Technology Centre）

図10　SRモータ開発担当のR. Blake and M. TurnerとTommykaira ZZ
（於日本電産滋賀技術開発センター）

2 フェライト磁石補助形同期リラクタンスモータ

森本茂雄*

2.1 まえがき

脱・省レアアースモータの一つの候補として、同期リラクタンスモータ（SynRM）がある。SynRMは永久磁石を使用しないため脱レアアースモータであり、鉄と銅のみで構成されるため、低コスト、リサイクルが容易、耐環境性に優れるといった特長がある。しかし、永久磁石同期モータに比べてトルク密度、力率、効率が低いため高トルク化、力率・効率向上のための方策が必要である。筆者らはこれまでに、SynRMのフラックスバリアにフェライト磁石を挿入することによって高出力化・高効率化・高力率化が実現できることを明らかにしている[1]。このタイプのモータは、磁石配置で見ると埋込磁石同期モータ（IPMSM）であるが、リラクタンストルクがほとんどで、マグネットトルクは補助的にしか利用しないため、永久磁石補助形同期リラクタンスモータ（PMASynRM: Permanent Magnet Assisted SynRM）と呼ばれる。しかし、EVやHEVなどへの適用においては、大電流駆動や使用温度範囲が広いなどモータ使用条件が厳しくなるため、フェライト磁石の不可逆減磁を十分考慮した上での高トルク化構造の検討が必要である。本節では、㈳新エネルギー・産業技術総合開発機構（NEDO）が実施している「次世代自動車用高性能蓄電システム技術開発（Li-EADプロジェクト）」の一環として筆者らが取り組んでいるフェライト磁石補助形同期リラクタンスモータの研究開発の内容について説明する。

2.2 開発目標とモータ仕様

NEDOプロジェクトにおける脱レアアースモータの開発目標は、レアアース使用量が零で総合

表1　PMASynRMの目標性能と仕様

項　目	5 kWモデル	20 kWモデル
定格出力, 最大出力（目標値）[kW]	2.5, 5.0	10, 20
出力密度※（目標値）[W/mm³]	0.01	
最大効率（目標値）[%]	94	
定格速度, 最大速度（目標値）[min^{-1}]	2400, 10000	
ステータ外径 [mm]	145	250
積厚 [mm]	30	40
エアギャップ長 [mm]	0.3	0.9
占積率 [%]	60	50
定格, 最大電流密度 [A/mm²]	7.5, 15	
定格, 最大電流 [A]	10, 20	50, 100

※モータ体積は、モータコア部分のみ

* Shigeo Morimoto 大阪府立大学　大学院工学研究科　電気・情報系専攻　教授

第4章 応用技術

効率と出力密度が従来技術と同等程度の車両駆動用モータの開発である。そこで、研究開発開始時に市販HEVで用いられていた最大出力50 kWの希土類磁石使用IPMSMを従来技術に設定し、最大出力5 kWと20 kWのPMASynRMの開発を行った。これらPMASynRMの目標性能と仕様を表1に示す。ここで、出力密度（出力／体積比）および最高効率の目標値は市販HEVに用いられている希土類IPMSMと同等程度である。ただし、希土類IPMSMと同等のトルク密度を実現することは困難であること、PMASynRMは高速運転時でも鉄損が比較的小さいことを考慮して、定格速度と最大速度は高く設定している。一方、最大電流密度は、希土類IPMSMの20 A/mm^{2}に対して15 A/mm^{2}と低く設定している。

2.3 高トルク化構造の検討

5 kWモデルにおいて最適極数を決定するために解析したモータの構造を図1に示す[2]。ロータのフラックスバリア形状については、

① ロータがすべて鉄のときの磁束線に沿った形状
② 鉄層とフラックスバリア層の幅の比率は2：1程度が好適

とのSynRMの高トルク化に適した設計指針をもとに設計した。また、スリットに挿入する永久磁石は市販レベルで最高性能の高性能フェライト磁石を使用した。有限要素法による磁界解析の結果、フェライト磁石を挿入することによって、磁石のないSynRMと比べてトルクが20〜30％向上すること、6極機のトルクが最も大きいことが明らかとなった。また、定格電流（10 A）における銅損、鉄損および効率特性を検討した結果、2500 mim^{-1}では銅損の割合が大きいため銅損が最も小さい8極機の効率が高く、鉄損が増加する高速域（10000 mim^{-1}）では、6極機の効率が最も高くなった。トルク特性および効率特性の検討結果よりPMASynRMの第1次設計モデルとして6極機（図1(b)）を選定した。

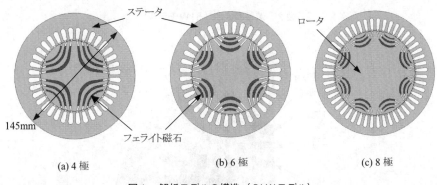

(a) 4極　　(b) 6極　　(c) 8極

図1　解析モデルの構造（5 kWモデル）

2.4 減磁特性と耐減磁設計

フェライト磁石はエネルギー積・保磁力ともに希土類磁石よりもかなり小さいため，自動車駆動用モータへの適用時における非常に大きな電流に対して永久磁石の不可逆減磁が問題となる。フェライト磁石は希土類磁石とは逆に低温時に不可逆減磁を生じやすくなるため，-20℃においても不可逆減磁を生じないロータ構造について検討した[3]。

使用したフェライト磁石の-20℃における磁化特性をもとに，クニック点の磁束密度から十分余裕をみて0.15Tを基準磁束密度に設定し，永久磁石の減磁方向へ励磁した場合に磁石内部の着磁方向の磁束密度が0.15Tを下回った部分に不可逆減磁が生じていると判定した。また，永久磁石の全体積に占める不可逆減磁を生じた部分の割合を減磁率と定義して，減磁特性を検討した。

第1次設計モデルの-20℃における減磁率特性を図2(a)に示す。最大電流の20A以下の電流において，ロータ表面に近い1層目の永久磁石に不可逆減磁が発生し，定格の3倍の電流値では多くの部分で不可逆減磁が生じており，実用に耐えないことが分かる。そこで，第2次設計モデルでは減磁特性を改善するために，図3に示すように，

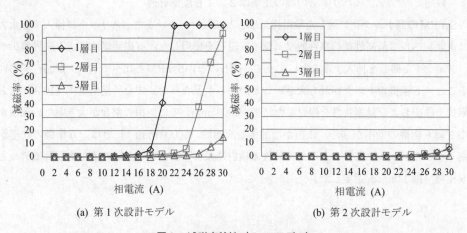

(a) 第1次設計モデル　　(b) 第2次設計モデル

図2　減磁率特性（5kWモデル）

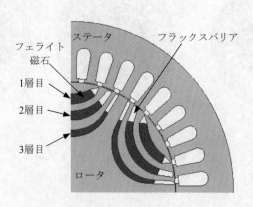

図3　第2次設計モデル（5kWモデル）

① 磁石厚みの増加（特に，減磁起磁力の影響が大きい1層目の磁石厚を増加）
② 1層目磁石への減磁起磁力の影響を緩和するために1層目のフラックスバリア先端を尖らせる

といった改良を行った[4]。

図2(b)に第2次設計モデルの減磁率特性を示す。減磁率が大幅に改善され，最大電流値の20Aでの減磁率は0.6%以下であり実用上問題ないレベルであると考えられる。

2.5 試作機と試験結果

試作機のロータおよびステータの写真を図4に示す。試作機は第2次設計モデルと同様であるが，加工上の制約により，ロータのフラックスバリア先端が小半円状になるなど若干の変更点がある。また，電機子巻線は通常の分布巻と比較してコイルエンドが大きく，電機子巻線抵抗が設計値の0.478Ωに対して0.862Ωと大きくなった。

図5に定格電流10A以下，DCリンク電圧350Vにおける速度－トルク特性と効率マップを示す[4]。ただし，効率マップは電機子巻線抵抗を0.478Ωに補正した銅損を使用して求めている。開発モータは損失に占める鉄損の割合が比較的小さいことから高速領域で効率が高くなっている。また，磁石磁束が大きい希土類磁石モータでは高速軽負荷時に弱め磁束制御のためのd軸電流成分によって効率が低下しやすいが，磁石磁束が小さいPMASynRMでは高速軽負荷時の効率低下が少ないといえる。測定を行った範囲の効率は最高で91.9%（抵抗値補正後は93.8%）であった。定格電流，定格速度における出力は2.22kWであるが，最大出力は2.8kW以上となっている。電流を増加することで定格速度（2400 min^{-1}）において目標の出力5kWが得られることを確認した。ただし，実験での駆動電圧が低く定格速度において弱め磁束制御が必要となった結果，電流値は28A（21 $\mathrm{A/mm^2}$相当）であった。

(a) ロータ　　　(b) ステータ

図4　試作PMASynRM（5kWモデル）

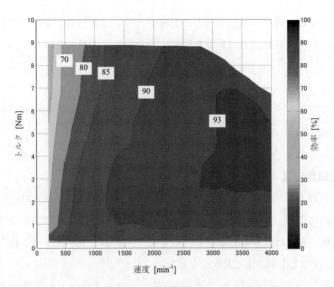

図5　試作PMASynRMの効率マップ（5 kWモデル）

2.6　車両駆動用PMASynRM

前項までに説明した5 kWモデルを大容量化し，実用領域（20 kW）での高トルク化を図るため機械強度および減磁耐力を考慮して磁界解析により最適構造の検討を行った[5]。20 kWモデルの仕様は表1のとおりである。20 kWモデルでは外径および積厚を大きくしてモータコア部分の体積が4倍になっており，出力密度は目標値の0.01 W/mm^{3}である。高トルク化に加えて，高速回転時の強度，大電流時における不可逆減磁への耐性を考慮して，極数，磁石形状およびフラックスバリア形状などの検討を行った。

図6に最大出力20 kWを目標とした実用出力PMASynRMのロータ構造を示す。8極構造でありロータには高速回転時の強度を考慮してセンターリブを設けている。このセンターリブは耐減磁に対しても効果がある。さらに耐減磁特性を改善するために，1層目と2層目におけるフラックスバリアの先端を尖らせた構造としている。

図7にDCリンク電圧500 Vで相電流最大値を100 Aとし，最大出力制御を行ったときの速度―トルク特性および速度―出力特性の解析値を示す。最大トルクは，94.3 Nmであり目標値80 Nmを大きく上回っている。最大出力は4000 min^{-1}において36 kWとなり，10000 min^{-1}まで目標値の20 kW以上の出力で運転できている。また，基底速度2400 min^{-1}および最大速度10000 min^{-1}におけるリラクタンストルクの割合は約88％となっておりリラクタンストルクを主とし，補助的にマグネットトルクを利用するモータであることが分かる。

定格電流50 Aにおける速度に対する効率特性を検討した結果，2000 min^{-1}以上の速度域において目標である94％以上の高効率特性が得られた。また，定格電流時の最高効率は5000 min^{-1}において96.7％であった。

第4章　応用技術

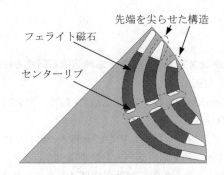

図6　実用出力PMASynRMのロータ構造（20 kWモデル）

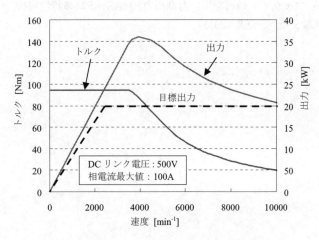

図7　速度－トルク，出力特性（20 kWモデル）

2.7　まとめ

　本節では，脱レアアースモータとしてフェライト磁石補助形同期リラクタンスモータについて説明した。同期リラクタンスモータは鉄と銅のみで構成され，低コストで耐環境性に優れるが，高効率モータの主流である希土類磁石を使用した永久磁石同期モータに比べるとトルク，力率，効率が低いためフェライト磁石を補助的に利用する手法を提案した。希土類磁石同期モータと同等のトルク密度を実現することは容易ではないが，本節で説明したように出力密度や効率特性については同等性能を実現できる可能性がある。また，磁石磁束が小さいため高速域での弱め磁束用の電流が少なくて済むため，高速・軽負荷領域での効率が希土類磁石同期モータより高くなる可能性があり，車両駆動用モータに適しているといえる。

謝辞

　本節では，NEDOの委託事業「次世代自動車用高性能蓄電システム技術開発」の研究成果を紹介した。関係各位に謝意を表す。

文　献

1) 森本茂雄ほか，リラクタンストルクを主とする埋込磁石同期モータの開発，電気学会論文誌D，**119**，pp.1177-1183（1999）
2) 徳田貴士ほか，PMASynRMの極数が特性に及ぼす影響，平成21年電気学会全国大会講演論文集，**5**，pp.49-50（2009）
3) 徳田貴士ほか，フェライト磁石を用いたPMASynRMに適したロータ構造とその減磁率特性の検討，平成21年電気学会産業応用部門大会講演論文集，**3**，pp.191-194（2009）
4) 真田雅之ほか，脱レアース永久磁石補助型同期リラクタンスモータの構造と特性，電気学会自動車研究会資料，VT-11-024（2011）
5) 大井将平ほか，フェライト磁石を用いた高出力PMASynRMの特性解析，平成23年電気学会全国大会講演論文集，5-008（2011）

3　蛍光体フリーLED直接照明技術の現状と将来

藤原康文*

　窒化物半導体を用いた青色・緑色LED（$In_xGa_{1-x}N$/GaN系）の画期的な発明により，従来の赤色LED（$In_xGa_yAl_{1-x-y}$P/GaAs系）と組み合わせた大画面フルカラーLEDディスプレイが開発され，屋外の至る所で見掛けられるのが現状である。一方，青色LEDを用いた白色LEDは既に商品化され，超小型，超軽量，長寿命，容易駆動といった特徴を最大限に活かして，カラー液晶ディスプレイのバックライトに用いられている。また，最近では，白色LEDの高輝度化・高効率化に伴い，従来の白色電球や蛍光灯からLED照明への置き換えが急速に進展している。

　現在，市販されている白色LEDはInGaN/GaN多重量子井戸（MQW）を発光層とした青色LEDチップに，青色の光を吸収して黄色の光を放出するYAG蛍光体（$((Y_{1-x}Gd_x)_3(Al_{1-y}Ga_y)_5O_{12}:Ce^{3+}$という一般式で表される）が塗布された構造となっている[1]。一方，「所望の物質色を強調するためにスペクトルを人為的に変調可能な光源」の開発を目指して，蛍光体フリー白色LEDの開発が精力的に進められている[2]。

　現状の蛍光体フリー白色LEDはその構造から，〈直列型〉と〈並列型〉の2つに分類される。いずれも波長の異なる光を同時に発光させ，それらのスペクトルを合成するものであり，その発光層にIn組成の異なるInGaN/GaN MQWが用いられるのが一般的である。

① 直列型LED

　直列型LEDには2つのタイプがあり，発光波長の異なるInGaN/GaN MQWをpn接合の「内に配置するもの」と「外に配置するもの」がある。いずれの場合にも発光層が「直列」であるため，複数観測される発光ピークの相対強度を選択的に変えることが困難である。

　発光波長の異なるInGaN/GaN MQWをpn接合の「内に配置するもの」として，Yamadaらは有機金属気相エピタキシャル（OMVPE）法により，In組成の異なる2種類のInGaN/GaN MQW（発光ピーク波長：460 nmと570 nm）を発光層としてpn接合内に挿入したLEDを作製し（図1(a)），室温電流注入下において，それぞれの発光層に由来する2つの発光ピークからなるスペクトルを観測した[3]。また，570 nm層をp型AlGaNブロック層に近づけることにより，570 nm発光ピークの460 nm発光ピークに対する相対強度が増大することを見出した。これはp型AlGaNブロック層からの低い正孔注入効率を反映しており，注入キャリアの再結合がp型層の近傍で起こりやすいことに因っている。570 nm発光層をn型層から（460 nm層）／（460 nm層）／（460 nm層）／（570 nm層）／（p型層）と配置したLEDの発光特性として，注入電流20 mAにおいて，色温度7600 K，平均演色評価数42.7，光束0.709 lm，発光効率11.04 lm/Wを得ている。一方，照明用途で求められる平均演色評価数（80以上）を達成するために，更に610 nmに発光ピークを有するInGaN/GaN MQWを追加したLEDを作製し，色温度5060 K，平均演色評価数80.2，光束0.532 lm，

---

*　Yasufumi Fujiwara　大阪大学　大学院工学研究科　マテリアル生産科学専攻　教授

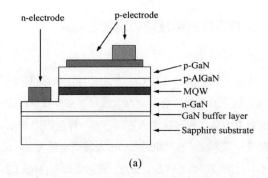

(a)

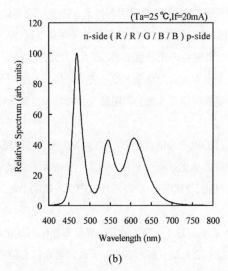

(b)

図1　In組成の異なる3種類のInGaN/GaN MQWを積層して発光層としたLEDからの発光スペクトル[3]

発光効率7.94 lm/Wを実現した（図1(b)）。しかしながら，570 nm層と610 nm層の発光効率が460 nm層に比べて低い（1/2から1/5程度）ため，その高効率化が今後の課題である。

　一方，発光波長の異なるInGaN/GaN MQWをpn接合の「外に配置するもの」として，Damilanoらは青色LEDの近くに，LEDからの青色光（発光ピーク波長：440 nm）により黄色で発光する光変換層（発光ピーク波長：540 nm）を配置したLED（図2(a)）を開発した[4]。この場合，青色LEDと光変換層に用いられるInGaN/GaN MQWのIn組成はともに20%であり，青色LEDではInGaN井戸層の厚みを2 nm，積層周期を3とし，光変換層ではそれぞれ4 nm，5とした。このLEDにおいて，室温電流注入下で青色LEDからの440 nm発光に加えて，光変換層からの540 nm発光を重畳した発光スペクトルが観測されること（図2(b)），注入電流量の増加とともに積分発光強度が線形的に増大することを明らかにしている。また，発光スペクトル形状が注入電流量に依存し，注入電流量とともに440 nm発光の540 nm発光に対する割合が増加することを見出しており，光変換層に用いられているInGaN MQWにおける光励起キャリアに起因する，ピエゾ電界の

第4章 応用技術

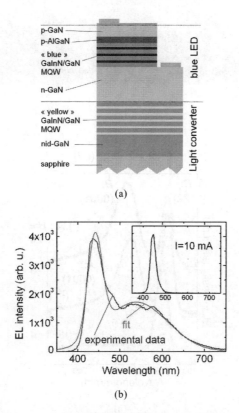

図2 青色LEDの近くに光変換層を配置したLEDの(a)構造と(b)発光スペクトル[4]

スクリーニング効果により説明している。

② **並列型LED**

直列型LEDの問題点を解決するために，発光層を並列に配置した並列型LEDがいくつか提案されている。

Funatoらはファセットと呼ばれるいくつかの結晶面で囲まれた3次元的な微細構造を有効に活用した「マルチファセットLED」を提案している[5,6]。このLEDはOMVPE法により再成長されたn型GaN微細構造上にInGaN/GaN MQW（発光層）とp型GaNキャップ層を順に作製することにより構成され，各ファセット上に形成された発光層が並列に配置されているのが特徴である。この際，発光層のInGaN量子井戸の厚みやIn組成がファセットに対応する結晶面に依存することから，ファセット毎に発光ピーク波長が異なる。したがって，それらを加え合わせることにより，原理的には発光色を自在に変えることが可能である。

図3(a)に試作されたマルチファセットLEDの概念図を示す。LED作製にあたり，まずサファイア（0001）面基板上に数μmのn型GaNを成長した後，一旦，試料を成長室から取り出し，フォトリソグラフィによって[1-100]方向のSiO_2ストライプ加工を施した。この際，SiO_2ストライプの幅は5μmとし，開口部は(A) 5μmと(B) 15μmとした。その後，再度，試料を成長室へ戻し，発光

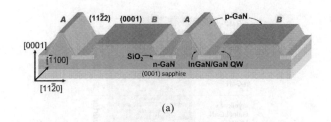

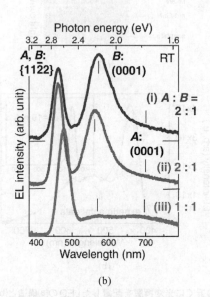

図3 発光波長の異なるInGaN/GaN MQWを各ファセット上に配置したマルチファセットLEDの(a)概念図と(b)発光スペクトル[5]

層とp型GaNを連続的に成長した。観測される斜面のファセットは {11-22} 面であり，(0001) 面上に比べて成長中の原子のマイグレーション速度が高い（In原子の場合，より顕著になる）ために，{11-22} 面上に形成されるInGaN量子井戸の厚みとIn組成は低くなる。そのため，{11-22} 面上の発光層は (0001) 面上に比べて短波長化することが期待される。図3(b)にマルチファセットLEDからの発光スペクトルを示す。図中のA：Bは開口部(A)と(B)の上に形成された2種類の微細構造の混合比を表す。460〜480 nmに観測される青色発光と570 nmに観測される緑黄色発光はそれぞれ {11-22} 面と {0001} 面に形成された発光層に起因しており，微細構造の混合比により相対強度を変化させることができる。対応する色温度はそれぞれ(i)4000 K，(ii)6000 K，(iii)15000 Kであり，典型的な蛍光灯（3000〜6500 K）や通常の白色LED（5500 K）のものをカバーしている。また，最近では，注入電流をパルス駆動とし，その電流値を変えることにより，スペクトル可変LEDとなることを明らかにしている[6]。

一方，ShiodaらはOMVPE法を用いた選択成長により，発光波長の異なるInGaN/GaN MQWを平面上に配置したモノリシック型LEDを作製した[7]。ここでは，InGaN/GaN MQW発光層を成

第4章 応用技術

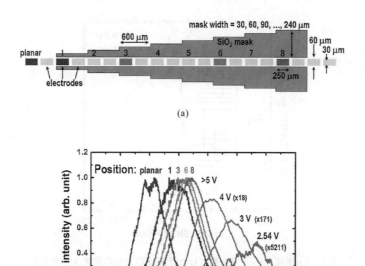

図4 発光波長の異なるInGaN/GaN MQWを平面上に配置した
モノリシック型LEDの(a)構造と(b)発光スペクトル[7]

長する前に，(0001)面サファイア基板上に成長したGaNテンプレート上にフォトリソグラフィを用いて，幅が異なるSiO_2マスク（幅30～240μmで30μm刻み，長さは600μm一定）を60μmの間隔で鏡映状に対向させて形成するのが特徴である（図4(a)）。この場合，SiO_2上に飛来した原料種は幅60μmの開口部へ拡散するが，その様子がマスク幅に依存するため，1回の成長で膜厚やIn組成の異なるInGaN井戸層（発光波長の異なる発光層）を複数種類，同時に形成することができる。図4(b)にその電流注入下での発光スペクトルを示すが，#1（マスク幅30μm），#3（90μm），#6（180μm），#8（240μm）とマスク幅が増大するにつれて，発光ピーク波長が長波長側にシフトした。また，それぞれの発光ピーク波長は注入電流量に依存し，その増加とともに短波長側にシフトした。この発光波長の電流量依存性は形成される発光層の面内不均一性を反映しており，その向上が求められる。また，緑色あるいは赤色の発光強度が低く，その高輝度化が今後の課題である。

③ Eu添加GaN赤色LED

既に実用化されている，窒化物半導体を用いた青色や緑色LEDでは発光層にInGaN/GaN MQWが用いられており，発光波長の更なる長波長化に向けてIn組成をより高くすることが精力的に進められている。しかしながら，高In組成に起因する結晶性劣化やピエゾ電界効果による発光効率の低下が大きな問題となっている。このような背景の中，3価のイオン状態で赤色発光領域に光

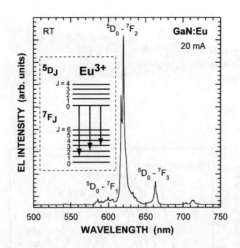

図5 Eu添加GaNを発光層とした赤色LEDからの発光スペクトル[8]

学遷移を有するEuを添加したGaN（Eu添加GaN）を発光層とした赤色LEDが報告された[8]。その結果として，同一材料による光の三原色発光が揃うこととなり，半導体微細加工技術を活かしたモノリシック型高精細LEDディスプレイや次世代LED照明などへの応用が期待される。

その構造は通常の青色LEDと同様であり，発光層のみをInGaN/GaN MQW層からEu添加GaN層へ置き換えたものである。発光層中のEu添加濃度は$7\times10^{19}\mathrm{cm}^{-3}$（0.08％）と極微量であるにも拘わらず，3V程度の順方向バイアスの印加により室温・室内灯下で赤色発光が観測された[8]。図5に，その発光スペクトルを示す。メインピークは621nmに観測され，その半値幅は1nm以下と，室温においても極めて狭く，希土類元素特有の優れた発光特性がGaNを母体として実現されている。観測される複数の発光ピークはそれぞれEu^{3+}イオンの4f殻内遷移に対応しており，活性層に注入された電子・正孔からEu^{3+}イオンへのエネルギー輸送が生じていることを示唆している。Eu発光強度はEu添加GaNの成長パラメータ[9,10]やLED構造[11]に強く依存し，最近では注入電流量20mAにおいて光出力50μW（外部量子効率0.12％）が得られている。今後，Eu添加条件の最適化やプロセス技術の向上，GaN母体からEuイオンへのエネルギー輸送機構の解明等を通じて，光出力の更なる増大を図ることは勿論のこと，TmやErなど，他の希土類イオンを用いた青色・緑色LEDへの展開が今後の課題である。

文　　献

1) 金光義彦，岡本信治，発光材料の基礎と新しい展開，オーム社，p. 173（2008）
2) 最近の解説として，船戸充，川上養一，応用物理，**80**(4)，309（2011）

3) M. Yamada, Y. Narukawa and T. Mukai, *Jpn. J. Appl. Phys.*, **41**, L246 (2002)
4) B. Damilano, A. Dussaigne, J. Brault, T. Huault, F. Natali, P. Demolon, P. De Mierry, S. Chenot and J. Massies, *Appl. Phys. Lett.*, **93**, 101117 (2008)
5) M. Funato, T. Kondou, K. Hayashi, S. Nishiura, M. Ueda, Y. Kawakami, Y. Narukawa and T. Mukai, *Appl. Phys. Express*, **1**, 011106 (2008)
6) M. Funato, K. Hayashi, M. Ueda, Y. Kawakami, Y. Narukawa and T. Mukai, *Appl. Phys. Lett.*, **93**, 021126 (2008)
7) T. Shioda, M. Sugiyama, Y. Shimogaki and Y. Nakano, *Appl. Phys. Express*, **3**, 092104 (2010)
8) A. Nishikawa, T. Kawasaki, N. Furukawa, Y. Terai and Y. Fujiwara, *Appl. Phys. Express*, **2**, 071004 (2009)
9) A. Nishikawa, N. Furukawa, T. Kawasaki, Y. Terai and Y. Fujiwara, *Appl. Phys. Lett.*, **97**, 051113 (2010)
10) N. Furukawa, A. Nishikawa, T. Kawasaki, Y. Terai and Y. Fujiwara, Physica Status Solidi A, **208**, 445 (2011)
11) A. Nishikawa, N. Furukawa, T. Kawasaki, Y. Terai and Y. Fujiwara, *Materials Research Society Symposium Proceedings, Rare-Earth Doping of Advanced Materials for Photonic Applications*, edited by V. Dierolf, Y. Fujiwara, T. Gregorkiewicz and W. M. Jadwisienczak (Materials Research Society, Pennsylvania, 2011) in press

4 有機EL照明技術の現状と将来

大森　裕*

4.1 はじめに

　有機ELの特徴は薄型，面発光素子であり，また印刷技術で素子作製ができることが挙げられる。これまでの照明は白熱電球，蛍光灯など点光源の照明が主流であったが，面光源である有機EL照明は次世代の照明として期待される。省エネ光源として普及し始めているLED照明は点光源の集合体であるのに比べ，有機ELは面光源である点が同じLED照明であるにもかかわらず異なる点であり，面光源による照明は壁や天井全体から光を放つ照明であり，同じ発光効率の光源を用いた場合に比べて消費電力を少なくすることができると考えられている。そのような観点から，面発光の照明は従来の照明とは異なる用途も開拓でき，今までの照明にとって代わる可能性を秘めており，今後照明の世界が大きく変わろうとしている。

4.2 白色発光有機EL

4.2.1 希土類錯体を用いた有機EL

　希土類は蛍光材料として開発されており多くの発光材料として，光源や照明に用いられている。希土類錯体は他の発光材料と異なり，特異な鋭い発光を示す材料として開発されている。発光材料として開発された有機化合物としての希土類錯体はいくつか開拓されているが，その中で比較的発光効率が高く，赤色発光を示すユロピウム（Eu）錯体を本節では取り上げ，白色発光材料としての可能性を探る。

　照明用途としての発光材料で白色発光を得るためには，室温で電流注入による高効率な発光材料が選択される。ここでは緑色の燐光発光を示すイリジウム（Ir）錯体と赤色発光を示すユロピウム（Eu）錯体を同時に発光させることにより白色発光が得られる[1]。発光素子としては赤色を発光させるEu錯体と緑色発光を示すIr錯体[2,3]をキャリア輸送材料中にドープして発光層を形成しEL素子を形成する。発光層においては，緑色の発光材料と赤色の発光材料がキャリア輸送層からのエネルギー緩和過程により同時に発光し白色発光を得る。ここでは白色発光素子の発光特性についての検討結果を述べ，さらに発光寿命の差を利用した発光色の微調整が可能な発光色可変素子への応用について述べる。

　図1に希土類錯体を用いた有機EL素子に用いる有機材料の分子図を示す。ITO透明電極基板上に正孔輸送層として水溶性のPEDOT：PSSをスピンコート法により成膜し，加熱処理した後に発光層を積層しEL素子を構成する。キャリア輸送材料となるホスト材料にはpoly（n-vinylcarbazole）（PVCz），青色発光の燐光材料にbis[（4,6-difluorophenyl）-pyridinato-N,C2]（picolinato）Iridium（III）（FIrpic）および赤色発光燐光材料にtris（1-phenylisoquinoline）iridium（III）[Ir（piq）$_3$]，希土類錯体としてのEu錯体にtris（dibenzoyl methane）-mono（4,7-diphenyl-phenanthroline）europium

---

*　Yutaka Ohmori　大阪大学　大学院工学研究科　教授

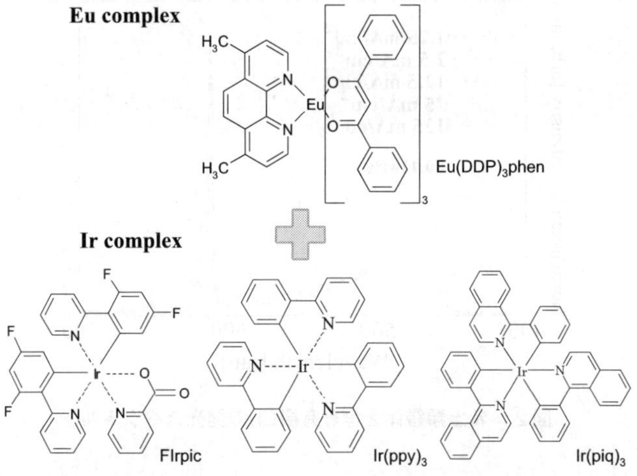

第4章　応用技術

図1　有機ELに用いる希土類錯体，燐光材料の分子構造

(III)［Eu(DDP)$_3$phen］を用いる。EL素子はITO(indium-tin-oxide)透明電極を形成したガラス基板上に，有機層をスピンコート法により順次成膜し，素子構造はITO/PEDOT:PSS (35 nm)/PVCz:FIrpic, Ir(piq)$_3$, Eu(DDP)$_3$phen(90 nm)/CsF/MgAg/Agとし，電極以外は印刷プロセスによる成膜を行う。

PLスペクトルではホスト材料のカルバゾール誘導体（PVCz）に燐光材料（FIrpic, Ir(piq)$_3$）とEu(DDP)$_3$phenをそれぞれ6 wt％ドープした薄膜からは，Ir(piq)$_3$をドープした場合Eu錯体からの発光は見られず，Ir(piq)$_3$からの620 nmにピークを持つ赤色発光が観測される。一方，FIrpicをドープした場合は，主にEu錯体からの612 nmにピークを持つ鋭い発光の他に470 nm付近にFIrpicからの発光も観測される。また，過渡PL特性から発光材料の発光寿命を求めると，燐光材料であるFIrpicとIr(piq)$_3$の発光寿命は約1 μsと比較的短く，重原子効果による強い摂動が室温における燐光の放射遷移確率を大きくしている。これに対し希土類錯体のEu(DDP)$_3$phenは，発光寿命が24 μsと希土類錯体特有の長い発光寿命を持ち，これらの発光寿命の異なる材料を用いて発光層を形成することによりパルス電圧で駆動した際に発光寿命の差を用いた発光色可変素子などの新規デバイスの創製が期待できる。

PVCzをホストとし Eu(DDP)$_3$phen 12 wt％，FIrpic 6 wt％をドープした発光層を形成したELの発光スペクトルを図2に示す。Eu錯体からの612 nmにピークを持つ鋭い発光の他に470 nm付近にFIrpicからの青色発光も観測される。印加電流を増すに従い発光強度は増すがEu錯体からの赤色発光の増加に比べて，FIrpicからの青色発光の増加が大きく，電流密度の増加に従い赤色の発光成分より青色の発光成分が増加する。図2ではFIrpicからの青色発光強度で規格化して示している。このEL素子を，パルス電圧で駆動して，パルス幅，周波数を変化することにより，発光寿命の違いによる発光色可変素子が実現する。図3にパルス駆動による発光色の変化をCIE

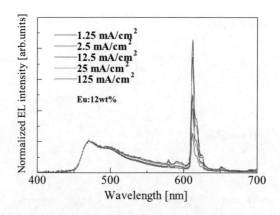

図2　希土類錯体を含む有機ELの発光スペクトル

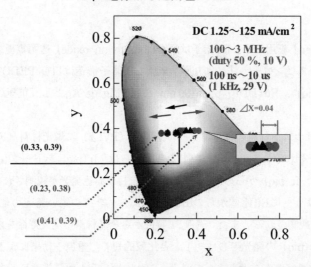

図3　白色発光有機ELのCIE座標表示

（Commission Internationale de l'Éclairage）色度座標で示す。100 Hz～3 MHzへと駆動周波数を増すに従い，発光色は赤色を増しCIE色度座標で示すと（0.23, 0.38）から（0.41, 0.39）へと変化する。これは，Eu(DDP)$_3$phenの蛍光寿命が長いために高周波の電圧を印加することにより蛍光寿命の長い光が残像して残るためと考えられる。また，1 KHzの繰り返しパルス電圧を印加した場合，パルス幅を100 ns～101 sへとパルス幅を増すに従いCIE色度座標（0.23, 0.38）から（0.33, 0.39）へと青色にシフトする。これは，蛍光寿命の短い光は電圧印加時間に比例して発光するためであると考えられる。ホスト材料から2つの発光色の異なる発光材料へエネルギー緩和過程を経てエネルギー移動し，2つの発光寿命の異なる材料からの発光過程を経て混合された白

第4章 応用技術

色発光が得られるために，パルス幅や周波数を変化させることにより発光色の調整が可能となる。パルス幅の異なる繰り返しパルス電圧を加えた場合，赤色発光材料からの発光と青色発光材料からの発光量に変化が現れ，その結果白色発光に変化が与えられ，白色発光において発光色が変化するEL素子となる[1]。照明器具の発光色に関しては，暖色の白色が好まれる場合があり，色調が可変である素子は照明器具としてその用途が広がることが期待される。

4.2.2 高分子材料を用いた有機EL

有機ELに用いられる発光材料は低分子材料と高分子材料とに大きく2つに分類される。前者は主として真空プロセスで，後者は可溶性の高分子を用いることにより溶液プロセスで素子作製が行われることが多いが，低分子材料にも溶媒に可溶な分子が開発されている。また，溶媒に溶けない低分子材料でも，さきに示したように溶媒に可溶な導電性の高分子材料をホスト材料として用い，低分子材料をゲスト材料としてドープすることにより印刷プロセスで薄膜形成が可能となる。近年，高効率な発光が得られる燐光と呼ばれる三重項の励起子からの発光が室温で得られる燐光材料が開発されている。それらの材料も溶媒に可溶な高分子材料などをホスト材料とすることにより印刷プロセスを用いた素子作製が可能となる。

有機ELに用いられる高分子をその骨格となる分子により分類すると図4に示すようになる。その骨格によりポリパラフェニレンビニレン誘導体（poly(p-phenylenevinylene)：PPV）[4,5]，ポリチオフェン誘導体（poly(3-alkylthiophene)：PAT）[6]，ポリフルオレン誘導体（poly(fluorene)：PF）[7]，ポリパラフェニレン誘導体（poly(1,4-phenylene)：PPP）[8]，などに分類される。それらの高分子材料は1990年代に有機ELの報告がなされたが，その後それらの骨格を持つ多くの材料が開発された。PPV[4]に側鎖を導入することにより，高分子の状態で可溶なポリパラフェニレン誘導体（poly(2-methoxy,5-(2'-ethylhexoxy)-1,4-phenylenevinylene)：MEH-PPV）[5]が開拓され，熱処理を経

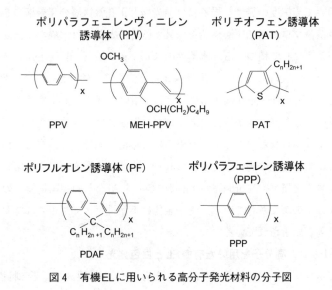

図4　有機ELに用いられる高分子発光材料の分子図

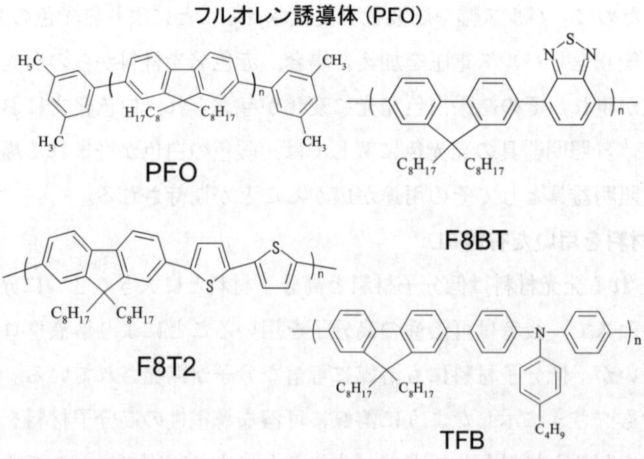

フルオレン誘導体 (PFO)

PFO

F8BT

F8T2

TFB

図5　有機ELに用いられるポリフルオレン誘導体の分子図

ずにスピンコート法により簡単に高分子の薄膜が作製できるようになった。PATや poly(9,9-dialkylfluorene):PDAFなど同様にアルキル鎖を付与することにより印刷プロセスで薄膜の作製がなされる。

青色ELとして報告されたPDAFは，骨格は同じでも異なる側鎖や，共重合体を形成することにより発光波長を制御でき，青色から赤色までの発光を実現できる。図5に種々のポリアルキルフルオレン誘導体poly(9,9-dioctylfluorenyl-2,7-diyl)(F8), poly(9,9-dioctyl-fluorene-co-bithiophene)(F8T2), poly[(9,9-dioctylfluorenyl-2,7-diyl)-co-(1,4-benzo-{2,1',3}-thiadiazole)](F8BT), poly(2,7-(9,9-di-n-octylfluorene)-alt-(1,4-phenylene-((4-sec-butylphenyl)imino-1,4-phenylene))):TFBの分子図を示す。

高分子材料を用いて高輝度の発光を得るには発光層と正孔輸送層の積層構造を形成することによって得られる。溶液プロセスで積層構造を作製する方法としては，異なる溶媒を用いて下地の高分子が溶けないようにして積層する。水溶性のスルフォン酸（poly(ethylenedioxythiophene)/poly(sulfonic acid))(PEDOT/PSS)は，有機溶媒に可溶な発光材料と溶液プロセスで積層構造を得ることが可能となり，高分子正孔輸送層にしばしば用いられる。正孔輸送層としてのPEDOT/PSS層はITOをコートしたガラス基板上にスピンコート法により成膜した後に，熱処理により高分子化することにより得られる。その上に有機溶媒に可溶な高分子を積層し，積層構造の素子構造を形成することにより発光の高効率化が行われる。陰極には発光層に電子を容易に注入するために仕事関数の小さな金属や，1nm程度の薄膜のCsFをAlなどの金属電極との間に挿入して注入障壁を小さくする工夫がなされている。素子全体は不活性ガスで封止されており，素子特性を劣化する外気の進入が阻止されている。

4.2.3　ポリフルオレン高分子を用いた有機ELと白色発光

照明用途としてポリフルオレンを用いた白色発光有機ELの作製例と，その特性を述べる。

第4章　応用技術

　F8にF8BTを5wt％ドープした有機EL素子ではF8BTからの黄色発光が得られるが，F8BTの濃度を少なくすることにより白色発光が得られる。図6にF8にF8BTを0.05wt％ドープした有機ELの発光スペクトルを示す。F8からは青色発光が得られ，F8BTからの黄色発光が混合され，CIE色度座標で表示すると図7に示すように（0.34，0.40）の白色発光が得られる。白色発光を挟んでF8BTからの黄色発光とF8からの青色発光があり，その混合した発光により白色が得られる。

　F8BTを発光層とする有機ELにより，高速の応答を示す素子の作製を述べる。発光層としてF8BT（80 nm）を用い，PEDOT：PSS正孔注入層との間に薄いインターレーヤーとしてTFB層を挿入することにより輝度と発光効率が向上する。陰極には積層構造の陰極材料Al（2 nm）/CsF（3 nm）/Ag（200 nm）を用いた。15 nmのTFB層を挿入することにより効率的に正孔輸送を行う

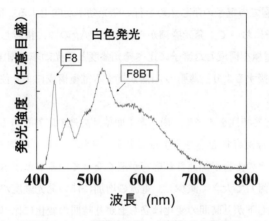

図6　ポリフルオレン誘導体を用いた有機ELの発光スペクトル

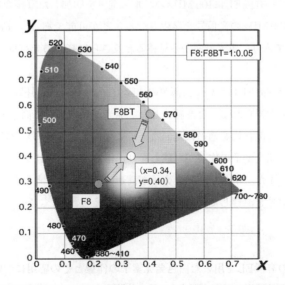

図7　ポリフルオレン誘導体を用いた有機ELのCIE座標表示

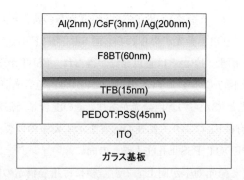

図8 ポリフルオレン誘導体を用いた有機ELの素子構造

とともに，F8BT発光層での電子の閉じ込めを行い発光効率が向上する。図8に素子構造を示す。TFB層を挿入した素子において，発光層側からAl/CsF/Agの順に積層した電極構成を持つ素子はCsF/Al/Agの順に電極を構成した素子に比べ発光強度と発光効率が増す。このことは，F8BT発光層に直接CsF層が接するより，薄膜のAl層が接する電極構成により注入効率が改善されることを示唆する。

この有機ELの過渡応答特性を述べる。尚，素子面積は高速の応答を得るために $0.03\,mm^2$ の小さな面積として素子の浮遊容量を小さくする工夫がなされている。印加電圧が増加するに従い，発光層におけるキャリアの走行が加速され応答が速くなっていることが示される。立ち上がり時間は印加電圧の増加に対して大きく減少し，電流の増加に伴い発光強度が増すが応答時間は飽和傾向になる。一方，立ち下がり時間の変化は立ち上がり時間の変化に比べて減少が少ないが，このことは発光の立ち下がりはキャリアの寿命と蛍光寿命の影響を大きく受けることにある。ポリフルオレン系のポリマー有機ELに100MHzのパルス電圧を印加した直接変調により発光波形は，印加電圧に対応した100MHzの光信号を発生させることが可能である[9]。F8BTのPLから求めたPLの蛍光寿命は3nsであり，蛍光寿命から見積ると，さらに高速の光パルスの発生の可能性を示唆するものである。

高分子材料を用いた有機ELについて，薄膜の成膜条件を制御し積層構造の素子を形成することにより発光効率の向上が得られることを紹介した。発光波長の異なる高分子材料を混合することにより発光強度の向上と混合比を適当に選ぶことにより白色発光が得られることを示した。印刷技術で容易に大面積の発光素子の作製が可能となり，溶液プロセスによる照明用途の発光素子への応用が期待される。また，ポリマー発光素子が高速で応答することから，白色発光の照明光に高速に変調された光信号を混合して光通信への用途も考えられる[10]。

4.3 まとめ

面発光素子としての有機ELを用いた白色発光素子の作製とその応用について述べた。有機ELの特徴としての面発光素子，印刷技術でどのような基板上にも素子作製ができ，また，プラスチ

第4章 応用技術

ック基板のように柔らかい基板上にも素子作製ができるため，今までにない新しい照明ができる可能性がある．また，有機ELが高速で応答することを用いると，白色の照明光に高速で変調された信号光を重畳させて，光信号伝送を行うことが可能となる．このように，有機EL照明は新たな可能性を秘めた，新しい照明として期待される．

文　献

1) Y. Hino, H. Kajii and Y. Ohmori, Energy Transfer Employing Europium Complex and Blue Phosphorescent Dye and Its Application in White Organic Light-Emitting Diodes, *Japanese Journal of Applied Physics*, **46**, pp. 2673-2677 (2007)
2) M. A. Baldo, D. F. O'Brien, Y. You, A. Shoustikov, S. Sibley, M. E. Thompson and S. R. Forrest, Highly efficient phosphorescent emission from organic electroluminescent devices, *Nature*, **395**, pp.151-154 (1998)
3) M. A. Baldo, S. Lamansky, P. E. Burrows, M. E. Thompson and S. R. Forrest, Very high-efficiency green organic light-emitting devices based on electrophosphorescence, *Appl. Phys. Lett.*, **75**, pp.4-6 (1999)
4) J. H. Burroughes, D. D. C. Bradley, A. R. Brown, R. M. Marks, K. Mackay, R. H. Friend, P. L. Burns and A. B. Holmes, Light emitting diodes based on conjugated polymers, *Nature*, **347**, pp.539-541 (1990)
5) D. Braun and A. J. Heeger, Visible light emission from semiconducting polymer diodes, *Appl. Phys. Lett.*, **58**, pp.1982-1984 (1991)
6) Y. Ohmori, M. Uchida, K. Muro and K. Yoshino, Visible-light Electroluminescent Diodes Utilizing Poly (3-alkylthiophene), *Jpn. J. Appl. Phys.*, **30**, pp.L1938-L1940 (1991)
7) Y. Ohmori, M. Uchida, K. Muro and K. Yoshino, Blue Electro luminescent Diodes Utilizing Poly (alkylfluorene), *Jpn. J. Appl. Phys.*, **30**, pp. L1941-L1943 (1991)
8) G. Grem, G. Leditzky, B. Ullrich, G. Leising, Realizing of a Blue-Light-Emitting Device using Poly (p-phenylene), *Adv. Mater.*, **4**, pp.36-37 (1992)
9) H. Kajii, T. Kojima, Y. Ohmori, Multilayer polyfluorene-based light-emitting diodes for frequency response up to 100 MHz, *IEICE Trans. Electron.*, **94-C**, pp. 190-192 (2011)
10) Y. Ohmori, H. Kajii, Organic Devices for Integrated Photonics, *Proceedings of IEEE*, **97**, pp. 1627-1636 (2009)

第5章　レアアースの需要・供給・市場動向

1　日本の需要・供給・市場動向

橋本紀行*

　1990年代以降，日本のレアアース市場は順調に拡大してきたが，2010年には大きな転換期を迎えたと言える。2010年，これまで懸念されてきたレアアースの供給ソースの中国への偏在リスクが一気に顕在化することになった。

　2010年7月，中国政府は2010年の第二回目のレアアース製品の輸出許可枠の数量を発表したが，その結果，2010年第一回目の輸出許可枠の数量と併せても約3万トンにとどまることになり，約5万トンであった2009年の輸出許可枠と比較すると約40％の大幅削減となった。輸出許可枠の大幅削減によって，輸出許可枠の対象となっているすべてのレアアース製品において輸出価格が急上昇，中国からの調達が極めて困難な状況になり，金融危機によって落ち込んでいた需要がようやく回復基調になりつつあった日本の市場を直撃することになった。

　更に，2010年9月下旬に発生した尖閣諸島問題では，中国政府がレアアースの供給を政治的に利用し，中国から日本へのレアアース製品の輸出が約2カ月間にわたり事実上完全に停止することになった。

　市場価格に就いても，輸出税に加え輸出許可枠を確保する為に要求されるプレミアムが大幅に上昇，2010年の年末には年初に比較すると市場価格が10倍以上になった製品もあった。中国外の市場価格は生産コストや需給バランスではなく，中国政府の輸出政策によって大きな影響を受け決まるようになった。また，中国国内の市場価格と中国外への輸出価格では大きな乖離が生じるようになった。

　レアアース製品の日本の市場規模は，1970年代の初めには年間約1,000トン前後であったが，2000年に入り約30,000トンの規模まで拡大している。中でも大きく需要が拡大したのは，磁性材料，電池材料，研磨材原料，触媒原料，蛍光体，ガラス添加材などの分野である。

　磁性材料では，1970年後半に実用化されたサマリウム・コバルト磁石，1980年代の後半に実用化されたネオジウム・鉄・ボロン磁石があるが，中でもネオジウム・鉄・ボロン焼結磁石は様々な分野で使われるようになり，市場規模は重量ベースで年間1万トンを超え，金額ベースでは約1,000億円となっている。日本のネオジウム・鉄・ボロン磁石の主な用途は，コンピューターなどのハードディスクドライブのヴォイスコイルモーター，ハイブリッドカーや電気自動車の駆動用

---

　　*　Noriyuki Hashimoto　双日㈱　化学品・機能素材部門　化学品本部　資源化学品部
　　　　　　　　　　　　　　レアアース開発プロジェクト課　課長

第5章 レアースの需要・供給・市場動向

モーターなど自動車部品分野，省エネ家電，産業用機械などであり，幅広い分野で需要が拡大している。この日本で発明された磁石は，低炭素社会を実現する為の切り札として広く認知されるようになっており，日本だけでなく世界的に需要が拡大していくものと期待されている。また，フェライト磁石の分野でも高機能化が進んでおり，ランタンを添加したフェライト磁石の用途が拡大している。

電池の分野では，1990年代に実用化されたニッケル水素電池の負極材として使われる水素吸蔵合金にミッシュメタル（混合希土），ランタン，ネオジウムなどが使われている。ニッケル水素電池の主な用途は民生用と自動車に分けられるが，民生用では電動工具や電動アシスト自転車などで需要が伸びている。また，近年，乾電池の代替として再充電可能なニッケル水素電池が開発され，需要が拡大している。自動車関連でも，ハイブリッドカーや電気自動車のバッテリーに採用され，需要は順調に拡大してきた。この分野では，将来，リチウム電池への置き換えが進むと見られているが，ニッケル水素電池の方が安全性が高いとされることから引き続き一定の需要が期待できる。

研磨材の分野では，酸化セリウムやランタン・セリウム，ランタン・セリウム・プラセオジウムの混合酸化物が使用されている。主な用途は，ハードディスクや光学レンズ，液晶ガラス基板などの研磨材である。ただし，この分野は2009年までは順調に需要が拡大してきたものの，2010年後半以降，供給の逼迫と価格の高騰を背景に，使用量の削減やリサイクル，リユース，レアース以外の代替材料への転換が進んでおり，供給逼迫と高コストの問題が解消されない限り，需要の回復は期待できない。

触媒原料の分野では，自動車排ガス浄化触媒や石油精製触媒の原料としてセリウムやランタンが使用されている。自動車排ガス浄化触媒は，一般的に「三元触媒」と呼ばれ，活性種には白金，パラジウム，ロジウムが使用される。この三元触媒にセリア・ジルコニア複合酸化物を助触媒として添加することによって，触媒の活性，選択性，寿命が向上することが発見され，1990年代に実用化された。この三元触媒は，ディーゼル車やハイブリッドカー，自動二輪車にも搭載されており，これまで自動車の生産台数の拡大に伴い需要が拡大してきた。今後も新興国での自動車の需要の拡大，各国の排ガス規制の強化に伴い，更に需要は拡大するものと予想される。日本はこのセリア・ジルコニア複合酸化物の生産では世界シェアの50％以上を占めており，この分野でのレアースの需要も更に拡大するものと予想される。

石油精製触媒の分野では，希土類添加型ゼオライト触媒が石油流動接触分解装置（FCC）に使用されており，世界的に需要が拡大している。この希土類置換型ゼオライト触媒にはランタン，セリウムが合わせて1～3％程度添加されており，この分野でのレアースの需要も増加している。ただし，昨年からのレアースの市場価格の上昇に伴い，製造原価に占めるレアースのコストが急上昇し，触媒メーカーはレアース添加率の低下やレアース無添加の触媒の開発に取り組んでいる。

蛍光体の分野では，イットリウム，ユーロピウム，テルビウム，ランタン，セリウムなど合わ

せて年間1,000トン前後（酸化物換算）の需要がある。この分野では，カラーテレビ用蛍光体の需要が消滅したものの，液晶ディスプレイのバックライト用需要が順調に伸び，一般照明用の三波長蛍光ランプ用の蛍光体市場も堅調で，順調に拡大してきた。しかしながら，昨年来，液晶ディスプレイのバックライトが冷陰極管から発光ダイオード（LED）へシフトし，一般照明用ランプでもLEDランプへの置き換えが始まったことから，今後，日本のこの分野でのレアアースの需要は減少していくものと見られている。

　光学ガラスの分野では，高純度の酸化ランタンやイットリウム，ガドリニウムなどが使われており，光学ガラスの需要の拡大に伴いレアアースの需要も順調に拡大してきた。しかしながら，中国の光学ガラスメーカーが原料コストでの優位性を活かし，汎用グレードでは日本の市場でもシェアを拡大，日本の光学ガラスメーカーは中国製品とのコスト面での競合を強いられている。現在，光学ガラスメーカーは高付加価値のガラスの製造に注力する一方，レアアースコストの削減の為，輸出許可枠の対象になっていない原料が調合済みのガラスバッチやガラスバッチを粗溶解（ラフメルト）したガラスカレットでの輸入を検討しているメーカーもある。

　セラミックスの分野でも自動車関連の分野などで需要が増えている酸素センサーなどに使われるイットリウム安定化ジルコニアの需要が拡大している。イットリウム安定化ジルコニアは固体酸化物型燃料電池（SOFC）の電解質の材料としても本命視されており，今後，更に需要が拡大することが見込まれている。

　こうして日本のレアアースの市場を見ると，一気に使用量の削減や再利用，代替品への置き換えが進んでいる研磨材やレアアースの消費量が少ないLEDとの棲み分けが予想される蛍光体など

表1　日本のレアアースの需要〈2011年の需要予測〉

分　野	日本需要（mt/年）	元　素
レアアース磁石	4,500	Nd, Pr, Dy
研磨材	5,000	Ce, La, Pr
ニッケル水素電池	2,700	Ce, La, Nd
蛍光体	1,500	Y, Eu, Ce, La
光学ガラス	2,000	La, Gd, Y
UVカットガラス	500	Ce
排ガス浄化触媒	5,000	Ce, La, Nd, Pr
FCC触媒	1,000	La, Ce
フェライト磁石	1,000	La
鉄鋼用添加剤	1,000	Ce, La
セラミックス	200	Y
その他	1,800	
合計	26,200	

（数量はマテリアル・ベース）
（双日㈱の推定）

第 5 章　レアアースの需要・供給・市場動向

の分野以外では，今後も堅調に需要が拡大すると見込まれる（表1）。しかしながら，中国の供給制限，輸出制限が継続するようであれば，日本のレアアースの需要構造は，輸出許可枠の対象外であるレアアース原料を加工した中間体や半製品，製品での輸入が主要となり，需要家であるレアアース部材メーカーの中国への生産移管や技術移転が進むことが予想される（表2，表3）。

表2　日本のレアアースの輸入量〈2005-2010年〉

単位：MT

	2005年	2006年	2007年	2008年	2009年	2010年
酸化イットリウム	1,226	1,603	1,805	1,673	577	1,664
酸化セリウム	6,147	11,489	11,013	8,883	3,923	5,272
その他セリウム化合物	7,216	9,069	8,015	7,924	5,137	8,620
酸化ランタン	1,801	2,141	3,310	3,617	1,018	3,601
レアアース金属	8,387	9,450	9,320	6,306	4,773	5,487
その他のレアアース化合物	5,738	7,664	6,261	5,927	2,835	3,920
その他	592	548	840	997	1,028	1,037
合計	31,107	41,964	40,564	35,327	19,291	29,601

（財務省・輸入通関統計）

表3　日本のレアアース原料の市場規模〈2005-2010年　輸入金額ベース〉

単位：百万円

	2005年	2006年	2007年	2008年	2009年	2010年
酸化イットリウム	1,559	2,292	3,769	4,743	1,245	5,188
酸化セリウム	1,684	3,046	4,473	5,694	1,878	8,904
その他セリウム化合物	2,301	3,097	3,008	3,543	1,603	11,204
酸化ランタン	921	1,371	2,663	4,034	673	8,056
レアアース金属	9,275	17,266	28,394	17,183	7,273	14,903
その他のレアアース化合物	8,465	15,794	27,444	22,967	8,794	18,115
その他	220	202	286	329	278	263
合計	24,425	43,068	70,037	58,493	21,744	66,633

（財務省・輸入通関統計）
（CIF Japan ベース）

2 世界の需要・供給・市場動向

橋本紀行*

2010年から2011年にかけて世界のレアアースの市場環境は大きな変化を迎えようとしている。

2010年，世界のレアアースの供給の95％以上を占める中国は，レアアース資源の管理政策を更に強化する方針を打ち出した。具体的には，①レアアースの採掘規制の強化，②レアアースの採掘，選鉱，分離精錬の分野においての環境規制の強化，③レアアース製品の輸出に関わる規制の強化である。

レアアースの採掘規制の強化に就いては，これまでも中国政府・国土資源部が毎年指定採掘数量を定め管理を行ってきたが，なかなか実効が上がらず，政府の許可を得ない違法採掘が横行していたと言われている。一説には，主に中重希土を産出する広東省，江西省などではこの違法採掘が年間数万トン規模に達していたという。中国政府は，2008年頃より違法採掘の摘発を行い，採掘規制を強化する方針を取っていたが，2010年に入り更に管理を強化する方針を打ち出した。国土資源部が発表した2011年の指定採掘数量は，年間93,800トン（酸化物換算）と2010年の89,200トンよりは増加しているが，中重希土は13,400トンにとどまっており，採掘規制が強化された場合，中重希土の供給は需要を大きく下回る可能性がある。

レアアースを原鉱石から回収するプロセスにおいては，鉱種の違いによりいくつかの方法が採用されているが，いずれも環境負荷の高いものとなっている。広東省，江西省などで産出されるイオン吸着鉱と呼ばれる中重希土鉱石は，硫酸アンモニウムを直接山肌に流し込み，レアアースを含む浸出液を回収するような方法が取られている場合もあり，近年，大きな環境破壊問題となっている。また，内モンゴル自治区や四川省で産出される軽希土系の鉱石に就いても，分離精錬の過程で大量の酸やアルカリが使用される為，中国政府は環境規制を強め，管理を厳格化している。また，広く知られているように，ほとんどのレアアース鉱石は，多寡はあるものの，放射性物質を随伴する。この放射性物質は主にレアアースを分離精錬する過程で残渣の中に混入するわけであるが，放射性物質を含む残渣の処理に就いても規制が強化されていると言われている。

こういった採掘規制，環境規制は，レアアースの生産コストの上昇や元素によっては供給の逼迫の原因となっている。

また，世界のレアアースの需要と供給のバランス，市場価格の動向に大きな影響を与えているのが，中国政府の輸出規制である（表1）。現在，中国政府は主なレアアース製品の輸出に高率の関税を賦課している。ネオジウムメタルには25％，炭酸セリウム，酸化ランタンなどには15％が課税されている（2011年4月1日現在）。

加えて，中国政府は輸出数量の削減も実施しており，2007年には約6万トンの発給を行った輸

---

* Noriyuki Hashimoto 双日㈱ 化学品・機能素材部門 化学品本部 資源化学品部
　レアアース開発プロジェクト課 課長

第5章　レアアースの需要・供給・市場動向

表1　中国のレアアースの輸出価格推移〈2010－2011年5月〉

単位：US$/kg

	2010年1月	2010年2月	2010年3月	2010年4月	2010年5月	2010年6月	2010年7月	2010年8月
酸化セリウム	4.40	4.40	4.40	5.20	6.30	7.00	10.50	37.00
酸化ランタン	5.80	5.80	6.40	6.60	7.60	8.90	15.00	38.00
ネオジウム・メタル	36.00	37.00	42.00	43.00	42.00	44.00	50.00	67.00
ディスプロシウム・メタル	160.00	170.00	255.00	280.00	280.00	290.00	400.00	405.00
	2010年9月	2010年10月	2010年11月	2010年12月	2011年1月	2011年2月	2011年3月	2011年4月	2011年5月
酸化セリウム	38.00	44.00	62.00	62.00	68.00	92.00	122.00	135.00	150.00
酸化ランタン	42.00	46.00	59.00	61.00	63.00	92.00	122.00	139.00	149.00
ネオジウム・メタル	90.00	95.00	111.00	115.00	140.00	202.00	258.00	278.00	310.00
ディスプロシウム・メタル	415.00	415.00	415.00	415.00	505.00	580.00	870.00	935.00	1,280.00

（中国海関・通関統計及び双日㈱調査）

出許可枠を2009年には約5万トン，2010年には約3万トンまで削減，2011年の第一回目の発給でも14,446トンとなっており，日本をはじめとする中国以外の国への供給不足を招いている（表2）。輸出許可枠の発給を受ける企業の数も2007年の52社から2011年には31社まで削減されている。また，輸出規制の強化に伴い，輸出許可枠を使わない，いわゆる違法輸出が横行するようになっているが，近年，中国政府は違法輸出の摘発にも力を入れるようになってきている。中国政府が更に輸出許可枠の削減，違法輸出の取締り強化を実施した場合，中国外の市場価格の上昇，供給不足に拍車がかかることも想定される。

　レアアースの需要に目を向けると，需要の面でも中国市場の割合が大きくなってきている。2010年の世界のレアアース製品の需要は約12万トンと推測されているが，このうち約55％にあたる6.6万トンが中国国内での需要とされている。特に需要の拡大が著しいのは，レアアース焼結磁石の分野で，正確な統計値はないが既に日本での生産の3倍を超える6万トン以上のレアアース焼結磁石が生産されており，2万トン近いレアアース（ネオジウムメタル，ディスプロシウムメタル）が消費されたと推測されている。中国のレアアース磁石の需要は，従来の主要用途である電動自転車，音響機器，玩具などの分野に加え，風力発電，自動車，省エネ家電などの分野での更なる拡大が見込まれており，2012年には10万トン（焼結磁石のブロック換算）に達すると予想されている。また，その他の分野でも中国国内でのレアアースの需要は拡大する見込みで，特に，ニッケル水素電池用のニッケル水素吸蔵合金，蛍光体，石油精製触媒，光学ガラスなどの分野で需要の拡大が予想される。

　中国以外の地域での需要に就いても，中長期的にはレアアースは低炭素社会を実現する為に必要な省エネルギーの実現，新エネルギーの開発に必須の素材として益々需要の拡大が見込まれている。

レアアースの最新技術動向と資源戦略

表2　中国のレアアースの輸出数量〈2005-2010年〉

単位：MT

	2005年	2006年	2007年	2008年	2009年	2010年
輸出数量	59,497	66,410	54,353	51,719	39,253	37,881

（中国海関・輸出通関統計）

　レアアース磁石の分野では，ハイブリッドカーや電気自動車に使われる駆動用モーターなど自動車関連の分野，インバーター式エアコンや省電力型の家電製品などの分野で需要が拡大すると見込まれている。これまで，中国と日本での需要がほとんどであったが，今後は欧米や新興国での需要も徐々に出てくるものと予想される。

　排ガス浄化触媒に就いても，新興国を中心とした自動車の需要の拡大や排ガス規制の強化などにより，需要が拡大している。

　石油精製触媒の分野でも，近年中にFCC触媒の需要が全世界で70万トンを超える見込みである。新興国を中心に製油所の建設が増加していることに加え，処理原油が重質化しており，しばらくは堅調な需要が期待できる。

　蛍光体の分野においては，日本ではレアアースの使用量が少ないLEDへの置き換えが進んでおり，この分野でのレアアースの需要は頭打ちとなっているが，世界的に見ると白熱灯から蛍光灯への切り替えが進むと見られており，レアアースの需要も拡大するものと予想される。

　しかしながら，一方で，レアアースの市場価格の高騰，供給の中国への依存度が高すぎることへの懸念から，リサイクルやレアアース消費量の削減，代替材料の開発などが各分野で進んでいる。また，中国政府の輸出規制の対象となっていないレアアース製品を使った半製品や中間体，最終製品を中国国内で製造し，中国国外へ供給する動きも加速していることから，中国以外でのレアアースの新しい供給源の開発が進み確保されるまでは，短期的には需要は減少することになるであろう。

　2011年以降の世界のレアアースの需給バランスと市場価格の動向において，中国政府のレアアース産業管理政策に加え，大きな変動要因となるのは，中国国外でのレアアース資源の開発である。現在，中国からの供給の逼迫，市場価格の高騰を背景に世界中で数多くのプロジェクトが計画されており，オーストラリア，カナダ，米国，ブラジル，ベトナム，インド，モンゴル，カザフスタン，キルギスタン，アフリカなど多くの国々で開発が進められている。

　この中で，一番最初に軽希土類（ランタン，セリウム，プラセオジウム，ネオジウム）の生産を開始するのはライナス社であり，2011年中にはオーストラリアのマウントウェルドで採掘，選鉱，マレーシアのパハン州クアンタンで分離精錬を開始，年間１万１千トン（酸化物換算）のレアアース製品を生産する計画である。ライナス社は2012年には２万２千トンまで生産を拡大する計画である。更に米国のモリコープ社も2012年末には約２万トンの生産を開始，その他，インドなどでも2012年中には生産が開始される見込みである。これらの計画が予定通り進むと，2013年には軽稀土の中国外での供給不足は解消され，市場価格も安定するものと思われる。

第 5 章　レアアースの需要・供給・市場動向

　一方で，レアアースの中でも中重希土（イットリウム，ディスプロシウム，テルビウム，ユーロピウム等）の開発は進んでいない。中国国内でも，広東省，江西省，福建省などで産出されるイオン吸着鉱の採掘が制限されている一方で，新しい鉱山の開発は進んでおらず，今後，中重希土に就いては中国国内でも調達が困難になる可能性がある。中国外での開発も北米や中央アジアなどで探査，調査などが進められているが，短期間で操業開始が期待される案件はほとんどなく，当面，供給不足が解消される見込みはない。

3 中国の概況

園田千稔*

3.1 レアアース鉱石

2010年での，中国のレアアース鉱石の生産量は約13万トン（U.S. Geological Survey）で，内訳は，内モンゴル自治区の包頭地区のバストモナズが7万トン，江南地区（江西省，広東省，福建省，湖南省，広西自治区）のイオン吸着鉱が5万トン，四川省のバストネサイトが1万トンと推定されている。

上記三拠点の鉱石は，それぞれレアアースの構成比が異なっている（表1，図1）。

包頭のバストモナズは，マグマ由来の鉱石であり，通常，鉄鉱石の尾鉱として産出され，レアアース品位は，約6％である。中重希土は，ほとんど含まれておらず，軽希土中心の鉱石である。埋蔵量は，34百万トンと推定され，豊富である。

江南地区のイオン吸着鉱は，花崗岩の風化によって形成された鉱石で，レアアース品位は，0.5％以下と低いが，レアアースがイオン化していることにより，抽出は比較的容易であり，かつ，放射性物質のアクチナイドの含有量が低く，また中重希土を多く含んでいることから，特異かつ

表1 中国の主なレアアース鉱石の組成

	バストモナズ	イオン吸着型鉱			バストネサイト
	包頭（白雲鉱）	龍南鉱	信豊鉱	尋烏鉱	四川
La_2O_3	23.0	1.8	26.5	31.3	30.0
CeO_2	50.0	0.2	2.4	3.4	55.0
Pr_6O_{11}	6.2	0.9	6.0	8.7	4.0
Nd_2O_3	18.5	3.8	20.0	28.1	10.0
Sm_2O_3	0.8	2.8	4.0	5.3	微量
Eu_2O_3	0.2	0.0	0.8	0.6	微量
Gd_2O_3	0.7	5.7	4.0	4.5	微量
Tb_4O_7	0.1	1.2	0.6	0.5	微量
Dy_2O_3	0.1	8.4	4.0	1.2	微量
Ho_2O_3	微量	1.8	0.8	0.1	微量
Er_2O_3	微量	5.1	1.8	0.3	微量
Tm_2O_3	微量	0.8	0.3	0.1	微量
Yb_2O_3	微量	4.6	1.2	0.5	微量
Lu_2O_3	微量	0.6	0.1	<0.1	微量
Y_2O_3	微量	62.3	27.5	15.4	0.1
Total	100.0	100.0	100.0	100.0	100.0

バストネサイト，モナザイト：Roskill, 2004 The economics of rare earths & yttrium, 2004, Roskill Information Service Ltd
イオン吸着型鉱：厳純華，第6回日中レアアース交流会議報告書（1994）

* Chitose Sonoda ㈱三徳 資材部 部長

第5章 レアアースの需要・供給・市場動向

図1 中国鉱石分布状態

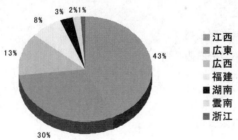

図2 イオン吸着鉱の省別産出構成比

貴重な鉱石である。埋蔵量は，1990年代に70万トンとの古いデータが唯一存在しており，枯渇が懸念されるが，年々新しい鉱脈が発見されており，埋蔵量は更新されていると思われる。図2は，2009年の省別の産出量構成比を示す。

　四川省のレアアース鉱石は，主に冕寧地区で産出され，2006年には，最大3万トンが産出されたが，現在は，集約に向けて再編成の途中であり，1万トンの産出量となっている。軽希土中心の鉱石であり，ランタンが比較的多く含まれている特長がある。

この他には，山東省で，モナザイトが産出されているが，産出量は2千トンと少ない。

3.2 レアアース産業

中国のレアアース産業は，中国政府の指導により，現在，集約化の過程にある。鉱石，精製，分離，還元等，レアアース産業に従事していた100社を超える企業は，その生産規模，経営形態に，一定以上の大きさを求められたことにより，今後，生産継続可能な企業は，数10社になると推測される。事実，2011年前半のレアアースの輸出許可証（EL）を発給された，中国内資系企業は以下の22社となっている。

(貿易会社)
① 中国中鋼集団公司
② 五鉱有色金属股分公司
③ 中国有色金属江蘇公司
④ 広東広晟有色金属有限公司

(包頭地区製造会社)
⑤ 内蒙古包鋼稀土（集団）高科技股分有限公司
⑥ 包頭華美稀土高科有限公司
⑦ 内蒙古和発稀土科技開発股分有限公司

(江南地区製造会社)
⑧ 贛州虔東稀土集団股分公司
⑨ 江西金世紀新材料股分有限公司
⑩ 贛県紅金稀土有限公司
⑪ 贛州晨光稀土新材料有限公司
⑫ 江西南方稀土高技術股分有限公司
⑬ 広東珠江稀土有限公司

(四川地区製造会社)
⑭ 楽山盛和稀土科技有限公司

(その他地区製造会社)
⑮ 有研究稀土新材料股分有限公司
⑯ 甘粛稀土新材料股分有限公司
⑰ 益陽鴻源稀土有限公司
⑱ 阜寧稀土実業有限公司
⑲ 江蘇卓群納米稀土股分有限公司
⑳ 徐州金石彭源稀土材料廠
㉑ 山東鵬宇実業股分有限公司
㉒ 常塾市盛昌稀土冶錬廠

第5章 レアアースの需要・供給・市場動向

今後更に，中国政府の意向により，生産および輸出実績，環境対策や法人税納付，不正輸出などのコンプライアンスを遵守する大手有力企業に集約される可能性が高い。

包頭地区では，内蒙古包鋼稀土（集団）高科技股分有限公司が挙げられる。彼らは，包頭地区の鉱石を独占的に採掘，管理し，素原料の炭酸希土を分離メーカーに供給しており，川下への影響力を強めている。

江南地区では，中国五鉱集団。傘下の江西タングステン業等を通じ，江西省の分離メーカーへの出資比率を高めている。また，広東省でのイオン吸着鉱の採掘権をもつ広東広晟有色金属も有力企業のひとつである。

四川省では，江西銅業が挙げられる。2008年に，四川鉱の7割程度を占める冕寧県の政府と協議書を交わして，寡占化を進めている。

3.3 中国政府の政策

中国政府は，自国内資源ならびに環境保護を目的に，1997年から発給を始めている輸出許可証の発給枠を2006年から年々減らしてきている。2009年の発給枠は2006年比で約20%，2010年には2009年比40%減，約3万トンとなり，ピーク時の半減となっている。これは，中国外の需要，5

表2 中国政府の対応

1997年	レアアース製品の輸出許可制度がスタート
2002年	レアアースの鉱山開発，製錬分離事業への外国企業の投資を禁じる
2005年	レアアース製品の輸出に関し，増値税還付を廃止
	レアアース製品の加工貿易を禁止
2006年	レアアースの輸出許可発給枠を削減
	レアアース酸化物，塩類に10%の輸出税を課す
2007年	レアアース金属に10%の輸出税を課す
2008年	レアアース製品の輸出税を15〜25%引き上げる
2009年	レアアースの輸出許可発給枠を前年比10%削減
2010年	レアアースの輸出許可発給枠を前年比40%削減

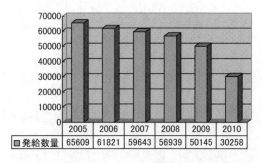

図3 中国におけるレアアース輸出許可発給枠の推移

レアアースの最新技術動向と資源戦略

万トンに対して2万トン不足する事態となっており，結果として，価格の暴騰を招いている。

また中国は，2005年から輸出に対する増値税還付制度の廃止（17％を0へ），2006年から段階的に輸出税（現在15〜25％）の適用を広げてきた（表2）。中国の輸出許可発給枠の推移は図3の通り。

中国の国家発展改革委員会ならびに工業和信息化部は，枯渇資源保護，環境保護を目的に今後も同様な政策をとるものと懸念されている。

4 レアアース資源の開発の動き

橋本紀行*

　世界のレアアース資源の供給の95％以上を占める中国がレアアースの採掘規制，輸出規制を強化する政策を取るようになった為，近年，中国以外でのレアアース資源の開発が活発になっている（表1，図1）。これまで，レアアースは放射性物質を随伴すること，分離精錬時には大量の酸，アルカリなどが必要であることなどから，開発，操業時において環境負荷が高く，加えて市場規模が小さく，コスト競争力のある中国が市場をほぼ独占してきたことから資源メジャーや日本の鉱山会社の多くは開発に興味を示さなかった。しかしながら，ここにきてエコカーや省エネ家電などの分野でレアアースの需要が増加し，中国の輸出規制により市場価格が高騰したことから，多くの資源ジュニアが世界各地でレアアース資源の開発を計画するようになった。

　現在，探査中やこれから探査を実施するステージのものも併せると，中国以外の地域でのレアアース資源の開発計画は100以上存在すると言われている。

　その中でも，一番，最初に操業が開始されると期待されているのは，Lynas Corp.が開発を進めている豪州・西オーストラリア州・Mt. Weld（写真1）での案件である。Mt. Weldには中重希土が豊富な鉱床もあるが，今回開発を行うのは軽希土であり，レアアース磁石に使用されるネオジウムや排ガス浄化触媒に使われるセリウムなどを産出する。生産規模は年間11,000トン（レアアース酸化物換算）で，鉱区内で選鉱プロセスまで行い精鉱を生産，マレーシアのパハン州・クアンタンの分離精錬工場でレアアース化合物（炭酸物，酸化物など）を生産する。既に採掘，選鉱は開始しており，2011年秋には分離精錬工場も操業開始，2012年には需要家への供給を開始する予定である。また，Lynas Corp.は生産規模を11,000トンから22,000トンに倍増する計画も決定しており，2013年初めには増設を完了する見込みである。尚，この増設計画に必要な資金・250百万米ドルに就いては，㈱石油天然ガス・金属鉱物資源機構（JOGMEC）と双日が出資，融資により拠出する契約を締結，第一期から対日供給を開始，第二期工事が完工，増産後には年間9,000トン以上のレアアース製品を日本向けに供給することになっている。

　また，豪州ではNorthern Territory州のNolans Bore鉱山でArafura Resources社がレアアースの開発を目指している。鉱石はモナザイト系で軽希土が中心。年間約20,000トン（酸化物換算）のレアアースの他，ウランやリン酸を副産物として生産する計画。現在，事業化調査を実施中で，2014年の操業開始を目指している。

　米国・カリフォルニア州に，現在，採掘を休止しているレアアースの鉱山，Mt. Passを所有するMolycorp Mineralsもレアアースの本格生産の再開を計画している。Mt. Passのレアアースの主要鉱石はバストネサイト（軽希土）で，1950年代からレアアースの生産を行ってきたが，1990

---

*　Noriyuki Hashimoto　双日㈱　化学品・機能素材部門　化学品本部　資源化学品部
　　　　　　　　　　　　レアアース開発プロジェクト課　課長

レアアースの最新技術動向と資源戦略

表1　中国外でのレアアースの開発計画一覧〈2011年5月現在〉

国　名	鉱　山	開発主体	鉱　種	計　画
豪　州	Mt. Weld	Lynas Corporation	軽希土	第一期は，2011年後半に操業開始予定。生産量は年間11,000トン（希土酸化物換算）第二期は，2013年操業開始予定。生産量は年間11,000トン（希土酸化物換算）JOGMEC，双日が出融資。日本向けに9,000トンの供給を確保。
豪　州	Nolans	Arafura Resources Limited	軽希土	事業化調査中。
米　国	Mt. Pass	Molycorp Minerals LLC	軽希土	現在，年間3,000トン生産中。2012年中に年間20,000トン（希土酸化物換算）に生産能力拡大予定。
カナダ	Thor Lake	Avalon Rare Metals Inc.	中重希土	事業化調査中。
カナダ	Strange Lake	Quest Rare Minerals Limited	中重希土	事業化調査中。
ブラジル	Pitinga	Neo Material Technologies Inc.	中重希土	錫鉱石の残渣からレアアースの抽出。事業化調査中。
ベトナム	Dong Pao	Lai Chau VIMICO Rare Earth Corporation	軽希土	事業化調査中。豊田通商と双日が参画を計画。
インド	インド南部のミネラルサンド鉱床	Indian Rare Earths Limited	軽希土	インド東岸，南部のミネラルサンドの副産物・モナザイトを分離精錬。豊通レアアース・オリッサが分離精製工場建設を検討中。
カザフスタン	ウラン鉱床	Kazatoprom 住友商事	軽希土＋中重希土	ウランの抽出残渣からレアアースを回収する計画。事業化調査中。
キルギスタン	Kutessay II	Stans Energy Corporation	軽希土＋中重希土	2012年中に操業開始計画。生産量は年間1,500トン（希土酸化物換算）
南アフリカ	Zandkropdrift	Frontier Minerals Inc.	軽希土	事業化調査中。
南アフリカ	Steenkampskraal	Great Western Minerals Group Ltd.	軽希土	事業化調査中。
グリーンランド	Kvanefjeld	Greenland Minerals and Energy Ltd.	軽希土	事業化調査中。

年代に入り低価格の中国産レアアースが市場を席巻するようになってから競争力を失い，採掘を休止していた。Molycorp社の計画では，分離精錬工場を新設し，2012年末には年間約1.9万トン（酸化物換算）のレアアース製品の生産を開始，2013年中には，更に約4万トンまで生産を拡大す

第5章　レアアースの需要・供給・市場動向

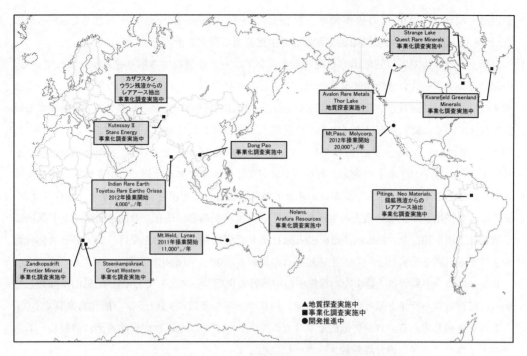

図1　中国外でのレアアースの開発計画分布図〈2011年5月現在〉

写真1　豪州・マウントウェルド鉱山

ることになっている。

　また，Molycorp社は「Mine to Magnet」という計画を標榜しており，レアアース化合物の生産に留まらず，レアアースメタルや磁石合金，レアアース磁石の生産，供給を視野に入れている。既に日本の磁石メーカーとの提携を発表しており，米国内にあるレアアース合金の工場も買収した。

　カナダでは，Avalon Rare Metals社がNorthwest TerritoriesのThor Lakeで中重希土の開発

211

を計画しており，2015年の操業開始を目指している。Quest Rare Minerals社もQuebec州のStrange Lakeで2015年の操業開始を目指して中重希土の開発を計画している。

　南米・ブラジルでは，錫鉱山の精錬残渣からレアアースを回収する取り組みが行われている。中国でのレアアースの分離精錬事業やボンド磁石の材料やボンド磁石そのものを生産しているカナダのNeo Material社がブラジル北東部のPitinga錫鉱山で錫の残渣からレアアースを回収する研究を行っている。鉱石はゼノタイム系で中重希土が多く含まれていると言われている。

　インドではIndian Rare Earths社がレアアースの生産再開を計画している。Indian Rare Earths社はインドの原子力庁傘下の企業であり，インド東岸や南部のケララ州で産出されるミネラルサンドを分離したイルメナイトやジルコンサンドの副産物として産出されるモナザイトからウラン，トリウムを抽出し，粗塩化希土の生産を行っていた実績がある。現在，豊田通商がインド国内に分離精錬工場を建設し，Indian Rare Earths社より粗塩化希土の供給を受け，レアアース化合物を生産する計画を公表している。生産規模は年間約4,000トン（酸化物換算）。

　ロシアのコラ半島では，数少ない稼働中の中国外の供給ソースとしてLovozero鉱山が操業している。鉱石はロパライト鉱という軽希土で，精鉱ベースで年間約9,000トン（酸化物換算で3,000トン）を生産している。ロシア国内でソリカムスク・マグネシウム社が炭酸希土に精製し，エストニアとカザフスタンの分離精錬メーカーに供給している。

　中央アジアでもレアアースの開発が計画されている。住友商事はカザフスタンの国営原子力公社であるカザトムプロム社と提携し，ウラン鉱石の残渣からレアアースを回収する事業を検討している。この残渣にはネオジウムやディスプロシウムも含有していると言われ，年間約3,000トンの生産を目指している。

　また，キルギスタンではカナダのStans Energy社が旧ソ連の時代の1985年から1992年にかけて年間約500トンのレアアースを産出していたKutessay IIという鉱山を買収し，生産再開を目指している。生産規模は年間約1,500トン（酸化物換算）を計画しており，その約半分が中重希土であると言われている。現在，事業化調査を実施しており，2013年中の生産開始を目指している。

　アフリカでは複数のプロジェクトが検討されている。カナダに本社のあるGreat Western社は南アフリカのWestern Cape州にあるSteenkampskraal鉱山の再開発を検討している。この鉱山は以前操業していたこともあるモナザイトの鉱山で，Great Western社は年間約2,700トン（酸化物換算）の生産規模で，2013年中の操業開始を目指して事業化調査が進められている。南アフリカではFrontier Rare Earth社も西海岸のZandkopsdrift鉱区でモナザイトの開発を進めている。現在，探査の実施中で，年間約20,000トン（酸化物）の生産規模で2014年からの操業開始を目指し，探査終了後，事業化調査を実施する予定。アフリカでは，この他，マラウィやモザンビーク，タンザニア，アンゴラなどでレアアース鉱体が発見されており，調査が進められている。

　ベトナムでは，北西部のライチャウ州，ドンパオで大規模なレアアース鉱山が発見されている。鉱石は軽希土でバストネサイト。ドンパオの開発は，ベトナムの石炭・鉱物公社（VINACOMIN社）系の会社が中心になって組成されたLAVRECO社（Lai Chau VIMICO Rare Earth

第 5 章　レアアースの需要・供給・市場動向

Corporation）と日本の豊田通商と双日が共同で開発を検討している。尚，2010年10月に日越政府首脳間で，ベトナムのレアアース資源は日本とベトナムが共同で開発を行うことが合意されており，ドンパオ鉱山の開発は，その第一号案件として，両政府間の支援のもと進められることになっている。

　この他にもモンゴルやインドネシア，グリーンランドでもレアアースの開発が検討されており，レアアース資源の供給ソースの多様化は進むと考えられているが，中重希土に就いては検討が遅れており，開発計画はあるもののほとんどが，未だ探査，事業化調査段階である。世界的な需要の拡大と中国からの供給の逼迫に対応する為，開発のスピード・アップが望まれている。

レアアースの最新技術動向と資源戦略《普及版》(B1231)

2011年12月12日　初　版　第1刷発行
2018年 2月 8日　普及版　第1刷発行

監　修　町田憲一　　　　　　　　Printed in Japan
発行者　辻　賢司
発行所　株式会社シーエムシー出版
　　　　東京都千代田区神田錦町1-17-1
　　　　電話 03(3293)7066
　　　　大阪市中央区内平野町1-3-12
　　　　電話 06(4794)8234
　　　　http://www.cmcbooks.co.jp/

〔印刷　あさひ高速印刷株式会社〕　　Ⓒ K. Machida, 2018

落丁・乱丁本はお取替えいたします。

本書の内容の一部あるいは全部を無断で複写(コピー)することは，法律で認められた場合を除き，著作者および出版社の権利の侵害になります。

ISBN978-4-7813-1224-8　C3043　¥4300E